普通高等教育"十三五"规划教材

电子信息科学与工程类专业规划教材

U0269724

MATLAB 基础及其应用教程

（第2版）

尚 涛 编著

电子工业出版社·

Publishing House of Electronics Industry

北京·BEIJING

内 容 简 介

MATLAB 是一款非常实用的科学计算软件。本书从 MATLAB 入门的角度出发，系统地介绍了 MATLAB 的基础知识及其应用。全书共分两篇 15 章，第 1～10 章为基础篇，介绍入门基础、基本计算、数组和矩阵、数值计算、符号计算、图形绘制、图像处理、M 程序设计、GUI 图形用户界面设计、MATLAB 工具箱等基础知识；第 11～15 章为应用篇，介绍 MATLAB 在图像处理、GUI 设计、神经网络、信号处理、大数据处理等方面的应用。

本书由浅入深地介绍 MATLAB 的基础知识及其应用，适合作为普通高等院校相关专业"MATLAB 基础"课程的教材，也可供广大科研人员和科技工作者阅读参考。

图书在版编目（CIP）数据

MATLAB 基础及其应用教程 / 尚涛编著. —2 版. —北京：电子工业出版社，2019.7
ISBN 978-7-121-36528-7

Ⅰ. ①M… Ⅱ. ①尚… Ⅲ. ①Matlab 软件－高等学校－教材 Ⅳ. ①TP317

中国版本图书馆 CIP 数据核字（2019）第 092413 号

策划编辑：竺南直
责任编辑：刘真平
印　　刷：大厂回族自治县聚鑫印刷有限责任公司
装　　订：大厂回族自治县聚鑫印刷有限责任公司
出版发行：电子工业出版社
　　　　　北京市海淀区万寿路 173 信箱　邮编　100036
开　　本：787×1 092　1/16　印张：21.25　字数：544 千字
版　　次：2014 年 8 月第 1 版
　　　　　2019 年 7 月第 2 版
印　　次：2025 年 1 月第 11 次印刷
定　　价：58.00 元

前　言

作为科学研究与工程计算的利器，MATLAB 计算软件已经得到广大科研人员和工程师的广泛采用。

目前，有关 MATLAB 的书籍很多，总体上分为两类：一类介绍 MATLAB 的实际操作，另一类则介绍某个专业方向的 MATLAB 应用。第一类图书侧重实际使用，缺少基础知识；第二类图书方向较窄，仅适合专业性较强的研究生学习。为了便于具备高等数学和计算机基础知识的本科生学习，作者编写了这本教材，由浅入深地介绍 MATLAB 的基础知识及其应用。

本书特色主要体现在以下四个方面：

特色一：基础和应用紧密结合。首先介绍 MATLAB 的基础知识，然后结合应用需求介绍 MATLAB 的实际应用。

特色二：利用入门实例形成基本印象，利用层次化实例详细说明。第 2～10 章均从入门实例入手，然后围绕知识点生动展示 MATLAB 的功能，逐步提升读者的学习兴趣。

特色三：预备知识和拓展知识承上启下。在介绍 MATLAB 基本内容时，在章后以附录的形式补充相关的预备知识，同时扩展 MATLAB 中较为复杂的知识，为深入学习提供自由空间。

特色四：融合最新的软件和应用领域。采用最新版本介绍 MATLAB 的基本内容和扩展功能，尤其是涉及数据处理部分，增加了对大数据处理功能的介绍。

全书分为基础篇、应用篇两篇。

基础篇包括第 1～10 章。为了介绍 MATLAB 的总体情况和相关基本概念，第 1 章介绍入门基础，主要包括 MATLAB 概述、MATLAB 安装方法、MATLAB 环境介绍、仿真的基础知识等内容；第 2 章介绍基本计算，主要包括变量、基本数据类型、基本运算等内容；第 3 章介绍数组和矩阵，主要包括数组计算、矩阵计算、符号的作用等内容，重点将数组和矩阵加以区分。为了理解两种主要的计算方式，第 4 章介绍数值计算，主要包括数据插值、数据拟合、多项式运算、代数方程求解、微分方程求解等内容；第 5 章介绍符号计算，主要包括符号变量的创建、符号表达式运算、符号微积分、符号方程求解等内容。为了使读者更好地理解图形与图像之间的关系，第 6

章介绍图形绘制，主要包括可视化数据的分类、二维绘图、三维绘图、图形窗口的控制与操作、图形绘制的辅助操作等内容；第 7 章介绍图像处理，主要包括 MATLAB 数字图像处理等内容。在 MATLAB 编程方面，第 8 章介绍 M 程序设计，主要包括 MATLAB 编程特点、M 文件形式、控制结构、M 文件调试、M 文件的编程规范等内容；第 9 章介绍 GUI 图形用户界面设计，以 M 程序设计为基础，主要包括 GUI 设计工具介绍、GUI 设计方法、用户控件的制作、用户菜单的制作、M 文件的函数构成等内容。为了实现扩展计算功能，第 10 章介绍 MATLAB 工具箱，主要包括工具箱分类、Simulink 工具箱、信号处理工具箱、通信工具箱、神经网络工具箱、大数据处理工具箱等内容。

应用篇包括第 11～15 章。结合实际问题，选择 MATLAB 工具，提供了问题解决框架，主要包括典型问题、主要思路、预备知识、MATLAB 函数、MATLAB 的实现方式等内容。第 11 章介绍图像处理方面的应用，利用 Hough 变换进行曲线的参数提取；第 12 章介绍 GUI 设计方面的应用，基于 GUI 进行经典的扫雷游戏的开发；第 13 章介绍神经网络方面的应用，利用 BP 神经网络模型进行交通预测；第 14 章介绍信号处理方面的应用，设计数字滤波器，对采集的语音信号进行滤波和分析；第 15 章介绍大数据处理方面的应用，设计基于 MapReduce 的大型数据集的分析处理。

本书由尚涛博士编著，在 2014 年第 1 版（ISBN 978-7-121-23516-0）的基础上进行修订，采用 MATLAB R2018b 更新实例及相关内容。北京航空航天大学的硕士研究生赵铮、陈然一鎏、张锋、姜亚彤、刘然等对本书做了大量的校正工作，北京航空航天大学刘建伟教授对本书的编写提出了很多建设性意见，伍前红、修春娣、毛剑、关振宇等老师为本书的顺利出版做了大量工作，在此一并表示感谢。同时，特别感谢国家卫生健康委科学技术研究所的马旭研究员和杨英副研究员，他们提供了本书实验用大数据样本，并在编写过程中给予了大力支持。

本书参考、引用了国内外相关书籍、文献及有关网站的内容，在此表示衷心的感谢。在编写过程中得到了电子工业出版社和北京航空航天大学的大力支持、鼓励和帮助；本书还得到了国家自然科学基金资助项目（No. 61571024）和国家重点研发计划项目（No. 2016YFC1000307）的资助，在此表示深深的谢意。

为了方便教学，本书配有电子课件和应用实例源程序，任课教师可登录华信教育资源网（www.hxedu.com.cn）免费注册下载。

由于作者水平有限，书中难免存在疏漏与不妥之处，恳请广大读者和同行专家批评指正。

编著者

2019 年 4 月

目　录

基　础　篇

第1章　入门基础 ················· 3

1.1　MATLAB 概述 ·············· 3

　　1.1.1　MATLAB 的优势
　　　　　特点 ·············· 4

　　1.1.2　MATLAB 的计算
　　　　　实例 ·············· 5

1.2　MATLAB 安装方法 ········· 8

1.3　MATLAB 环境介绍 ········ 10

1.4　预备知识 ················· 11

　　1.4.1　仿真的分类 ········ 12

　　1.4.2　仿真的发展 ········ 13

　　1.4.3　常见的仿真软件 ···· 13

1.5　拓展知识 ················· 15

1.6　思考问题 ················· 16

1.7　常见问题 ················· 16

第2章　基本计算 ················ 17

2.1　入门实例 ················· 17

2.2　变量 ····················· 18

　　2.2.1　预定义变量 ········ 18

　　2.2.2　用户自定义变量 ···· 18

　　2.2.3　表达式 ············ 19

　　2.2.4　逗号与分号的区别 ·· 19

2.3　基本数据类型 ············ 20

　　2.3.1　数值类型 ·········· 20

　　2.3.2　逻辑类型 ·········· 20

　　2.3.3　字符串类型 ········ 20

　　2.3.4　单元类型 ·········· 21

　　2.3.5　结构类型 ·········· 22

2.4　基本运算 ················· 23

　　2.4.1　算术运算 ·········· 23

　　2.4.2　关系运算 ·········· 24

　　2.4.3　逻辑运算 ·········· 25

　　2.4.4　数学函数 ·········· 25

2.5　拓展知识 ················· 27

2.6　思考问题 ················· 29

2.7　常见问题 ················· 29

附录 A　C 语言中结构变量的定
　　　　义及使用 ············ 30

　A.1　C 语言中结构变量的
　　　　定义 ················ 30

　A.2　C 语言中结构变量的
　　　　使用 ················ 31

第3章　数组和矩阵 ·············· 32

3.1　入门实例 ················· 32

3.2　数组计算 ················· 34

　　3.2.1　数组的创建 ········ 34

　　3.2.2　数组的访问 ········ 36

　　3.2.3　数组的运算 ········ 37

3.3　矩阵计算 ················· 39

　　3.3.1　矩阵的创建 ········ 39

　　3.3.2　矩阵的访问 ········ 40

　　3.3.3　矩阵的运算 ········ 40

3.4　符号的作用 ··············· 45

3.5　拓展知识 ················· 45

3.6　思考问题 ················· 46

3.7　常见问题 ················· 46

附录 B　矩阵的对角化 ······· 48

　　B.1　对角化 ················· 48

　　B.2　实对称矩阵的对角化 · 49

第 4 章　数值计算 ·············· 50

　4.1　入门实例 ················· 50

　4.2　数据分析 ················· 52

　4.3　数据插值 ················· 53

　4.4　数据拟合 ················· 54

　4.5　多项式运算 ·············· 55

　　4.5.1　多项式的创建 ······· 55

　　4.5.2　多项式的求根 ······· 56

　　4.5.3　多项式的乘运算 ····· 56

　　4.5.4　多项式的除运算 ····· 57

　　4.5.5　多项式的微积分 ····· 57

　4.6　代数方程求解 ··········· 58

　4.7　微分方程求解 ··········· 60

　4.8　拓展知识 ················· 61

　　4.8.1　Lyapunov 方程的计
　　　　　算求解 ··············· 62

　　4.8.2　Sylvester 方程的计
　　　　　算求解 ··············· 64

　　4.8.3　Riccati 方程的计算
　　　　　求解 ··················· 67

　4.9　思考问题 ················· 68

　4.10　常见问题 ··············· 68

附录 C　最小二乘法和微积分
　　　　的基本概念 ··········· 68

　　C.1　最小二乘法 ············ 69

　　C.2　微积分的基本概念 ···· 69

第 5 章　符号计算 ·············· 72

　5.1　入门实例 ················· 72

　5.2　符号变量的创建 ········ 73

　5.3　符号表达式运算 ········ 74

　　5.3.1　算术运算 ············ 74

　　5.3.2　函数运算 ············ 75

　5.4　符号微积分 ·············· 77

　5.5　符号方程求解 ··········· 81

　5.6　拓展知识 ················· 84

　　5.6.1　基本指令 ············ 84

　　5.6.2　调用 MAPLE 函数 ··· 85

　　5.6.3　运行 MAPLE 程序 ··· 87

　5.7　思考问题 ················· 88

　5.8　常见问题 ················· 88

附录 D　微分方程基础 ········· 89

　　D.1　微分方程的概念 ······ 89

　　D.2　初等积分法 ············ 89

　　D.3　一阶线性微分方程 ···· 89

　　D.4　常系数线性微分方程 · 90

　　D.5　初值问题数值解 ······ 90

第 6 章　图形绘制 ·············· 92

　6.1　入门实例 ················· 92

　6.2　可视化数据的分类 ······ 93

　6.3　二维绘图 ················· 94

　　6.3.1　基本绘图函数 ······· 94

　　6.3.2　绘图控制符 ·········· 95

　　6.3.3　其他绘图函数 ······· 96

　6.4　三维绘图 ················· 97

　　6.4.1　三维曲线图 ·········· 98

　　6.4.2　三维网格图 ·········· 98

　　6.4.3　三维曲面图 ········· 100

　6.5　图形窗口的控制与操作 ··· 100

　　6.5.1　子窗口绘制 ········· 101

　　6.5.2　窗口的刷新 ········· 103

　　6.5.3　窗口的视点 ········· 104

　6.6　图形绘制的辅助操作 ····· 105

　6.7　拓展知识 ················ 107

　6.8　思考问题 ················ 108

　6.9　常见问题 ················ 108

附录 E　计算机图形学基础 ··· 108

第 7 章　图像处理 ············· 110

　7.1　入门实例 ················ 110

　7.2　MATLAB 数字图像处理 ··· 112

7.2.1 图像文件输入/
输出 ················ 112
7.2.2 图像显示 ·········· 113
7.2.3 图像几何运算 ··· 120
7.2.4 图像亮度调整 ····· 123
7.2.5 图像斑点去除 ····· 125
7.2.6 图像轮廓提取 ··· 127
7.2.7 图像边界提取 ··· 127
7.2.8 图像间的运算 ··· 128
7.2.9 特定区域处理 ····· 129
7.3 拓展知识 ················· 130
7.3.1 傅里叶变换 ········ 131
7.3.2 离散余弦变换 ····· 132
7.3.3 Radon 变换 ······· 134
7.4 思考问题 ················· 136
7.5 常见问题 ················· 137
附录 F 图像处理基础 ········· 137
F.1 图像数字化 ········ 138
F.2 图像的类型 ········ 139
F.3 数字图像的存储 ··· 139

第 8 章 M 程序设计 ············· 143
8.1 入门实例 ·············· 143
8.2 MATLAB 编程特点 ······· 144
8.3 M 文件形式 ············· 146
8.3.1 基本组成结构 ······ 146
8.3.2 脚本文件 ·········· 147
8.3.3 函数文件 ·········· 147
8.3.4 局部变量和全局
变量 ·············· 149
8.4 控制结构 ················· 150
8.4.1 顺序结构 ·········· 150
8.4.2 分支结构 ·········· 151
8.4.3 循环结构 ·········· 153
8.4.4 其他流程控制
语句 ·············· 154
8.5 M 文件调试 ············· 155
8.6 M 文件的编程规范 ······· 158

8.7 拓展知识 ················· 159
8.7.1 MATLAB 调用其
他程序的方法 ······· 160
8.7.2 其他程序调用
MATLAB 内置函数
的方法 ············· 168
8.8 思考问题 ················· 172
8.9 常见问题 ················· 173
附录 G 即时编译技术 ········· 173

第 9 章 GUI 图形用户界面设计 ··· 174
9.1 入门实例 ·············· 174
9.2 GUI 设计工具介绍 ········· 175
9.2.1 GUIDE 的启动
方法 ·············· 176
9.2.2 GUI 文件的构成 ··· 177
9.2.3 GUIDE 的构成 ····· 180
9.3 GUI 设计方法 ············· 184
9.4 用户控件的制作 ········· 184
9.4.1 控件对象的描述 ··· 185
9.4.2 控件对象的属性 ··· 185
9.4.3 对话框设计 ········ 187
9.4.4 用户控件的设计
实例 ·············· 191
9.5 用户菜单的制作 ········· 193
9.5.1 用户菜单的制作
方法 ·············· 194
9.5.2 用户菜单的设计
实例 ·············· 194
9.6 M 文件的函数构成 ········· 196
9.6.1 函数说明 ·········· 196
9.6.2 参数说明 ·········· 196
9.6.3 GUIDE 数据传递
机制 ·············· 197
9.6.4 函数使用实例 ····· 197
9.7 拓展知识 ················· 199
9.8 思考问题 ················· 200
9.9 常见问题 ················· 200

附录 H　可视化开发 ················ 201

第 10 章　MATLAB 工具箱 ········· 203

10.1　入门实例 ······················ 203
10.2　工具箱分类 ···················· 205
10.3　Simulink 工具箱 ············· 207
　　10.3.1　Simulink 的启用
　　　　　　方法 ··············· 208
　　10.3.2　Simulink 模块库
　　　　　　简介 ··············· 209
　　10.3.3　Simulink 建模与
　　　　　　仿真 ··············· 213
　　10.3.4　Simulink 建模
　　　　　　实例 ··············· 215
　　10.3.5　Simulink 建模仿
　　　　　　真命令 ············· 217
10.4　信号处理工具箱 ············· 218
　　10.4.1　工具箱简介 ········· 218
　　10.4.2　SPTool 工具 ········· 219
　　10.4.3　信号处理实例 ······ 220
　　10.4.4　信号处理命令
　　　　　　函数 ··············· 225

10.5　通信工具箱 ··················· 232
　　10.5.1　工具箱简介 ········· 232
　　10.5.2　通信命令函数 ······ 236
　　10.5.3　通信系统模块集 ··· 237
　　10.5.4　通信系统性能
　　　　　　仿真 ··············· 242
10.6　神经网络工具箱 ············· 245
　　10.6.1　工具箱简介 ········· 245
　　10.6.2　神经网络工具 ······ 250
　　10.6.3　神经网络应用
　　　　　　实例 ··············· 251
　　10.6.4　神经网络命令
　　　　　　函数 ··············· 258
10.7　大数据处理工具箱 ·········· 262
　　10.7.1　工具箱简介 ········· 262
　　10.7.2　大数据存储 ········· 263
　　10.7.3　Tall 数组 ············ 266
　　10.7.4　MapReduce ········· 269
10.8　拓展知识 ······················ 271
10.9　思考问题 ······················ 273
10.10　常见问题 ···················· 274

应　用　篇

第 11 章　图像处理方面的应用 ···· 277

11.1　典型问题 ······················ 277
11.2　主要思路 ······················ 277
11.3　图像处理预备知识 ·········· 277
11.4　MATLAB 函数 ··············· 278
11.5　MATLAB 的实现方式 ····· 278
11.6　思考 ···························· 287

第 12 章　GUI 设计方面的应用 ···· 288

12.1　典型问题 ······················ 288
12.2　主要思路 ······················ 288
12.3　游戏设计预备知识 ·········· 289
12.4　MATLAB 函数 ··············· 289
12.5　MATLAB 的实现方式 ··· 290
12.6　思考 ···························· 298

第 13 章　神经网络方面的应用 ···· 299

13.1　典型问题 ······················ 299
13.2　主要思路 ······················ 299
13.3　神经网络预备知识 ·········· 300
13.4　MATLAB 函数 ··············· 301
13.5　MATLAB 的实现方式 ····· 301
13.6　思考 ···························· 305

第 14 章　信号处理方面的应用 ···· 306

14.1　典型问题 ······················ 306
14.2　主要思路 ······················ 306
14.3　信号处理预备知识 ·········· 307
14.4　MATLAB 函数 ··············· 307
14.5　MATLAB 的实现方式 ··· 308
　　14.5.1　设计过程 ············ 308

14.5.2 调试分析·············311

14.6 思考·····················317

第 15 章 大数据处理方面的应用··318

15.1 典型问题················318

15.2 主要思路················318

15.3 MapReduce 预备知识····319

15.4 MATLAB 函数··········320

15.5 MATLAB 的实现方式···320

15.6 思考·····················328

参考文献························329

基础篇

📖 第 1 章　入门基础

📖 第 2 章　基本计算

📖 第 3 章　数组和矩阵

📖 第 4 章　数值计算

📖 第 5 章　符号计算

📖 第 6 章　图形绘制

📖 第 7 章　图像处理

📖 第 8 章　M 程序设计

📖 第 9 章　GUI 图形用户界面设计

📖 第 10 章　MATLAB 工具箱

第 **1** 章

入 门 基 础

MATLAB 是由美国 MathWorks 公司发布的主要面向科学计算、可视化及交互式程序设计的计算软件。它将数值分析、矩阵计算、科学数据可视化及非线性动态系统的建模和仿真等诸多强大功能集成在易于使用的视窗环境中，为科学研究、工程设计及必须进行有效数值计算的众多科学领域提供了一种全面的解决方案，代表了当今国际科学计算软件的先进水平。

"工欲善其事，必先利其器。"MATLAB 作为一种功能强大的计算软件，在大学生的基础理论学习和课外科技活动中起着重要的支撑作用，是一种在学习过程中务必掌握的利器。它不仅可以帮助学生理解晦涩难懂的基础理论，而且可以激发学生的想象力进行科学研究，在培养学生发现问题、分析问题、解决问题能力方面起着积极的作用。

本章的主要知识点体现在以下两个方面：

- 掌握 MATLAB 基本情况；
- 了解 MATLAB 与仿真之间的关系。

1.1 MATLAB 概述

MATLAB（MATrix LABoratory，矩阵实验室）是一种以矩阵运算为基础的交互式程序语言，着重针对科学计算、工程计算和绘图的需求。首创者 Cleve Moler 教授曾在密西根大学、斯坦福大学和新墨西哥大学任数学与计算机科学教授，与 John Little 等人成立了 MathWorks 公司。该公司于 1984 年推出了 MATLAB 1.0 版，后面又陆续推出了 2.0 版（1986年）、3.0 版（1987 年）、4.0 版（1992 年）、5.0 版（1996 年）、6.0 版（2000 年）、7.0 版（2004年）、8.0 版（2012 年）、9.0 版（2016 年）。截至 2019 年 3 月，最新版本是 9.5 版（建造编号 R2018b）。其中，MATLAB 7.x 经历了 0～14 等一系列版本升级，在这一发展阶段中，

MATLAB 功能开发和用户应用得到了迅速提升。本书以 R2018b 版本为主介绍 MATLAB。

MATLAB 可以解决科学研究和工程实践中的计算问题，小到简单的加减乘除，大到采用计算机编程解决的复杂求解。MATLAB 具有用法简单、灵活、结构性强、延展性好等优点，逐渐成为科技计算、视图交互系统和程序中的首选工具。

1.1.1 MATLAB 的优势特点

与其他计算软件相比，MATLAB 的主要优势特点体现在以下几个方面。

（1）简单易用的计算环境

MATLAB 的命令环境和编程环境简单，提供了一套方便实用的 MATLAB 函数和文件工具集，其中许多工具是图形化用户接口。它是一个集成的用户工作空间，允许用户输入、输出数据，并提供了 M 文件的集成编译和调试环境，包括 MATLAB 桌面、命令窗口、M 文件编辑调试器、MATLAB 工作空间和在线帮助文档。随着软件本身的不断升级，人机交互性更强，操作更简单。利用 MATLAB 提供的联机查询、帮助系统，用户可以方便地进行函数查询。新版本的 MATLAB 语言的语法特征与 C++语言极为类似，而且更加简单，更加符合科研人员对数学表达式的书写习惯，使之更利于非计算机专业的科研人员使用，这也正是 MATLAB 能够深入科学研究及工程计算各个领域的重要原因。MATLAB 的编程环境提供了比较完备的调试系统，程序不必经过编译就可以直接运行，而且能够及时地报告出现的错误及进行出错原因分析。通常情况下，可以用它来代替底层编程语言，如 C 和 C++。在计算要求相同的情况下，使用 MATLAB 编程的工作量会大大减少。

（2）强大的计算处理能力

MATLAB 提供了大量的计算函数和实用的工具箱。MATLAB 支持数组运算、矩阵运算、符号运算等。它拥有 600 多个工程中要用到的数学运算函数，可以方便地实现用户所需的各种计算功能。函数中所使用的算法都是科学研究和工程计算中的最新研究成果，而且经过了各种优化和容错处理。这些函数集包括从最简单、最基本的函数到矩阵、特征向量、快速傅里叶变换的复杂函数。所能解决的问题大致包括矩阵运算和线性方程组的求解、微分方程及偏微分方程组的求解、符号运算、傅里叶变换和数据的统计分析、工程中的优化问题、稀疏矩阵运算、复数的各种运算、三角函数和其他初等数学运算、多维数组操作及建模动态仿真等。MATLAB 的重要特色之一就是提供了一组称为工具箱的特殊应用子程序。工具箱是 MATLAB 函数的子程序库，每一个工具箱都是为某一类学科专业和应用而定制的，主要包括信号处理、控制系统、神经网络、模糊逻辑、小波分析和系统仿真等方面的应用。用户可以直接使用工具箱学习、应用和评估不同的方法且不需要自己编写代码。

（3）完备的图形处理能力

MATLAB 提供了方便的图形绘制、图像处理及图形用户界面开发功能。与其他计算软件的分析功能相比，MATLAB 具有方便的数据可视化功能，将向量和矩阵用图形表现出来，实现二维和三维的可视化、图像处理、动画和表达式作图。它具有一般数据可视化软件都具有的功能（如二维曲线和三维曲面的绘制及处理等），也具有自己独特的处理能力（如图形的光照处理、色度处理及四维数据的表现等）。在开发环境中，用户利用图形窗口的句柄、图形标注等，可以方便地控制图形窗口。另外，MATLAB 着重完善了图形用户界面（GUI）的制作，结合面向对象程序设计的思想，设计满足可视化要求的应用程序界面。

（4）易于扩充的开发接口

MATLAB 提供了组件扩充和代码移植的功能。要实现对 MATLAB 的功能扩充或者利用其他开发工具实现代码，可以利用 MATLAB 的应用程序接口（API）。MATLAB 应用程序接口（API）是一个支持 MATLAB 语言与 C、Fortran 等其他高级编程语言进行交互的函数库。该函数库的函数通过调用动态链接库（DLL）实现与 MATLAB 文件的数据交换，其主要功能包括在 MATLAB 中调用 C 和 Fortran 程序，以及在 MATLAB 与其他应用程序间建立客户、服务器关系。另一方面，MATLAB 可以利用 MATLAB 编译器及 C/C++数学库和图形库，将 MATLAB 程序自动转换为独立于 MATLAB 运行环境的 C 和 C++代码。MATLAB 网页服务程序还容许在 Web 应用中使用自己的 MATLAB 数学和图形程序。

1.1.2 MATLAB 的计算实例

下面通过几个具体的例子来说明 MATLAB 强大的计算处理能力。

【例 1-1】矩阵生成与运算。

在著名武侠小说《射雕英雄传》中，聪明的黄蓉帮助瑛姑解开了一个其十年不解的九宫图问题："将一至九这九个数字排成三列，不论纵横斜角，每三个数字相加都是十五，如何排法？"该问题用半数学语言描述就是：如何生成一个 3×3 矩阵，并将自然数 $1,2,\cdots,9$ 分别置成这 9 个矩阵元素，才能使得每一行、每一列，且主、反对角线上元素相加都等于一个相同的数？

依据小说的情节，黄蓉给出的具体解法为："九宫之义，法以灵龟，二四为肩，六八为足，左三右七，戴九履一，五居中央。九宫每宫又可化为一个八卦，八九七十二数，以从一至七十二之数，环绕九宫成圈，每圈八字，交界之处又有四圈，一共一十三圈，每圈数字相加，均为二百九十二。对于四四图，以十六字依次做四行排列，先以四角对换，一换十六，四换十三，后以内四角对换，六换十一，七换十。这般横直上下斜角相加，皆是三十四。"图 1-1 所示九宫图是一个解法示例。

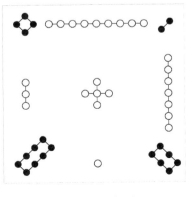

图 1-1 九宫图

这一问题可以归结为魔方矩阵问题，在 MATLAB 中不需要设计复杂的算法，只需要调用 magic(3)函数就可以实现上述问题的简单求解。具体实现如下：

```
>> magic(3)
ans =
        8        1        6
        3        5        7
        4        9        2
```

利用 magic 函数还可以实现更高维的魔方矩阵问题，这是小说中的方法也解决不了的问题。例如，当维度为 8 时，问题变得非常复杂，具体实现如下：

```
>> magic(8)
ans =
       64        2        3       61       60        6        7       57
        9       55       54       12       13       51       50       16
       17       47       46       20       21       43       42       24
       40       26       27       37       36       30       31       33
       32       34       35       29       28       38       39       25
       41       23       22       44       45       19       18       48
       49       15       14       52       53       11       10       56
        8       58       59        5        4       62       63        1
```

将该问题归结为矩阵问题之后，可以进一步利用线性代数的知识，通过求解矩阵的行列式和特征值进行分析。具体来说，可以利用 MATLAB 提供的函数 det 求解行列式的值，用 eig 求解行列式的特征值和特征向量。

总结：通过掌握 MATLAB 提供的函数，在 MATLAB 的交互式命令环境下可以进行各类矩阵或数组的运算。

【例 1-2】考虑一个二元函数，如何用三维图形的方式表现出这个曲面呢？

$$z = 3(1-x)^2 e^{-x^2-(y+1)^2} - 10\left(\frac{x}{5} - x^3 - y^5\right)e^{-x^2-y^2} - \frac{1}{3}e^{-(x+1)^2-y^2}$$

复杂函数的分析和求解是工程计算领域经常遇到的问题，通过图形方式展示函数，可以快速直观地发现函数的特征，使设计和分析函数达到事半功倍的效果。

为了展示上述函数，如果采用 C 语言或者 Java 等程序工具绘制函数，则需要很多的准备工作，且开发过程烦琐。如果采用 MATLAB 的话，只需利用两个简单函数 meshgrid 和 surf 就可以实现三维图形的显示。其中，meshgrid 函数用于生成函数的网格点数据，surf 函数用于绘制三维曲面。具体实现如下：

```
>> [x,y] = meshgrid(-3:1/8:3);
z =3*(1-x).^2.*exp(-(x.^2) - (y+1).^2)- 10*(x/5 - x.^3 - y.^5)···
.*exp(-x.^2-y.^2)- 1/3*exp(-(x+1).^2 - y.^2);
surf(x,y,z), shading interp; colorbar
```

函数的绘制如图 1-2 所示。

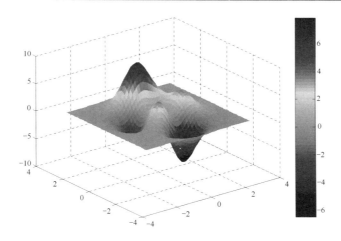

图 1-2　函数的绘制

图 1-2 的绘制结果显示，在三维坐标轴上轻松地绘制出了二元函数的曲面，采用不同的颜色来区分数据的不同特征区，而且曲面的颜色过渡是渐近完成的，这一点可以通过图 1-2 右边的颜色条明确看到变化。

总结：通过掌握数学表达式的描述方法，将数学描述转换为 MATLAB 描述，进而利用 MATLAB 提供的绘图函数，实现数学表达式的可视化显示。

【例 1-3】微分方程的数值解法。

实际问题的物理过程经常可用偏微分方程来描述，因此大量实际问题的计算可以归结为求解偏微分方程。著名的 Lorenz 方程是描述混沌现象的第一例方程，通过微分方程模拟气候变化，形象地描述输入的微弱变化对结果的巨大影响，这就是著名的天气的"蝴蝶效应"。具体方程描述如下：

$$\begin{cases} \dot{x}_1(t) = -\beta x_1(t) + x_2(t)x_3(t) \\ \dot{x}_2(t) = -\sigma x_2(t) + \sigma x_3(t) \\ \dot{x}_3(t) = -x_1(t)x_2(t) + \rho x_2(t) - x_3(t) \end{cases}$$

首先，在 MATLAB 的 M 文件编辑环境下编写 lorenzeq 函数，使用 M 语言描述微分方程，具体实现如下：

```
function xdot = lorenzeq(t,x)
xdot=[-8/3*x(1)+x(2)*x(3);
       -10*x(2)+10*x(3);
     -x(1)*x(2)+28*x(2)-x(3)];
end
```

然后，在 MATLAB 的交互式命令环境下，使用 MATLAB 命令求解该微分方程，绘制出时间曲线与相空间曲线，具体实现如下：

```
>> final=100; x0=[0;0;1e-10];
[t,x]=ode45('lorenzeq',[0,t_final],x0);
plot(t,x),  figure;
```

```
plot3(x(:,1),x(:,2),x(:,3));
axis([10 40 -20 20 -20 20]);
```

显示结果如图 1-3 所示。

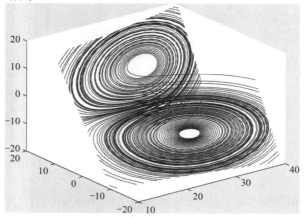

图 1-3　Lorenz 方程求解

总结：通过掌握偏微分方程数学表达式的描述方法，将数学描述转换为 MATLAB 描述，可以实现复杂数学问题的求解。而且，在实现方式上，除了使用 MATLAB 的交互式命令外，还可以使用 M 文件编写函数文件，集中于主要问题的设计。

1.2　MATLAB 安装方法

在 Windows 系统环境下，使用 MATLAB（版本为 R2018b）软件，将 MATLAB 的安装光盘放入计算机的光驱中，浏览光盘的内容，启动安装程序，具体安装步骤如下。

第一步：在安装程序目录中单击 "setup"，如图 1-4 所示。

第二步：在弹出的对话框中选择安装方式，在这里选择 "使用文件安装密钥"，单击 "下一步" 按钮，如图 1-5 所示。

图 1-4　安装程序目录　　　　　　　　　　图 1-5　选择安装方式

第三步：在弹出的对话框中，在"是否接受许可协议的条款"后选择"是"单选按钮，单击"下一步"按钮，如图 1-6 所示。

第四步：选择激活方式。在这里选择"我没有文件安装密钥。帮助我执行后续步骤"，单击"下一步"按钮，如图 1-7 所示。

图 1-6　选择接受许可协议　　　　　　　　图 1-7　选择激活方式

第五步：选择安装路径。输入安装文件夹的完整路径，单击"下一步"按钮，如图 1-8 所示。

第六步：选择要安装的产品，包括各种工具，单击"下一步"按钮，如图 1-9 所示。

图 1-8　选择安装路径　　　　　　　　图 1-9　选择要安装的产品

第七步：选择需要的安装选项，如图 1-10 所示。

第八步：确认安装设置，单击"安装"按钮进行安装，如图 1-11 所示。

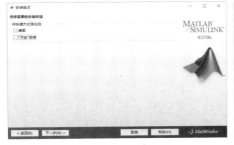

图 1-10　选择需要的安装选项　　　　　　图 1-11　确认安装设置

第九步：进行安装，如图 1-12 所示。

第十步：漫长的等待之后，MATLAB 安装完成，如图 1-13 所示。

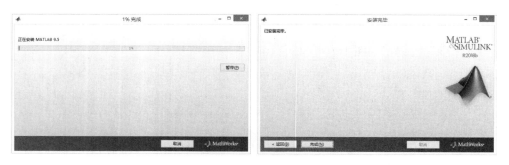

图 1-12　进行安装　　　　　图 1-13　MATLAB 安装完成

第十一步：激活 MATLAB，如图 1-14 所示。

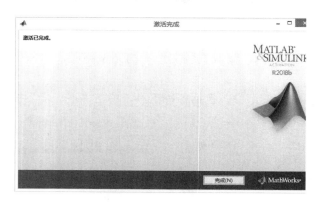

图 1-14　激活 MATLAB

1.3　MATLAB 环境介绍

启动 MATLAB 后，进入 MATLAB 桌面。MATLAB 桌面包括命令窗口（Command Window）、工作区窗口（Workspace）、当前文件夹窗口（Current Folder）、命令历史窗口（Command History）和在线帮助文档，如图 1-15 所示。

下面分别介绍各个窗口的作用。

命令窗口是 MATLAB 桌面中最主要的窗口，这是一个交互式的命令环境，用户可以在提示符后输入各种 MATLAB 命令，并显示命令执行后的结果。

工作区窗口显示 MATLAB 计算环境中存储的变量，显示变量的名称、数值和类型，对 MATLAB 计算环境中从外部导入的数据和计算过程产生的数据变化进行可视化显示。

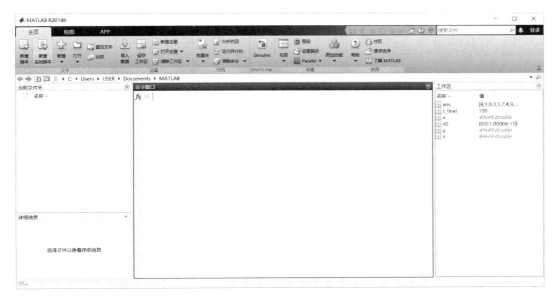

图 1-15 MATLAB 桌面

当前文件夹窗口显示在当前工作目录下包含的所有文件。在命令窗口下直接执行的命令默认来自当前工作目录的文件,而且可以通过工具栏上方的控件修改这个目录名称。

命令历史窗口记录了在命令窗口中执行的每个命令,而且可以帮助用户通过鼠标单击实现命令的再次执行,避免用户重复输入。

在线帮助文档提供了 MATLAB 使用的各种信息。在菜单栏中选择"Help"选项,打开帮助浏览器,介绍 MATLAB 中各种主题,包括开发环境、数学、编程和数据类型、作图、3D 可视化、外部界面/API、创建图形用户界面等。

1.4 预备知识

为了理解 MATLAB 在科学计算中的仿真作用,必须清楚仿真的基本概念和基本方法,才能更好地运用 MATLAB 发挥其优势。

其实,仿真在现实生活中并不罕见,有很多现实的仿真实例。例如,从小学到大学司空见惯的模拟考试,目标是帮助学生通过平时努力取得最终的好成绩,每一次的模拟考试可以看作一次物理的仿真;从郊区到市内的出行计划,可以选择地铁、公共汽车、出租车等多种方式,每个人根据自己对时间和经济的要求,通过计算与思考,完成一个最优的选择。2010 年 9 月上映的电影《盗梦空间》(inception)阐述了梦境的层次和梦境的设计,展示了基于人脑的仿真试验场景。人脑可以看作更为复杂的计算机,里面涉及脑科学、场景设计、梦境共享、潜意识作用等复杂的问题。

1.4.1　仿真的分类

仿真界专家和学者对仿真下过不少的定义，其中 T. H. Naylar 于 1966 年对仿真做了如下定义：仿真是在数字计算机上进行实验的数字化技术，它包括数字与逻辑模型的某些模式，这些模型描述了某一事件或经济系统（或者它们的某些部分）在若干周期内的特征。

综合国内外学者对仿真的定义，可以对仿真做如下定义：仿真是建立在模型相关理论基础之上，以计算机和其他专用物理效应设备为工具，利用系统模型对真实或假想的系统进行实验，并借助专家经验知识、统计数据和信息资料对实验结果进行分析和研究，进而做出决策的一门综合性的试验学科。

从描述性的定义中可以看出，仿真实质上包括了三个基础要素：系统、系统模型、计算机。而联系这三个要素的基本活动是模型建立、仿真模型建立和仿真实验。

仿真的控制框图如图 1-16 所示。具体的工作过程如下：

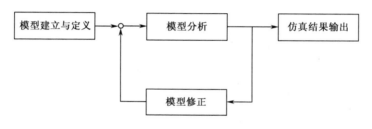

图 1-16　仿真的控制框图

（1）建立系统的数学模型。

（2）仿真系统的组装，包括设计仿真算法、编写计算机程序使仿真系统的数学模型能为计算机所接受并在计算机上运行。

（3）运行仿真模型，进行仿真实验，再根据仿真实验的结果进一步修正系统的数学模型和仿真系统。

从模拟的实体出发，仿真分为物理仿真和计算机仿真。

物理仿真是指对实物或其物理模型进行研究。它具有直接、形象、可信、精度高等优点，但缺点是造价高或耗时长，大多在一些特殊场合下采用（如导弹、卫星一类飞行器的动态仿真，发电站综合调度仿真与培训系统等），模型受限，易被破坏，难以重复利用。

计算机仿真是指根据相似性原理，利用计算机软件模拟实际环境进行研究。它具有经济、可靠、实用、安全、灵活、可多次重复使用的优点，已经成为对许多复杂系统（工程的、非工程的）进行分析、设计、试验、评估的必不可少的手段。它是以数学理论为基础，以计算机和各种物理设施为设备工具，利用系统模型对实际的或设想的系统进行实验仿真研究的一门综合技术。

1.4.2　仿真的发展

仿真的发展经历了以下四个阶段。

（1）程序编程阶段

所有问题（如微分方程求解、矩阵运算、绘图等）都用高级算法语言（如 C、Fortran 等）来编写。

（2）程序软件包阶段

以"应用子程序库"形式补充功能，统一编译程序即可。

（3）交互式语言阶段

仿真语言可用一条指令实现某种功能，使用人员不必考虑采用什么算法及如何实现等低级问题。

（4）模型化图形组态阶段

符合设计人员对基于模型图形化的描述。基于面向对象实现组态软件图形库模型。充分运用 C++语言的封装性、继承性和虚拟多态性，实现模型的独立性、层次性和可重用性。

仿真技术的发展趋势主要体现在以下几个方面。

（1）硬件方面：基于多 CPU 并行处理技术的全数字仿真将有效提高仿真系统的速度，大大增强数字仿真的实时性。同时，图形处理单元（GPU）已经成为当今的主流计算系统的重要组成部分，它不仅是一个功能强大的图形引擎，而且是一个高度并行的可编程处理器，GPU 的峰值运算和内存带宽往往大幅超出 CPU 所对应的峰值和内存带宽。基于 GPU 通用计算框架，实现 MATLAB 的高效计算仿真，是一个有前景的发展方向。

（2）应用软件方面：直接面向用户的数字仿真软件不断推陈出新，各种专家系统与智能化技术将更深入地应用于仿真软件开发之中，在人机界面、结果输出、综合评判等方面达到更理想的境界。

（3）虚拟现实技术：综合了计算机图形技术、多媒体技术、传感器技术、显示技术及仿真技术等多学科，使人置身于真实环境之中。

（4）分布式数字仿真：充分利用网络技术，与虚拟现实技术相结合，协调多个用户合作，使得多个用户在同一虚拟环境中进行各类交互式仿真，从而能够广泛用于复杂的产品设计、军事演习、复杂的操作训练、过程排演等领域。

1.4.3　常见的仿真软件

采用仿真实验可以提高设计效率，具有优化设计和预测的特殊功能，也可以有效降低危险程度，对系统的研究起到保障作用。

以下列举几种常见的仿真软件：

- PSPICE、ORCAD：通用的电子电路仿真软件，适用于元件级仿真。
- SYSTEM VIEW：系统级的电路动态仿真软件。
- NS2、OPNET、GlobeSim：网络协议仿真软件。
- MATLAB：具有强大的数值计算能力，包含各种工具箱。
- SIMULINK：MATLAB 附带的基于模型化图形组态的动态仿真环境。

北京航空航天大学电子信息工程学院信息与网络安全实验室依托国家 863 项目"Ad hoc 网络安全协议设计与仿真研究（2009AA012418）"，开发 Ad hoc 网络安全协议仿真软件，主界面如图 1-17 所示。

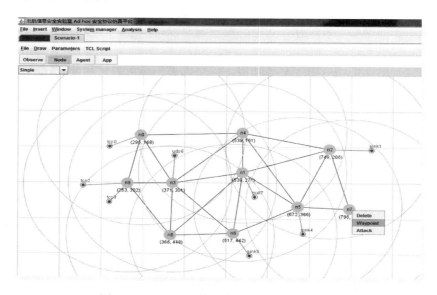

图 1-17　Ad hoc 网络安全协议仿真软件主界面

Ad hoc 网络安全协议仿真软件系统由前台和后台两个子系统组成。其中，前台子系统采用 Java 语言开发图形化界面，在可视化环境中设置协议仿真参数和获取性能分析结果；后台子系统以 NS2 作为仿真开发引擎，提供安全协议和攻击模型的 NS2 扩展库；通过前台子系统自动生成 NS2 OTCL 脚本并自动调用后台子系统完成对安全协议的仿真运行。

系统实现如下主要功能：①可视化网络拓扑配置和管理；②安全协议配置和管理；③基于攻击模型的安全性能检验；④仿真过程脚本的自动生成；⑤协议性能综合对比分析。

该仿真软件不仅可以实现协议性能静态数据分析，可以对比分析协议的延迟，控制开销、吞吐量、丢包率和抖动等性能，而且实现了协议性能动画演示，可以演示数据流的动态变化和网络在各种攻击下的流量变化，集网络拓扑可视化生成、协议参数配置、仿真脚本自动生成和仿真结果对比分析及动画演示于一体。

北京航空航天大学计算机学院虚拟现实技术与系统国家重点实验室开发了仿真开发与运行平台 BH HLA/RTI，其结构如图 1-18 所示。该平台支持异地分布式虚拟现实研究与开发，支持 HLA 1.3 和 IEEE 1516 标准，可应用于视景仿真、模拟训练、城市仿真、工业设计、交互式游戏等各个分布交互仿真或虚拟环境应用领域。

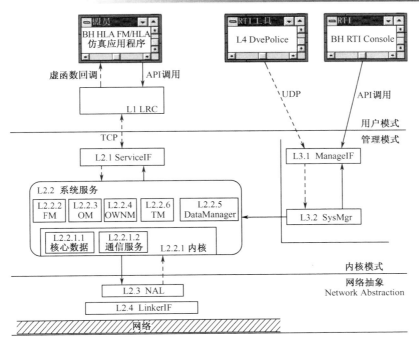

图 1-18　BH HLA/RTI 仿真开发与运行平台

1.5　拓展知识

使用 MATLAB 进行仿真计算，必须保证运行环境可以支持相应的计算需求。对内存空间的需求是仿真计算时经常遇到的问题。在 MATLAB 安装完毕后，可以通过命令 feature memstats 进行内存环境的检测，检测指标是否有利于分析运算且是否会产生溢出，具体实现如下：

```
>> feature memstats
```

内存环境的检测结果如表 1-1 所示。

表 1-1　内存环境的检测结果

性 能 指 标	具体数值（单位 MB）	
Physical Memory (RAM) （物理内存）	使用	751
	空闲	262
	总计	1013
Page File (Swap Space) （交换页）	使用	683
	空闲	1757
	总计	2440
Virtual Memory (Address Space) （虚拟内存）	使用	562
	空闲	1485
	总计	2047

续表

性 能 指 标	具体数值（单位 MB）	
	第 1 块	942
	第 2 块	115
	第 3 块	97
	第 4 块	36
Largest Contiguous Free Blocks （最大连续存储块）	第 5 块	35
	第 6 块	29
	第 7 块	28
	第 8 块	25
	第 9 块	22
	第 10 块	21
	总计	1350

1.6　思考问题

（1）MATLAB 实现的仿真是否"真实"？

（2）MATLAB 仿真与"真实"之间的关系是什么？

1.7　常见问题

由于用户的随意操作，桌面发生了变化，如何恢复默认桌面？

答：通过单击菜单"主页"→"布局"→"默认"恢复默认桌面，如图 1-19 所示。

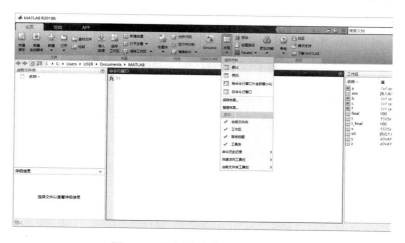

图 1-19　恢复默认桌面的操作界面

第**2**章

基 本 计 算

本章从基本计算入手，重点介绍 MATLAB 中的变量定义、基本数据类型、基本运算类型。

本章的主要知识点体现在以下两个方面：

- 掌握变量和表达式的定义方法；
- 掌握 MATLAB 中运算符的具体形式。

2.1 入门实例

MATLAB 的命令窗口如图 2-1 所示。

在 "＞＞" 的命令提示符下，可以输入 MATLAB 的命令，进行运算。

例如，进行 "1+1" 的运算，得到计算结果为 2，具体如下：

```
>> 1+1
ans =
    2
```

图 2-1   MATLAB 的命令窗口

虽然没有定义存储计算结果的变量，但 MATLAB 中可以正常进行运算，并将计算结果存储到变量 "ans" 中。

注意："ans" 是系统默认变量名称。

如果定义变量，可以进行较为复杂的问题求解，如下所示：

```
>> a=15+20-50+3*9          %计算表达式15＋20－50＋3×9，并赋值给变量 a
a =
12
>>b=30                     %赋值 30 给变量 b
```

```
b =
30
>> c=a*b                    %计算表达式 a×b，并赋值给变量 c
c =
      360
>> d=a^3-b*c                %计算表达式 a³-b×c，并赋值给变量 d
d =
      -9072
```

通过以上运算，可以知道在 MATLAB 的命令窗口中可以完成与计算器类似的功能计算。

2.2 变量

变量包括系统的预定义变量和用户自定义变量。

2.2.1 预定义变量

与前面遇到的 ans 类似，MATLAB 提供了一些系统的特殊变量和常数，与用户无关，如表 2-1 所示。

表 2-1 特殊变量和常数

特 殊 变 量	含 义	特 殊 变 量	含 义
ans	用户未定义变量名时，系统用于存储计算结果的默认变量名	NaN 或 nan	不定量，如 0/0 或 inf/inf
pi	圆周率 π（= 3.1415926…）	i 或 j	虚数单位
inf 或 Inf	无穷大值（∞），如 1/0	nargin	函数输入参数个数
eps	浮点运算的相对精度 2^(-52)	nargout	函数输出参数个数
realmax	最大的正浮点数，2^(1024)-1	lasterr	存放最新的错误信息
realmin	最小的正浮点数，2^(-1022)	lastwarn	存放最新的警告信息

2.2.2 用户自定义变量

除了预定义变量外，MATLAB 还提供了用户自定义变量的方式，方便用户灵活计算。

变量的命名要求包括：①变量名必须以字母开头，其余可包含字母、数字、下画线，不得使用标点符号；②变量名中的英文字母大小写是有区别的；③变量名的最大长度是有规定的，不同版本的系统规定也不同，通常为 19、31 或 63 个字符等，可调用 namelengthmax 函数确定系统规定的最大长度。

例如，使用 whos 函数展示变量的使用，具体如下：

```
        >>clear              %清除工作区中所有定义过的变量
        >>whos               %查看当前工作区内变量信息，无显示则表示没有定义的变量
        >> xy=1; yx=2;       %对变量赋值
        >> xy                %查看变量 xy 的当前数值
        xy =
               1
        >> whos
          Name        Size                        Bytes   Class      Attributes
          xy          1x1                             8   double
          yx          1x1                             8   double
        >> clear xy yx       %清除变量 xy 及 yx
        >> whos
        >> xy                %这时变量 xy 已经不存在了，所以显示异常
        未定义函数或变量 'xy'.
```

注意： MATLAB 严格区分大小写字母，例如 a 与 A 是两个不同的变量。

2.2.3　表达式

表达式是由数字、算符、数字分组符号（括号）、用户变量和系统变量等组合所得的。
例如：

```
        >> 1+2*cos(pi)+3i
        ans =
           -1.0000 + 3.0000i
```

2.2.4　逗号与分号的区别

为了方便在命令窗口的提示符下进行运算，可以在一行命令中使用多个变量，这时
必须使用逗号"，"，将多个命令隔开，如下所示：

```
        >>x=2, y=3           %用逗号隔开，屏幕回显结果
        x =
               2
        y =
               3
```

也可以使用分号"；"将多个命令隔开，其与逗号的区别在于在命令行没有输出的回
显信息，如下所示：

```
>>m=2; n=3;            %用分号隔开，无回显结果
>>m                    %在提示符后直接输入变量名可查看变量的数值
m =
      2
```

2.3 基本数据类型

MATLAB 中的数据类型主要包括数值、逻辑、字符串、单元、结构。

2.3.1 数值类型

对于数值类型，可以有以下几种分类方法。

分类方法一：双精度型（系统默认类型 double）、单精度型（single）、带符号整数（int8、int16、int32、int64）、无符号整数（uint8、uint16、uint32、uint64）。

分类方法二：标量、数组、矩阵。

分类方法三：实数、复数。

注意： 对于复数的虚部表示符号，i 与 j 等价，数值与符号之间的乘号可以省略。

例如：

```
>> z1=1+2i
z1 =
      1.0000 + 2.0000i
>> z2=3+4j
z2 =
      3.0000 + 4.0000i
>> z2=3+4*j
z2 =
      3.0000 + 4.0000i
```

2.3.2 逻辑类型

MATLAB 没有专门提供逻辑类型，而是借用整型来描述逻辑数据。MATLAB 规定：逻辑数据真（true）为 1，逻辑数据假（false）为 0。

例如，2<3 为真，其表达式的值为 1；2>3 为假，其表达式的值为 0。

注意： 在一个表达式里，注意区分作为普通数据的数与作为逻辑数据的数。

2.3.3 字符串类型

字符串是指包含在一对单引号中的字符集合。例如：

```
>> s='hello, MATLAB'              %定义字符串变量 s

s =

'hello, MATLAB'
```

MATLAB 中的字符串运算功能非常丰富，特别是符号运算（第 5 章内容）功能的加入，使得字符串函数功能得到了极大增强。

表 2-2 所示为字符串与数值数组的相互转换函数，详情请参阅帮助文档（help）。

表 2-3 所示为字符串的操作与执行函数，详情请参阅帮助文档（help）。

表 2-4 所示为串检验与进制转换函数，详情请参阅帮助文档（help）。

表 2-2　字符串与数值数组的相互转换函数

函　数　名	可实现的功能
num2str	数字转换为字符串
int2str	整数转换为字符串
mat2str	矩阵转换为字符串
str2num	字符串转换为数字
sprintf	将格式数据写为字符串
sscanf	在格式控制下读字符串

表 2-3　字符串的操作与执行函数

函　数　名	可实现的功能
strcat	串连接
strvcat	串垂直连接
strcmp	串比较
strncmp	串比较（前 n 个字符）
findstr	串中查找字串
strjust	微调字符串
strmatch	查找匹配的串
strrep	串替换
strtok	找串记号
upper	将串转换为大写
lower	将串转换为小写
blanks	生成空串
deblank	去除串空格
eval	执行字符串

表 2-4　串检验与进制转换函数

函　数　名	可实现的功能
ischar	字符串检验
iscellstr	串单元阵检验
hex2dec	进制 16→10 转换
hex2num	进制 16→双精转换
dec2hex	进制 10→16 转换
bin2dec	进制 2→10 转换
isletter	字母检验
isspace	空格检验
dec2bin	进制 10→2 转换
base2dec	进制 n→10 转换
dec2base	进制 10→n 转换
strings	字串帮助

注意： 在 MATLAB 中，所有字符串都用英文单引号标识，字符串和字符数组是等价的，字符串中的每个字符（包括空格）都是字符数组的一个元素。

2.3.4　单元类型

单元类型是 MATLAB 中较为特殊的一种数据类型，本质上也是一种数组，但这种数组和传统数组的区别是：传统数组中所有元素只能是同一种数据类型，而单元类型数组可以把不同的数据类型组合在一起，从而形成一种比较复杂的数组。

对于单元类型变量的定义，可以采用直接赋值或者 cell 函数。由 "=" 直接赋值是比较简单的方法，单元型变量使用大括号标识，元素之间用逗号分隔。例如：

```
>> A={'matlab',100,'is',[1 2;3 4]}
A =
        1×4 cell  数组

    {'matlab'}    {[100]}    {'is'}    {2×2 double}
```

也可以直接对单元型变量的元素直接赋值，单元型变量的下标用大括号或者括号进行索引，但赋值的形式也有所不同。

例如，A(1,1)={'matlab'}，A{1,1}='matlab'。

另外，使用 cell 函数预先分配存储空间，然后逐个对元素进行赋值。

例如，B=cell(2,3)可在内存空间中建立一个单元型空变量 B，然后可逐个对其元素进行赋值。

单元类型变量的相关函数如表 2-5 所示。

表 2-5　单元类型变量的相关函数

函 数 名	说　　明	函 数 名	说　　明
cell	生成单元类型变量	deal	输入/输出处理
cellfun	单元类型变量元素的作用	cell2struct	单元类型变量→结构类型变量
celldisp	显示单元类型变量内容	struct2cell	结构类型变量→单元类型变量
cellplot	图形显示单元类型变量	iscell	判断是否为单元类型变量
num2cell	数值→单元类型变量	reshape	改变数组结构

注意：单元类型变量并不是以指针的方式来存储的，因此改变元素的值不会影响原来所引用的变量值。单元类型变量还可以嵌套，即单元类型变量的元素也可以是单元类型变量。

2.3.5　结构类型

结构类型是另一种可以将不同的数据类型组合在一起的特殊数据类型。与单元类型相同，它也不是以指针方式传递数据的。与单元类型不同的是，其作用相当于数据库中的记录，可以存储一系列相关数据。同一个数据字段（Field）必须具有相同的数据类型，而单元类型数据每个元素彼此可以不同。

对于结构类型变量的定义，可以采用直接赋值或者 struct 函数。

由 "="直接赋值是比较简单的方法，结构类型变量的使用必须指出结构的属性名，并以操作符 "."来连接结构变量名与属性名。对该属性直接赋值，MATLAB 会自动生成该结构变量，如 A.b1、B(2,3).a3 等。结构类型数组的不同元素的类型可不同，例如：

```
>> student.name='tom';
>> student.age=20;
>> student.height=180
student =
```

包含以下字段的 struct:

name: 'tom'

age: 20

height: 180

另外，采用 struct 函数预先分配存储空间并进行赋值，具体形式如下：

结构类型变量＝struct(元素名 1,元素值 1,元素名 2,元素值 2,…)

例如，c=struct('c1',1, 'c2',b, 'c3', 'abcd')。

结构类型变量的相关函数如表 2-6 所示。

表 2-6　结构类型变量的相关函数

函　数　名	说　明	函　数　名	说　明
struct	创建或改变结构类型变量	rmfield	删除结构类型变量属性
fieldnames	取得结构类型变量属性名	isfield	判断结构类型变量属性
getfield	取得结构类型变量属性值	isstruct	判断结构类型变量
setfield	设置结构类型变量属性值		

注意：与单元类型变量一样，结构类型变量也不是以指针方式存储的。因此改变元素的值不会影响所引用变量的值。结构类型变量也可以嵌套使用，即结构类型变量的元素也可以是结构类型变量。

2.4　基本运算

MATLAB 中的基本运算包括算术运算、关系运算、逻辑运算。

为了实现在 MATLAB 中进行数学运算，必须掌握数学符号对应的实现符号，以及与其他编程语言的区别，避免错用符号。

2.4.1　算术运算

基本算术运算符如表 2-7 所示。

表 2-7　基本算术运算符

运　算	符　号	运　算	符　号
加	+	减	-
乘	*	数组相乘	.*
左除	\	数组左除	.\
右除	/	数组右除	./
幂次方	^	数组幂次方	.^

注意：MATLAB 中的算术运算与数学上的算术运算相比，区别在于：（1）除法分为左除和右除；（2）增加了数组相乘、数组左除、数组幂次方，这是为了实现对一组数据的方便处理。

【例 2-1】求解算术表达式 $[12+2\times(7-4)]\div 3^3$ 的值。

```
>> (12+2*(7-4))/3^3
ans =
    0.6667
```

使用"format"命令，可以改变数据的显示格式。

format 命令的参数如表 2-8 所示。

表 2-8   format 命令的参数

命 令 形 式	含 义	范 例
format short	短格式	3.1416
format short e	短格式科学格式	3.1416e+000
format long	长格式	3.14159265358979
format long e	长格式科学格式	3.141592653589793e+000
format rat	有理格式	355/113
format hex	十六进制格式	400921fb54442d18
format bank	银行格式	3.14

2.4.2　关系运算

MATLAB 提供 6 种关系运算符，如表 2-9 所示。

表 2-9   关系运算符

运 算	符 号	运 算	符 号
大于	>	小于	<
等于	==	不等于	~=
大于等于	>=	小于等于	<=

关系运算的结果类型为逻辑量 0 或者 1。例如：

```
>> x=2;
>> x>3
ans =
    0
>> x<=2
ans =
    1
```

注意：对于关系运算符"不等于"，MATLAB 中表示为"~="，与 C 语言有所不同，C 语言表示为"! ="。

2.4.3 逻辑运算

逻辑运算符用于将关系表达式或逻辑量连接起来，构成较复杂的逻辑表达式。
MATLAB 提供 4 种逻辑运算符，如表 2-10 所示。

表 2-10 逻辑运算符

运　算	符　号	运　算	符　号
与	&	或	|
非	~	异或	xor

逻辑表达式的值也是逻辑量。

2.4.4 数学函数

MATLAB 提供了很多数学函数，可以直接使用，如表 2-11 所示。

表 2-11 数学函数

类　型	函　数	含　义
三角函数	$\sin(x)$	正弦值
	$\mathrm{asin}(x)$	反正弦值
	$\cos(x)$	余弦值
	$\mathrm{acos}(x)$	反余弦值
	$\tan(x)$	正切
	$\mathrm{atan}(x)$	反正切
	$\cot(x)$	余切
	$\mathrm{acot}(x)$	反余切
	$\sec(x)$	正割
	$\mathrm{asec}(x)$	反正割
	$\csc(x)$	余割
	$\mathrm{acsc}(x)$	反余割
指数函数	$\exp(x)$	以 e 为底的指数
	$\log(x)$	自然对数
	$\log2(x)$	以 2 为底的对数
	$\log10(x)$	以 10 为底的对数
	$\mathrm{pow2}(x)$	2 的幂次
	$\mathrm{nextpow2}(x)$	返回 2 的下一个最近幂
	$\mathrm{sqrt}(x)$	平方根
复数函数	$\mathrm{abs}(x)$	绝对值
	$\mathrm{imag}(x)$	取出复数的虚部
	$\mathrm{real}(x)$	取出复数的实部
	$\mathrm{conj}(x)$	复数共轭
	$\mathrm{complex}(x,y)$	构造复数
	$\mathrm{cplxpair}(x)$	整理为共轭对

类　型	函　　数	含　　义
复数函数	isreal(x)	判断实数
	angle(x)	相位角
	unwrap(x)	相位展开
数论函数	round(x)	四舍五入
	fix(x)	朝 0 方向取整
	floor(x)	朝负无穷方向取整
	ceil(x)	朝正无穷方向取整
	mod(x,y)	余数
	rem(x,y)	除后取余
	sign(x)	符号函数
	lcm(x,y)	整数 x 和 y 的最小公倍数
	gcd(x,y)	整数 x 和 y 的最大公约数

注意： 在使用函数时，函数一定要出现在等式的右边；函数对其自变量的个数和格式都有一定的要求；函数允许嵌套；函数名必须小写。其中，关于对数的函数，与数学上的表达有所不同，log 表示以自然对数 e 为底，log10 表示以 10 为底。

以下给出几个结合函数的表达式的计算。

【例 2-2】计算下式的结果，其中 a=5.67，b=7.811。

$$\frac{e^{(a+b)}}{\log_{10}(a+b)}$$

```
>>a=5.67; b=7.811;
>>exp(a+b)/log10(a+b)
ans =
   6.3351e+005
```

【例 2-3】计算星球之间的万有引力。

```
>>G=6.67E-11;          % 引力恒量
>>sun=1.987E30;        % 太阳质量 1.987×10^30kg
>>earth=5.975E24;      % 地球质量 5.975×10^24kg
>>d1=1.495E11;         % 太阳和地球的距离 1.495×10^11m
>>g1=G*sun*earth/d1^2  % 太阳和地球的引力
g1=
   3.5431e+022
>>moon=7.348E22;       % 月亮质量 7.348×10^22kg
>>d2=3.844E5;          % 月亮和地球的距离 3.844×10^5m
>>g2=G*moon*earth/d2^2 % 月亮和地球的引力
g2=
   1.9818e+026
```

【例 2-4】设三个复数 $a=3+4i$，$b=1+2i$，$c=2e^{\frac{\pi}{6}i}$，计算 $x=ab/c$。

```
>>a=3+4i;
>>b=1+2i;
>>c=2*exp(i*pi/6);
>>x=a*b/c
x=
    0.3349 + 5.5801i
```

【例 2-5】已知三角形的三个边长分别为 3、4、5，求其面积。

```
>>a=3; b=4; c=5;                    % 三角形的三个边长
>>s=(a+b+c)/2;
>>area=sqrt(s*(s-a)*(s-b)*(s-c))
area =
    6
```

【例 2-6】计算下式的结果，其中 $x=45°$。

$$\frac{\sin(x)+\sqrt{35}}{\sqrt[5]{72}}$$

```
>>x=pi/180*(45);        %将角度单位由度转换为函数要求的弧度值
>>z=(sin(x)+sqrt(35))/72^(1/5)
z =
2.8158
```

2.5　拓展知识

通过在 MATLAB 环境中定义变量，可以方便地进行各种计算。但当清除内存变量或退出 MATLAB 时，这些变量就不复存在了。为了再次使用这些变量，则需要重新建立，这对于仿真计算来说，是一件比较烦琐的事情。

MATLAB 提供了一种二进制格式的 MAT 文件，它是用 C 语言或其他非 MATLAB 语言编写的，可以与 MATLAB 进行数据交换的程序文件，支持存储数据变量。MATLAB 通过 MAT 文件导出 MATLAB 数据结果，可以通过 MATLAB 输出函数或写文件函数将数据写入其他文件中，也可以通过 MATLAB 的"save"命令保存为其他文件格式。MATLAB 还允许使用 C 语言读/写指令"fprintf""fscanf""fopen""fread"等来传递格式化数据文件，其使用格式与 C 语言基本一致。在将数据导入 MATLAB 时，可以在 MATLAB 中使用"主页"菜单下的导入命令，或者使用"load"命令加载数据变量。

例如，为了保存变量的数值，可以将变量连同其值存储在 MAT 数据文件中。

```
>> a=1;b=2;c=a*b
```

选择"主页"菜单下的"保存工作区"命令存入数据文件，定义文件名（如 exp.mat）。

当需要将数据装载到工作空间时，选择"主页"菜单下的"导入数据"命令，找到保存好的 MAT 数据文件（如 exp.mat），可以看到工作区窗口中又有了变量 a、b、c，通过双击鼠标可以看到这些变量的数值。

同时，MATLAB 命令"save"和"load"提供了写和读 ASCII 码数据文件的选项，只要在命令窗口输入以下命令，就可以知道"save"命令的使用格式。

```
>> help save

save - Save workspace variables to file

    This MATLAB function saves all variables from the current workspace in a MATLAB
    formatted binary file (MAT-file) called filename.

    save(filename)
    save(filename,variables)
    save(filename,variables,fmt)
    save(filename,variables,version)
    save(filename,variables,version,'-nocompression')
    save(filename,variables,'-append')
    save(filename,variables,'-append','-nocompression')
    save filename

    另请参阅  clear, hgsave, load, matfile, regexp, saveas, whos

    save  的参考页
    名为 save  的其他函数
```

【例 2-7】存储和导入变量。

```
>> clear;a=1;b=2;c=a*b;
>> save mydt.txt -ascii -double    %将数据用双精度存入 ASCII 码方式的文本文件 mydt.txt
>> clear;                          %此时工作区窗口已清空
>> load mydt.txt
```

结果发现工作区窗口中有了一个变量 mydt（它是一个 3×1 数组），打开该变量发现就是原来 a、b、c 的值。与 MAT 文件不同的是，文本文件只保存数据，不保存变量。这里它将原来 a、b、c 的值全部存储在新变量 mydt 中，而无法找回原来的变量 a、b、c。文本文件存储的优点在于它是完全可读的，可以通过它与其他应用程序交换数据。

2.6 思考问题

对于运算符号描述，MATLAB 与数学、C 语言的区别在哪里？

2.7 常见问题

（1）如何清理 MATLAB 命令窗口的屏幕？

答：使用"clc"命令，将命令窗口的所有输入、输出清理干净。

（2）如何清理 MATLAB 工作区窗口的变量？

答：使用"clear"命令，将工作区窗口中的所有变量删除。

（3）在将空格转化为字符串时，如何确定空格所占位的大小？

答：下面举例说明。

```
>> clear
>> A1=int2str(eye(4))
A1 =
  4×10 char 数组
   '1   0   0   0'
   '0   1   0   0'
   '0   0   1   0'
   '0   0   0   1'
>> size(A1)
ans =
     4    10
>> A2=num2str(rand(3))
A2 =
  3×31 char 数组
   '0.81472      0.91338       0.2785'
   '0.90579      0.63236      0.54688'
   '0.12699      0.09754      0.95751'
>> size(A2)
ans =
     3    31
```

由上可以知道，空格转化为字符串时所占位大小并不统一，必须根据 size 函数确定尺寸大小来计算空格所占位大小。

（4）如何显示单引号？

答：在 MATLAB R2018b 的版本中不再需要使用两个连续的单引号字符才能显示单引号，直接使用单引号即可显示。例如：

```
>> b='你好'
b =
'你好'
```

附录 A　C 语言中结构变量的定义及使用

无论在定义还是使用方面，结构类型都是一种较为复杂的数据类型。MATLAB 中的结构类型与 C 语言中的结构体相比，其功能基本一致。因此，本附录重点介绍 C 语言中的结构体，可加以对比。

在 C 语言中，结构（struct）是由基本数据类型构成，并用一个标识符来命名的各种变量的组合。结构中可以使用不同的数据类型。

A.1　C 语言中结构变量的定义

在 Turbo C 中使用结构时，首先要定义结构变量。

定义结构变量的一般格式为：

```
struct  结构名
{
    类型    变量名；
    类型    变量名；
    ...
} 结构变量；
```

结构名是结构的标识符，不是变量名。

构成结构的每一个类型变量称为结构成员，它像数组的元素一样，但数组中的元素是通过下标来访问的，而结构是按变量名来访问成员的。

例如，下面定义了一个结构名为 string 的结构变量 person，包括姓名、年龄、性别和班级。

```
struct string
{
    char name[8];
    int age;
    char sex[2];
    char class[10];
} person;
```

A.2 C 语言中结构变量的使用

结构变量可以像其他类型的变量一样赋值、运算，不同的是结构变量以成员作为基本变量。

结构成员的表示方式为：结构变量.成员名。

如果将"结构变量.成员名"看成一个整体，则这个整体的数据类型与结构中该成员的数据类型相同，这样就可像其他变量一样使用了。

例如：

```
person.name='shangtao';
person.age =20;
```

实际上，结构数组相当于一个二维构造，第一维是结构数组元素，每个元素是一个结构变量；第二维是结构成员。

第 3 章

数组和矩阵

　　数组和矩阵是 MATLAB 中基本的数据存在形式。一方面，数组是数据结构中的概念，有利于计算机实现层次上的计算；另一方面，矩阵是线性代数中的概念，有利于数学层次上的计算。

　　本章的主要知识点体现在以下两个方面：

- 掌握数组的创建、访问及运算；
- 掌握矩阵的创建、访问及运算。

3.1　入门实例

　　【例 3-1】通过 MATLAB 导入图像，并观察图像的数据。

　　单击 MATLAB 菜单项的"主页"→"导入数据"，打开对话框，选择"matlab\toolbox\images\imdata"目录下的图像文件"cameraman.tif"，如图 3-1 所示。

图 3-1　选择图像文件

在弹出的导入向导中，单击"完成"按钮，完成数据的导入，如图 3-2 所示。

同时，如图 3-3 所示，MATLAB 工作区中增加了变量 cameraman，其为 256×256 的二维数组或者矩阵，数据元素的类型为 8 位无符号整数。

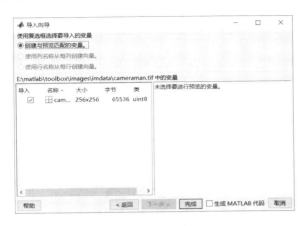

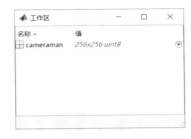

图 3-2　导入向导　　　　　　　　　图 3-3　MATLAB 工作区

在工作区中双击变量"cameraman"，打开数据窗口，显示其所包含的数据，由行、列元素组成，如图 3-4 所示。

图 3-4　数据窗口

也可以在工作区中选择不同方式显示数据。例如，绘画轮廓线（contour），数据的图像显示如图 3-5 所示。

通过将图像导入 MATLAB 中，实现了用二维数组或矩阵的形式来表示图像，进而可以通过各种数学运算来实现图像处理，处理后的图像如图 3-6 所示。

【例 3-2】将图像沿 Y 轴翻转。

翻转处理是一种常用的图像处理手段。将图像沿 Y 轴翻转，即进行如下运算：

$$A \times B \Rightarrow A'$$

其中，*A* 表示原图像，*B* 表示翻转矩阵，*A′* 表示处理后的图像。

MATLAB 中提供了一个 fliplr(*A*) 函数，利用该函数就可以进行这样的处理。

为了实现对 cameraman.tif 的沿 *Y* 轴翻转，在命令窗口输入：

```
>>A=fliplr(cameraman)
```

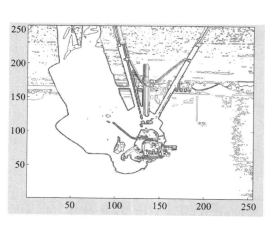

图 3-5　数据的图像显示　　　　　　　　图 3-6　处理后的图像

利用 MATLAB 提供的数组运算和矩阵运算函数，可以进行多种应用分析，包括图像处理、信号处理与分析等。

3.2　数组计算

所谓数组，就是相同数据类型的元素按一定顺序排列的集合，即把有限个类型相同的变量用一个名字命名，用编号区分每个元素的变量的集合，这个名字称为数组名，编号称为下标。组成数组的各个变量称为数组的分量，也称为数组的元素，有时也称为下标变量。

我们必须清楚，数组是用于程序设计的数据结构中的概念，并不是数学上的概念。为了处理方便，把具有相同类型的若干变量按有序的形式组织起来。为了实现某种数学运算，可以使用数组来描述某种类型的变量。简而言之，数组的运算是对数组中所有元素进行相同的运算。

MATLAB 工作区中的变量均是以数组的形式出现的，即使是标量，维度也是 1×1。通常可以使用 size 函数来确定某个数组的维度。

3.2.1　数组的创建

一维数组和二维数组是最常用的数组形式，所以本节重点介绍一维数组和二维数组的创建方法。

1．一维数组的创建

直接输入法是创建数组最简单的方法。此方法可以自由指定元素的数值。采用的基本规则是：①所有元素必须用方括号"[ ]"括起来；②元素之间必须用逗号","或空格" "分隔；③每个元素都可以用 MATLAB 表达式表示，既可以是实数，也可以是复数，复数用特殊数 i 或 j 来表示虚部。

【例 3-3】创建一维数组。

在命令窗口输入如下命令：

```
>> A=[1 2 3+i]      %用空格分隔，使用特殊数 i
A =
     1.0000 + 0.0000i    2.0000 + 0.0000i    3.0000 + 1.0000i
>> A=[1,2,3+j]      %用逗号分隔，使用特殊数 j
A =
     1.0000 + 0.0000i    2.0000 + 0.0000i    3.0000 + 1.0000i
```

通常，很多数组依赖数据最大值和最小值来产生数组的元素。区间限定法可以代替直接输入法中由用户计算元素的过程，依据指定数据的最大值 last 和最小值 first 自动生成数组的各个元素。具体分为两种情况：

（1）考虑到元素的增量情况，增量 step 由用户指定，采用如下方式：

```
A=first:step:last
```

其中，step 可以是小数，也可以是负数。

（2）考虑到元素的个数情况，元素个数 n 由用户指定，采用如下方式：

```
A=linspace(first,last,n)
```

2．二维数组的创建

与一维数组相比，二维数组增加了一个维度，所以二维数组的创建与一维数组的创建有所区别。

直接输入法的使用增加了一个新规则：在方括号"[ ]"内的行与行之间必须用分号";"分隔。

【例 3-4】创建二维数组。

```
>> A=[1,2,3+i; 4 5 6]
A =
     1.0000 + 0.0000i    2.0000 + 0.0000i    3.0000 + 1.0000i
     4.0000 + 0.0000i    5.0000 + 0.0000i    6.0000 + 0.0000i
```

区间限定法也可以直接用于二维数组的创建。

【例 3-5】以 1 为增量，使用区间限定法创建二维数组。

```
>> A=[1:1:3; 4:1:6]
A =
     1     2     3
     4     5     6
```

【例 3-6】以 3 为元素个数，使用区间限定法创建二维数组。

```
>> A=[linspace(1,3,3); linspace(4,6,3)]
A =
     1     2     3
     4     5     6
```

3.2.2　数组的访问

对于数组的访问，需要实现对数组元素的浏览和修改。

方法一，可以通过界面的可视化操作直接编辑数组的某个元素。即先在工作区中找到定义的数组变量名，用鼠标双击变量名后，进入"Array Editor"操作界面，用鼠标直接单击或者用键盘方向键找到所要修改的元素并进行修改即可，如图 3-7 所示。

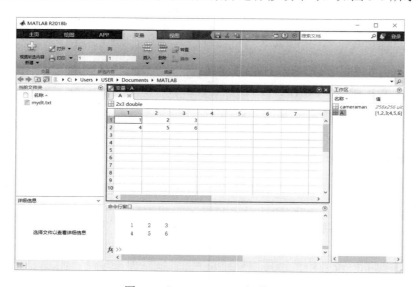

图 3-7　"Array Editor"操作界面

方法二，对于数组的访问，可以使用 MATLAB 命令来访问数组的某个元素，这对于采用 MATLAB 进行高级程序设计是十分必要的。

为了访问一维数组元素，采用"数组名（序号）"的方式来读取数组元素，采用"数组名（序号）=数据"的方式来修改数组元素。

为了访问二维数组元素，采用"数组名（序号 1，序号 2）"的方式来读取数组元素，采用"数组名（序号 1，序号 2）=数据"的方式来修改数组元素。

注意： 与数组创建时采用方括号 "[ ]" 不同，必须使用圆括号 "( )" 来进行对数组的访问，否则 MATLAB 会有错误提示。

【例 3-7】 二维数组元素的修改。

```
>> A=[1 2 0;3 0 5;7 8 9]        %创建二维数组
A =
     1      2      0
     3      0      5
     7      8      9
>> A(3,3)=0                      %修改一个元素
A =
     1      2      0
     3      0      5
     7      8      0
```

3.2.3 数组的运算

数组的运算指元素对元素的算术运算，即加、减、乘、除及乘方。

1．数组加减

数组加运算符为 "+"，减运算符为 "−"，具体运算形式如下：

$$a+b \text{ 或 } a-b$$

运算法则为：数组加减运算是两个数组的对应元素相加减，并且要求两个数组在每个维度必须拥有相同的元素个数。

【例 3-8】 数组加法运算。

```
>> a=[1 2 3];
>> b=[2 3 4];
>> a+b
ans =
     3      5      7
```

若两个数组的维度不一致，则出现错误提示：

```
>> a=[1 2 3];
>> b=[2 4];
>> a+b
矩阵维度必须一致
```

2．数组乘法

数组乘运算符为 ".*"，与一般的乘法运算符相比，它增加了一个点符号 "."。由于数组运算是元素对元素的算术运算，运算符中的 "." 可以理解为元素，所以，通常将数

组乘运算称为"点乘"。

具体运算形式如下：

$$a.*b$$

运算法则为：数组乘法运算是两个数组的对应元素相乘，要求两个数组在每个维度必须拥有相同的元素个数。

【例 3-9】数组乘法运算。

```
>> a=[1 2 3;4 5 6;7 8 9];
>> b=[2 4 6;1 3 5;7 9 10];
>> a.*b                %数组乘法
ans =
         2         8        18
         4        15        30
        49        72        90
>> a*b                 %一般乘法
ans =
        25        37        46
        55        85       109
        85       133       172
```

注意："*a.*b*"与"*a*b*"的运算结果并不相同。

3．数组除法

与一般的除法运算不同，数组除法运算分为右除和左除，运算符分别表示为"./"和".\\"。与数组乘法类似，数组除法运算符也增加了一个点符号，所以，通常将数组除法运算称为"点除"。

具体运算形式如下：

"*a./b*"表示 *a* 的元素被 *b* 的对应元素除；

"*a.\b*"表示 *b* 的元素被 *a* 的对应元素除。

数组除法运算满足以下等价关系：

$$a./b=b.\backslash a$$
$$a.\backslash b=b./a$$

【例 3-10】数组除法运算。

```
>> a=[1 2 3];
>> b=[4 5 6];
>> c1=a.\b            %数组左除
c1 =
    4.0000    2.5000    2.0000
>> c2=b./a            %数组右除
c2 =
    4.0000    2.5000    2.0000
```

4．数组乘方

数组乘方运算符为"`.^`"，表示数组元素对元素的幂运算。通常将数组乘方运算称为"点幂"。

具体运算形式如下：

$$a.\hat{}b$$

运算法则为：数组乘方运算是两个数组的对应元素进行幂运算，要求两个数组在每个维度必须拥有相同的元素个数。

【例 3-11】数组乘方运算。

```
>> a=[1 2 3];b=[4 5 6];
>> z=a.^2
>> z =
        1.00        4.00        9.00
>> z=a.^b
z =
        1.00       32.00      729.00
```

3.3 矩阵计算

在 3.2 节数组计算的基础上，我们可以确定数组与矩阵之间的关系：①一维数组可以表示为行向量或者列向量；②二维数组可以表示为矩阵。所以，矩阵运算可以看作是基于数组实现的高级运算。

3.3.1 矩阵的创建

与数组的创建类似，矩阵的创建可以采用直接输入法。矩阵创建的基本规则是：①所有元素必须用方括号"[ ]"括起来；②在[ ]内矩阵的行与行之间必须用分号"；"分隔；③元素之间必须用逗号"，"或空格" "分隔；④每个元素都可以用 MATLAB 表达式表示，既可以是实数，也可以是复数，且复数可用特殊数 i 或 j 来表示虚部。

【例 3-12】创建矩阵。

```
>> a=[1 2 3;4 5 6]           %创建 2 行 3 列的矩阵 a
a =
        1        2        3
        4        5        6
>> x=[2 pi/2;sqrt(3) 3+5i]   %创建 2 行 2 列的矩阵 x
x =
        2.0000 + 0.0000i    1.5708 + 0.0000i
```

$$1.7321 + 0.0000i \quad 3.0000 + 5.0000i$$

MATLAB 中创建矩阵的函数如表 3-1 所示。

表 3-1　创建矩阵的函数

函　　数	功　　能
[ ]	产生空阵，在 MATLAB 中，当一项操作无结果时，返回空阵
rand	产生 0 和 1 之间均匀分布的随机矩阵
randn	产生均值为 0、方差为 1 的正态分布的随机矩阵
eye	产生单位矩阵（对角元素为 1，其他元素为 0）
zeros	产生全部元素都为 0 的矩阵
ones	产生全部元素都为 1 的矩阵

同时，还有伴随矩阵、稀疏矩阵、魔方矩阵、对角矩阵、范德蒙等特殊矩阵的创建函数，可以参阅 MATLAB 帮助文件。

3.3.2　矩阵的访问

可以利用与数组访问相同的方法实现对矩阵的访问，或者通过 MATLAB 工作区直接编辑矩阵的某个元素，还可以采用"矩阵名（序号）"的方式来访问矩阵元素。

例 3-7 中二维数组元素的修改，可以看作矩阵元素的修改。

3.3.3　矩阵的运算

矩阵运算是满足线性代数的算术运算，包括加、减、乘、除及乘方。

1．矩阵加减

矩阵加运算符为"+"，减运算符为"-"，具体运算形式如下：

$$a+b \text{ 或 } a-b$$

运算法则为：相加减的两矩阵必须拥有相同数目的行和列；两矩阵对应元素进行加减；允许参与运算的两矩阵之一为标量，且标量与矩阵的所有元素分别进行加减操作。

【例 3-13】矩阵减法运算。

```
>> a=[1 2 3;1 2 3];b=[4 5 6; 4 5 6];
>> a-b
ans =
    -3    -3    -3
    -3    -3    -3
```

注意：矩阵加减运算结果与数组加减运算结果相同。

2．矩阵乘法

矩阵乘运算符为"*"，与一般的乘法运算符相同。

具体运算形式如下：

$$a*b$$

运算法则为：矩阵乘法运算是两个矩阵对应行、列的元素相乘；a 矩阵的列数必须等于 b 矩阵的行数；标量可与任何矩阵相乘。

【例 3-14】矩阵乘法运算。

```
>>a=[1 2 3;4 5 6;7 8 0]; b=[1;2;3]; c=a*b        %矩阵 a 和 b 相乘
c =14
    32
    23
>>d=[-1;0;2]; f=pi*d                              %标量 π 可与矩阵相乘
f = -3.1416
         0
    6.2832
```

3．矩阵除法

在线性代数中，并不存在矩阵除法运算。矩阵除法是 MATLAB 在矩阵求逆的基础上扩展而来的。与一般的除法运算有所不同，矩阵除法运算符分为右除和左除，运算符分别表示为"/"和"\"。

具体运算形式如下：

$$左除 \ a\backslash b \ 或右除 \ b/a$$

矩阵除法运算满足以下等价关系：

$$左除 \ a\backslash b \ 等价于 \ a^{-1}*b$$
$$右除 \ b/a \ 等价于 \ b*a^{-1}$$

【例 3-15】矩阵除法运算。

```
>> a=[1 2 3;3 0 1;4 2 1];
>> b=[5 5 5; 5 5 5;5 5 5];
>> c=a\b                 %左除
c =
    1.1111      1.1111      1.1111
   -0.5556     -0.5556     -0.5556
    1.6667      1.6667      1.6667
>> c=b/a                 %右除
c =
    1.3889     -0.2778      1.1111
    1.3889     -0.2778      1.1111
    1.3889     -0.2778      1.1111
```

根据线性代数的知识，可以知道矩阵 A 可逆的条件为：①A 是方阵；②A 的各列线

性无关；③行列式|*A*|不等于 0。

MATLAB 提供了函数 inv 用于求解逆矩阵，函数 det 用于求解行列式的值，函数 eye 用于生成单位矩阵。所以，对于 $n×n$ 的方阵 *A*，$A×V$=eye(n)，且 det(*A*)≠0，则存在逆矩阵 *V*=inv(*A*)。

在例 3-15 中，有

```
>> a=[1 2 3;3 0 1;4 2 1];     %3×3 矩阵 a
>> det(a)                      %求解行列式的值
ans =
    18                         %不等于 0
```

MATLAB 的矩阵除法与逆矩阵紧密相关，如果数学上逆矩阵并不存在，那么 MATLAB 的矩阵除法会得到一个什么样的结果呢？事实上，MATLAB 的计算功能之强大就在于扩展了数学上的概念，提供一个可以参考的计算结果。当数学上逆矩阵并不存在时，MATLAB 会提供一个伪逆，即用函数 pinv 来参与运算。

注意：与数组除法不同，即使除数和被除数的矩阵相同，矩阵左除与右除的计算结果也不一定相同。一般情况下，*a**b* 不等于 *b*/*a*。

4．矩阵乘方

矩阵乘方运算符为"^"，*a* 的 *p* 次幂具体运算形式如下：

$$a\text{^}p$$

其中，*a* 和 *p* 可以是矩阵或者标量，但不能同时是矩阵。

【例 3-16】矩阵乘方运算 1。

```
>> a=[1,2,3;4,5,6;7,8,9];a^2
ans =30      36      42
      66      81      96
      102     126     150
>> a^0.5
  ans =
  0.4498 + 0.7623i    0.5526 + 0.2068i    0.6555 -0.3487i
  1.0185 + 0.0842i    1.2515 + 0.0228i    1.4844 - 0.0385i
  1.5873 - 0.5940i    1.9503 - 0.1611i    2.3134 + 0.2717i
```

由以上的运算可知，MATLAB 可以进行幂指数为浮点数的运算，计算功能十分强大，而这些复杂计算是如何进行的呢？

矩阵乘方的等价运算说明如下。

（1）当 *a* 为方阵、*p* 为标量时，分为两种情况：

① 当 *p* 是大于 1 的正整数时，则 *a* 的 *p* 次幂即为 *a* 自乘 *p* 次；当 *p* 是负整数时，则 *a* 的 *p* 次幂为 a^{-1} 自乘 *p* 次。

【例 3-17】矩阵乘方运算 2。

```
>> a = magic(3)        %创建一个方阵
a =
        8        1        6
        3        5        7
        4        9        2
>> a^2                 %计算乘方
ans =
       91       67       67
       67       91       67
       67       67       91
```

② 当 p 是不为整数的标量时，乘方的等价运算为 a^p=v*D.^p/v。其中，D 为矩阵 a 的特征值矩阵，v 为对应的特征矢量阵。可以使用 eig 函数求出矩阵 a 的 D 和 v，即 [v,D]=eig(a)。

【例 3-18】矩阵乘方运算 3。

```
>> a              %创建一个方阵
a =
        1        1
        3        4
>> a^0.5          %计算乘方
ans =
     0.7559     0.3780
     1.1339     1.8898
>> [v,D]=eig(a)     %计算特征值矩阵和特征矢量阵
v =
    -0.7842    -0.2550
     0.6205    -0.9669
D =
     0.2087          0
          0     4.7913
>> v*D.^0.5/v       %使用等价公式计算乘方
ans =
     0.7559     0.3780
     1.1339     1.8898
```

（2）当 p 为方阵、a 为标量时，a^p=v*a^D/v，其中[v,D]=eig(p)。

【例 3-19】矩阵乘方运算 4。

```
>> p=[1 1;1 2]          %创建一个方阵
p =
        1        1
        1        2
>> 2^p                  %计算乘方
```

```
ans =
      2.6398        2.1627
      2.1627        4.8025
>> [v,D]=eig(p)        %计算特征值矩阵和特征矢量阵
v =
     -0.8507        0.5257
      0.5257        0.8507
D =
      0.3820             0
           0        2.6180
>> v*2^D/v              %使用等价公式计算乘方
ans =
      2.6398        2.1627
      2.1627        4.8025
```

从以上等价公式的计算结果可以知道，MATLAB 实现矩阵乘方实际上是一个非常复杂的计算过程。

5. 其他矩阵运算

对于矩阵运算，MATLAB 还提供了一些常用的特殊操作：①矩阵的变维：reshape 函数；②矩阵的变向：rot90 函数用于旋转，fliplr 函数用于左右翻转，flipud 函数用于上下翻转；③矩阵的抽取：diag 函数用于抽取对角矩阵，tril 函数用于抽取主下三角阵，triu 函数用于抽取主上三角阵。

矩阵运算函数详见表 3-2，矩阵判断函数详见表 3-3，矢量运算函数详见表 3-4。

表 3-2　矩阵运算函数

函　数　名	功　　能	函　数　名	功　　能
diag	对角矩阵	,	矩阵转置
cond	矩阵的条件数	rank	矩阵的秩
condest	1 范数条件数	svd	奇异值分解
rcond	矩阵倒条件数	trace	矩阵的迹
det	方阵的行列式	expm	矩阵指数
inv	方阵的逆	logm	矩阵对数
norm	一般范数	sqrtm	矩阵开方
normest	2 范数	funm	一般矩阵函数

表 3-3　矩阵判断函数

函　数　名	功　　能	函　数　名	功　　能
all	是否为全 1 矩阵	isinf	是否无穷大
any	找非零元素	isnan	是否非值
exist	存在性与类别	issparse	是否稀疏
find	找非零元素	isstr	是否字串
isempty	是否为空	isglobal	是否全局
isfinite	是否有限	erfinv	逆误差函数

表 3-4　矢量运算函数

函 数 名	功 能	函 数 名	功 能
bessel	贝塞尔函数	rat	有理逼近
beta	贝塔函数	cross	矢量叉乘
gamma	伽马函数	dot	矢量点乘
ellipj	雅可比椭圆函数	cart2sph	直角→球
ellipk	完全椭圆积分	cart2pol	直角→极
erf	误差函数	pol2cart	极→直角
erfinv	逆误差函数	sph2cart	球→直角

3.4　符号的作用

2.2.4 节介绍了逗号和分号在 MATLAB 命令窗口中的使用方法。下面结合本节数组和矩阵的定义，进一步说明逗号、分号、冒号等符号的作用。

逗号的作用：①数组或矩阵的元素之间可以用逗号分隔；②逗号可以作为命令间的分隔符，MATLAB 允许多条命令出现在同一命令行。

分号的作用：①数组或矩阵的行与行之间必须用分号分隔；②分号可以作为命令间的分隔符，MATLAB 允许多条命令出现在同一命令行；③分号如果出现在指令的最后，则命令窗口将没有输出结果。

冒号的作用：①冒号用于生成等间隔的向量，默认间隔为 1；②冒号用于选出矩阵指定行、列及元素；③冒号用于循环语句的循环设置。

此外，当一个命令或矩阵太长以至于无法在同一行显示时，可用省略号"…"换行，表示续行。

3.5　拓展知识

矩阵计算是 MATLAB 中最突出的特色，尤其是在计算机视觉和图像处理等领域。利用经过高度优化的 MATLAB 数值计算引擎，MATLAB 计算效率更高。MATLAB 在关键核心运算上的计算实现可以比用 C/C++的标准实现快几十倍。

MATLAB 是基于 BLAS 和 LAPACK 等基础数学运算包实现高效运算的。针对 Intel 和 AMD 发布的相关 vendor-implementation，MATLAB 面向各自的 CPU 进行了大量的优化。但是，也不能把 MATLAB 向量化的优势无限扩大。向量化是一种用空间换时间的行为，即通过把数据组织为某种方式，从而使内建的高效引擎得以应用。当处理大量的数据（尤其是图像数据）时，一旦向量化产生巨型矩阵，可能导致其数据组织过程需要额外耗费数百兆乃至千兆字节的内存空间，那么就有可能造成效率降低。

另外，MATLAB 的对象管理策略是 Copy-on-Write，即将一个矩阵传递给一个函数时，会先传递引用，而不产生副本；只有当函数要对这个矩阵进行修改时，才会制造出它的副本来，再由函数去修改。这样的对象管理策略可能造成巨大的效率浪费。

【例 3-20】巨型矩阵的处理。

```
A = rand(2000, 2000);          %创建 2000×2000 的二维矩阵
for i=1:1000
        A=f(A);                %对 A 的第一个元素做 1000 次加法
end

function A=f(A)
A(1)=A(1)+1;                    %产生 A 的副本，用于修改
return;                        %修改后的副本赋值给 A
```

以上的代码本来只希望对 A 的第一个元素做 1000 次加法，结果导致了对有 400 万个元素的大矩阵做了 1000 次副本复制。事实上，只要 $f(A)$ 直接对 A 的原矩阵进行修改，就能避免这些巨大的浪费。

为了解决这个问题，MATLAB R2006b 之后在解释器中提供了一种实施策略。对于 $A=f(A,\cdots)$，它会很智能地发现程序其实是想改写 A 这个输入，于是就把操作改成 inplace，直接对 A 进行操作，避免副本复制。在函数定义中，通过令输入参数和输出参数同名来触发这种智能的解释机制。

在 MATLAB R2012b 中，测试了两种 f 的写法，具体如下：

```
function y=f0(x)
y=x+1;
end
function x=f1(x)
x=x+1;
end
```

结果表明，当大量调用时，f_1 比 f_0 快得多。

3.6　思考问题

（1）数组与矩阵之间的关系是什么？

（2）如何生成任意参数的魔方矩阵？

3.7　常见问题

（1）变量名的定义需要注意什么？

答：关于变量名的定义，尽可能不要重复，否则会覆盖数据。只要是发生赋值操作的变量，不管是否在屏幕上显示，都存储在工作空间中，以后可以随时显示或调用。

（2）对数组维度进行变换需要注意什么？

答：下面举例说明。

```
>> a=[2 1 1;3 2 2;4 3 3]              %3 行 3 列
a =
     2     1     1
     3     2     2
     4     3     3
>> b=a(:)
b =
     2                               %9 行 1 列
     3
     4
     1
     2
     3
     1
     2
     3
>> reshape(a,9,1)                     %9 行 1 列
ans =
     2
     3
     4
     1
     2
     3
     1
     2
     3
>> reshape(a,3,2)
错误使用 reshape
要执行 reshape，请勿更改元素数目
```

当使用 reshape 函数时，不应该改变数组的元素个数。

（3）对于逻辑运算符与关系运算符，哪个优先级更高？

答：下面举例说明。

```
>> a=3;
>> b=[-2 -1;0 5];
>> ans1=~(a>b);
>> ans2=(~a)>b;
>> ans3=~a>b;
```

```
>> ans1
ans1 =
    2×2 logical  数组
      0    0
      0    1
>> ans2
ans2 =
    2×2 logical  数组
      1    1
      0    0
>> ans3
ans3 =
    2×2 logical  数组
      1    1
      0    0
```

由于 ans2==ans3，说明(~a)>b 与~a>b 等效，即 "~" 优先运算。理论上，逻辑运算符优先级低于关系运算符优先级，"~" 是一个特例。为了避免优先级不确定的问题，尽量使用 "( )" 生成表达式。

（4）如何创建二维数组？

答：可以用两种方法创建一个二维数组，一种方法是直接输入，另一种方法是根据数据特点来生成二维数组，再修改数据单元。

以下为例，尽量考虑计算效率。

```
>> A=[3 3 3;2 3 3;4 3 3]
>> A=3*ones(3),A(2,1)=2,A(3,1)=4
```

附录 B 矩阵的对角化

对于矩阵运算，矩阵的对角化是涉及线性代数的一个关键知识点。

B.1 对角化

对角化是指将矩阵变换为对角矩阵（Diagonal Matrix）的过程。

按照矩阵的特性，对角化问题分为两类：第一类是一般矩阵（方阵）的对角化问题；第二类是一类特殊矩阵的对角化问题，即实对称矩阵的对角化。

对于一般的方阵，对角化的方法仅限于相似对角化，即将矩阵通过相似对角化转换为一个对角阵。由于相似矩阵之间具有相同的迹、秩、特征值，上三角矩阵的特征值就是对角线上的各个数字，因此，通过相似对角化得到的相似对角阵就是特征值对角阵。矩阵的每一列与其相应特征值的位置一一对应。必须注意，并不是所有的矩阵都可以相似对角化，相似对角化的充要条件是 n 阶矩阵本身具有 n 个线性无关的特征向量。

在实对称矩阵中，对角化的方式有两种：一种方式为合同对角化，即存在可逆矩阵 C，使 $C^T AC = \Lambda$；另一种方式为相似对角化，即存在可逆矩阵 C，使 $C^{-1}AC = \Lambda$。任一实对称矩阵既可以合同对角化，又可以相似对角化。实对称矩阵和一般的矩阵相比，不仅可以通过相似对角化得到一个对角阵，还可以通过合同对角化得到另一个对角阵，但这两个对角阵并不必然相等。

B.2 实对称矩阵的对角化

实对称矩阵是一类很重要的矩阵，它具有许多一般矩阵所没有的特殊性质。

定理 1 实对称矩阵的特征值都为实数。

对于实对称矩阵 A，因其特征值 λ_i 为实数，故方程组 $(A - \lambda_i E)X$ 是实系数方程组，由 $|A - \lambda_i E| = 0$ 知它必有实的基础解系，所以 A 的特征向量可以取实向量。

定理 2 设 λ_1、λ_2 是实对称矩阵 A 的两个特征值，p_1、p_2 是对应的特征向量。若 $\lambda_1 \neq \lambda_2$，则 p_1 与 p_2 正交。

定理 3 设 A 为 n 阶实对称矩阵，λ 是 A 的特征方程的 k 重根，则矩阵 $A - \lambda E$ 的秩 $r(A - \lambda E) = n - k$，从而对应特征值 λ 恰有 k 个线性无关的特征向量。

定理 4 设 A 为 n 阶实对称矩阵，则必有正交矩阵 P，使得

$$P^{-1}AP = P^T AP = \Lambda = \begin{bmatrix} \lambda_1 & & & \\ & \lambda_2 & & \\ & & \ddots & \\ & & & \lambda_n \end{bmatrix}$$

其中，Λ 是以 A 的 n 个特征值 $\lambda_1, \lambda_2, \cdots, \lambda_n$ 为对角元素的对角矩阵。

该定理保证了属于不同特征值的特征向量一定正交，并且可以证明：对任意一个重数为 d（$\geqslant 1$）的特征值 λ，一定可以找到属于特征值 λ 的 d 个线性无关的特征向量，通过 Gram-Schmidt 正交化过程，找到 d 个属于特征值 λ 的两两正交的特征向量。这样，可以得到 A 的 n 个两两正交的特征向量，再把它们单位化，就得到了秩为 n 的一个标准正交基，它们仍然是 A 的 n 个线性无关的特征向量作为列向量构成的正交阵 P。

与一般矩阵对角化的方法类似，根据上述结论，求将实对称矩阵 A 对角化的正交变换矩阵 P 的步骤为：

（1）求出 A 的全部特征值 $\lambda_1, \lambda_2, \cdots, \lambda_s$。

（2）对每一个特征值 λ_i，由 $(\lambda_i E - A)X = 0$ 求出基础解系（特征向量）。

（3）将基础解系（特征向量）正交化，再单位化。

（4）以这些单位向量为列向量构成一个正交矩阵 P，使

$$P^{-1}AP = \Lambda$$

注意：P 中列向量的次序与矩阵 Λ 对角线上的特征值的次序相对应。

第4章

数 值 计 算

MATLAB 最主要的特色就是数值计算能力强，它可以实现概率统计、数值逼近、数值微分和数值积分、数值代数、微分方程数值解法、最优化方法等计算。

本章的主要知识点体现在以下两个方面：

- 掌握基于多项式的数据表示方法；
- 掌握基本的数值计算方法。

4.1 入门实例

为了分析股票数据的变化趋势，首先利用 MATLAB 获取股票数据，然后利用 MATLAB 分析数据的特点。

这里将利用 fetch 函数获取股票数据，具体形式如下：

```
data=fetch(Connect, 'Security', 'Fields', 'FromDate', 'ToDate', 'Period')
```

具体参数说明如下：

Connect 表示数据库链接对象，这里对象为"yahoo"。

Security 是单个字符或包含多个字符的数组，表示证券名称，这里以"000001.ss"的形式输入。

Fields 表示证券数据的字段名称。Yahoo 支持的全部字段可以通过函数 yhfields.mat 查询，具体可以使用如下命令：

```
load yhfields.mat
```

关于证券数据的字段名称，yhfields.mat 提供两张表，表 yahoofieldnames 是关于当前数据的字段名称，表 histyhfieldnames 是关于历史数据的字段名称，具体如表 4-1 和表 4-2 所示。

表 4-1　yahoofieldnames

字　　段	含　　义
Symbol	股票名称
Last	截至目前证券收盘价
Date	日期
Time	时间
Change	改变量（相对前一交易日）
Open	开盘价
High	最高价
Low	最低价
Volume	成交量

表 4-2　histyhfieldnames

字　　段	含　　义
Date	日期
Open	开盘价
High	最高价
Low	最低价
Volume	成交量
Close	收盘价

FromDate 表示数据的起始时间。

ToDate 表示数据的终点时间。

Period 表示数据的时间类型，"d"为日数据，"w"为周数据，"m"为月数据，"v"为股息日数据。

【例 4-1】显示最近交易日的数据，主要包括开盘价和收盘价，并显示最大值信息及对数据进行排序。

```
>> y = yahoo;
>> data=fetch(y,'000001.ss',{'close','open'},'1-Aug-2013','30-Aug-2013','d')
data =
   1.0e+003 *
      1.9900      2.0819      2.0819
      1.9910      2.1001      2.1001
      1.9920      2.1062      2.1062
      1.9930      2.1013      2.1013
      1.9960      2.0522      2.0522
      1.9970      2.0449      2.0449
      1.9980      2.0468      2.0468
      1.9990      2.0605      2.0605
      2.0000      2.0505      2.0505
      2.0030      2.0294      2.0294
      2.0040      2.0291      2.0291
>> max(data)                    %显示最大值信息
ans =
   1.0e+003 *
      2.0040      2.1062      2.1062
>> sort(data)                   %对数据由小到大进行排序
ans =
   1.0e+003 *
      1.9900      2.0291      2.0291
      1.9910      2.0294      2.0294
      1.9920      2.0449      2.0449
```

1.9930	2.0468	2.0468
1.9960	2.0505	2.0505
1.9970	2.0522	2.0522
1.9980	2.0605	2.0605
1.9990	2.0819	2.0819
2.0000	2.1001	2.1001
2.0030	2.1013	2.1013
2.0040	2.1062	2.1062

4.2 数据分析

数据分析是指采用适当的统计方法对收集到的数据进行分析，以最大化地开发数据资料，发挥数据的作用。

常见的数据分析函数如表 4-3 所示。

表 4-3 常见的数据分析函数

函 数 名	功 能	函 数 名	功 能
max	各列最大值	std	各列标准差
mean	各列平均值	var	各列方差
sum	各列求和	sort	各列递增排序

【例 4-2】使用数据分析函数对数据进行处理。

```
>> A=[1.1 1.3 0.9 1.2 1.4];
>> max(A)          %求最大值
ans =
    1.4000
>> mean(A)         %求平均值
ans =
    1.1800
>> sum(A)          %求和
ans =
    5.9000
>> std(A)          %求标准差
ans =
    0.1924
>> var(A)          %求方差
ans =
    0.0370
>> sort(A)         %递增排序
ans =
    0.9000    1.1000    1.2000    1.3000    1.4000
```

4.3　数据插值

　　插值是对给定的数据点之间的函数进行估值。利用插值，可以通过函数在有限个点处的取值状况，估算出函数在其他点处的近似值。当不能求出所需中间点的函数时，插值用于离散函数的逼近，尤其是利用插值来填充图像变换时像素之间的空隙是一个十分有效的途径。

　　MATLAB 提供了一维数据插值、二维数据插值、三次样条数据插值等许多插值选择。常见的数据插值函数如表 4-4 所示。

表 4-4　常见的数据插值函数

函　数　名	功　　　能	函　数　名	功　　　能
table1	一维查表	spline	三次样条数据插值
table2	二维查表	griddata	数据网格化
interp1	一维数据插值	griddata3	三维数据的网格化
interp2	二维数据插值	griddatan	大于三维数据的网格化
interp3	三维数据插值	meshgrid	生成用于绘制三维图形的矩阵数据
interpft	用快速傅里叶算法做一维插值	ndgrid	生成用于多维函数计算或多维插值的阵列
interpn	n 维数据插值		

　　【例 4-3】给定一组测试数据 12、9、9、10、18、24、28、27、25、20、18、15，对应时间为 1、3、5、7、9、11、13、15、17、19、21、23，推测时间为 14 时的数据结果。

　　插值函数 interp1 的调用格式为：

```
yi= interp1(x, y, xi, 'method')
```

　　其中，x、y 为插值点向量；y_i 为在被插值点 x_i 处的插值结果；"method"表示采用的插值方法，具体包括："method"为最邻近插值，"linear"为线性插值，"spline"为三次样条插值，"cubic"为立方插值。默认参数为线性插值。

　　注意：所有的插值方法都要求 x 是单调的，并且 x_i 不能超出 x 的范围。

　　具体命令如下：

```
>>x=1:2:24;
>>y=[12 9 9 10 18 24 28 27 25 20 18 15];
>>a=14;
>>y1=interp1(x,y,a,'spline')     %采用三次样条进行数据插值
y1 =
    27.8747
```

4.4　数据拟合

对一组离散点的数据（x_i，y_i）进行曲线拟合，求取近似函数 $y=f(x)$。与插值不同，曲线拟合并不要求 $y=f(x)$ 的曲线通过所有离散点（x_i，y_i），只要求 $y=f(x)$ 反映这些离散点的一般趋势，不出现局部波动。

MATLAB 提供了两个重要的函数来实现曲线拟合。函数 polyfit 实现最小二乘多项式拟合，函数 polyval 计算多项式函数的预测值。

函数 polyfit 的具体使用形式如下：

```
p=polyfit(x,y,m)
```

其中，**x**、**y** 为已知数据点向量，分别表示横、纵坐标；m 为拟合多项式的次数，结果返回 m 次拟合多项式系数，从高次到低次存放在向量 **p** 中。这是在最小二乘法意义之上，求解 **y** 关于 **x** 的最佳 m 次多项式函数。

函数 polyval 的具体使用形式如下：

```
y0=polyval(p,x0)
```

可求得多项式 p 在 x_0 处的值 y_0。

【例 4-4】使用函数 polyfit 进行数据拟合。

```
>>x0=0:0.1:1;
>>y0=[-.447 1.978 3.11 5.25 5.02 4.66 4.01 4.58 3.45 5.35 9.22];
>>p=polyfit(x0,y0,3)          %进行数据拟合
p= 56.6915   -87.1174    40.0070    -0.9043
>>xx=0:0.01:1;yy=polyval(p,xx);  %计算函数的预测值
>>plot(xx,yy,'-b',x0,y0,'or')      %绘制拟合曲线和离散数据点
```

拟合曲线的绘制结果如图 4-1 所示。

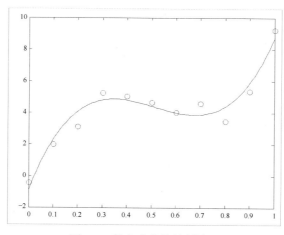

图 4-1　拟合曲线的绘制结果

4.5　多项式运算

为了便于在 MATLAB 中进行多项式运算，通常将多项式表示为一个行向量，该向量的元素对应于降幂排列的多项式系数。

对于多项式

$$f(x) = a_n x^n + a_{n-1} x^{n-1} + \cdots + a_0$$

可以用行向量 $\boldsymbol{p}=[\,a_n a_{n-1} \cdots a_0\,]$ 表示。

4.5.1　多项式的创建

MATLAB 提供了函数 poly2sym 和 poly2str 用于根据多项式系数的行向量创建多项式。

函数 poly2sym 的具体使用形式如下：

```
poly2sym(p)
```

其中，参数 $\boldsymbol{p}$ 为表示多项式系数的行向量。

【例 4-5】多项式的创建。

```
>>p=[1 -5 -4 3 -2 1];
>>y=poly2sym(p)
y =
x^5-5*x^4-4*x^3+3*x^2-2*x+1
```

与 poly2sym 函数功能类似，函数 poly2str 可以实现更接近于数学的描述。

```
>> y=poly2str(p,'x')
y =
    x^5 - 5 x^4 - 4 x^3 + 3 x^2 - 2 x + 1
```

由以上可知，行向量 $\boldsymbol{p}$ 是多项式 $p(x)=x^5-5x^4-4x^3+3x^2-2x+1$ 的 MATLAB 描述形式，我们可以进一步使用行向量 $\boldsymbol{p}$ 进行多项式运算。

polyval 函数用于求解多项式的数值。

【例 4-6】求解多项式的数值。

```
>>p=[1 -5 -4 3 -2 1];
>>p1=polyval(p,6)
p1=529
```

4.5.2　多项式的求根

MATLAB 提供了函数 roots 和 poly 用于多项式的求根运算。

函数 roots 用于根据多项式系数的行向量求解多项式的根，函数 poly 用于根据根矢量返回多项式系数的形式。

具体形式如下：

```
r=roots(p)
p=poly(r)
```

其中，参数 **p** 表示多项式系数的行向量，**r** 为多项式的根向量。

可见函数 roots 与 poly 互为逆操作。

【例 4-7】求解多项式的根。

```
>>p=[1 2 3 4];
>>y=poly2sym(p)
y =
x^3+2*x^2+3*x+4
>>r=roots(p)        %求解多项式的根
r =
  -1.6506 + 0.0000i
  -0.1747 + 1.5469i
  -0.1747 - 1.5469i
>>p2=poly(r)        %返回多项式系数
p2 =
    1.0000    2.0000    3.0000    4.0000
```

注意：MATLAB 规定多项式系数用行向量表示，一组根用列向量表示。

4.5.3　多项式的乘运算

MATLAB 提供了函数 conv 用于多项式的乘运算。

具体形式如下：

```
conv(a,b)
```

其中，参数 **a**、**b** 为两个表示多项式系数的行向量。

【例 4-8】两个多项式相乘。

```
a(x)=x^2+2x+3; b(x)=4x^2+5x+6; c(x)=a(x)b(x)
>> a=[1 2 3];b=[4 5 6];
```

```
>> c=conv(a,b)
c =
        4      13      28      27      18
>>p=poly2str(c,'x')
p= 4 x^4 + 13 x^3 + 28 x^2 + 27 x + 18
```

4.5.4　多项式的除运算

MATLAB 提供了函数 deconv 用于多项式的除运算。
具体形式如下：

```
deconv(a,b)
```

其中，参数 *a*、*b* 为两个表示多项式系数的行向量，表示多项式 *a* 除以多项式 *b*。
【例 4-9】两个多项式相除。

```
>> a=[1 2 3];
>> c=[4.00    13.00    28.00    27.00    18.00];
>> [d,r]=deconv(c,a)
d =                          %返回商多项式 d
        4       5       6
r =                          %返回余多项式 r
        0       0       0       0       0
```

4.5.5　多项式的微积分

MATLAB 提供了函数 polyder 和 polyint 用于多项式的微分和积分运算。
具体形式如下：

```
polyder(p)
polyint(p)
```

其中，polyder(p)求 *p* 的微分，polyint(p)求 *p* 的不定积分，常数项为 0。
【例 4-10】求多项式函数的微分。

```
>>a=[1 2 3 4 5]; poly2str(a,'x')
ans = x^4 + 2 x^3 + 3 x^2 + 4 x + 5
>>b=polyder(a)
b = 4       6       6       4
>>poly2str(b,'x')
ans = 4 x^3 + 6 x^2 + 6 x + 4
```

【例 4-11】求多项式函数的不定积分。

```
>>a=[1 2 3 4 5]; poly2str(a,'x')
ans = x^4 + 2 x^3 + 3 x^2 + 4 x + 5
>>b=polyint(a)
b =      0.2000      0.5000      1.0000      2.0000      5.0000           0
>>poly2str(b,'x')
ans = 0.2 x^5 + 0.5 x^4 +   x^3 + 2 x^2 + 5 x
```

4.6　代数方程求解

对于含有 n 个方程和 m 个未知向量的线性方程组，表示为 $ax=b$。其中，a 为 $n \times m$ 的矩阵，b 为 $n \times 1$ 的列向量。

根据 n 与 m 的关系，此方程组的求解存在三种情况：

● 当 $n=m$ 时，此方程称为"恰定"方程组；
● 当 $n>m$ 时，此方程称为"超定"方程组；
● 当 $n<m$ 时，此方程称为"欠定"方程组。

一方面，MATLAB 定义的矩阵除运算可以很方便地实现上述三种方程组的求解，具体形式如下：

```
x=a\b
```

采用左除运算求解方程组。

另一方面，可以根据数学上的等价运算来实现方程组的求解。具体可分为以下三种情况进行求解。

（1）恰定方程组求解

对于方程组 $ax=b$，当 $m=n$ 时，存在唯一解。

当 a 为非奇异矩阵时，$x=a^{-1}b$。可以采用矩阵求逆运算来解方程组，即 $x=\text{inv}(a)*b$。

【例 4-12】求解恰定方程组：

$$\begin{cases} x_1 + 2x_2 = 8 \\ 2x_1 + 3x_2 = 13 \end{cases} \Rightarrow \begin{bmatrix} 1 & 2 \\ 2 & 3 \end{bmatrix} \times \begin{bmatrix} x_1 \\ x_2 \end{bmatrix} = \begin{bmatrix} 8 \\ 13 \end{bmatrix}$$

```
>>a=[1 2;2 3];b=[8;13];
>> x=a\b                    %用矩阵除法求解
    x =
        2.00
        3.00
>>x=inv(a)*b                %用等价公式求解
    x =
        2.00
        3.00
```

（2）超定方程组求解

对于方程 $ax=b$，当 $m<n$ 时，不存在唯一解。

当 a^Ta 可逆时，以上超定方程组存在最小二乘解。

由 $(a'a)x=a'b$，可知 $x=(a'a)^{-1}a'b$，此解即为 MATLAB 用最小二乘法找到的一个准确的基本解。

【例 4-13】求解超定方程组：

$$\begin{cases} x_1+2x_2=1 \\ 2x_1+3x_2=2 \\ 3x_1+4x_2=3 \end{cases} \Rightarrow \begin{bmatrix} 1 & 2 \\ 2 & 3 \\ 3 & 4 \end{bmatrix} \times \begin{bmatrix} x_1 \\ x_2 \\ x_3 \end{bmatrix} = \begin{bmatrix} 1 \\ 2 \\ 3 \end{bmatrix}$$

```
>>a=[1 2;2 3;3 4];b=[1;2;3];
>>x=a\b                %用矩阵除法求解
  x=
    1.0000
    0.0000
>> x=inv(a'*a) * a' * b     %用等价公式求解
  x=
    1.0000
    0.0000
```

（3）欠定方程组求解

对于方程 $ax=b$，当 $m>n$ 时，有无穷多个解存在。

MATLAB 可以求出两个解：一个是用除法求的解 x，这是具有最多零元素的解；另一个是基于伪逆 pinv 求得的解，这是具有最小长度或范数的解。

【例 4-14】求解欠定方程组：

$$\begin{cases} x_1+2x_2+3x_3=1 \\ 2x_1+3x_2+4x_3=2 \end{cases} \Rightarrow \begin{bmatrix} 1 & 2 & 3 \\ 2 & 3 & 4 \end{bmatrix} \times \begin{bmatrix} x_1 \\ x_2 \\ x_3 \end{bmatrix} = \begin{bmatrix} 1 \\ 2 \end{bmatrix}$$

```
>>a=[1 2 3;2 3 4];b=[1;2];
>>x=a\b                %用矩阵除法求解
  x =
    1
    0
    0
>> x=pinv(a'*a) * a' * b     %用等价公式 pinv(a)*b 求解
  x =

    0.8333
    0.3333
   -0.1667
```

4.7 微分方程求解

对于微分方程求解，常用的数值算法有 Euler（欧拉）算法和 Runge-Kutta（龙格-库塔）算法。

Euler 算法称为一步法，用于一阶微分方程求解。

对于一阶微分方程，当给定仿真步长时，有

$$\frac{dy}{dt} = \frac{y_{n+1} - y_n}{x_{n+1} - x_n} = \frac{y_{n+1} - y_n}{h}$$

所以求解方程如下：

$$\begin{cases} y_{n+1} = y_n + hf(x_n, y_n) \qquad n = 0, 1, 2, \cdots \\ y(x_0) = y_0 \end{cases}$$

Runge-Kutta 算法实际上是取两点斜率的平均值来进行计算，其精度高于 Euler 算法。具体求解方程如下：

$$\begin{cases} y_{n+1} = y_n + \dfrac{1}{2}k_1 + \dfrac{1}{2}k_2 \\ k_1 = hf(x_n, y_n) \\ k_2 = hf(x_n + h, y_n + k) \end{cases}$$

MATLAB 提供了用于求解微分方程的功能函数 ode23 和 ode45，它们是采用 Runge-Kutta 算法实现的，属于变步长求解方法。其中，ode23 采用二阶、三阶 Runge-Kutta 单步算法，解决刚性的常微分方程求解问题；ode45 采用四阶、五阶 Runge-Kutta 单步算法，解决非刚性的常微分方程求解问题。

具体命令格式如下：

[T,Y]=ode45(odefun,tspan,y0)	

具体参数说明如下：

odefun 表示函数句柄，可以是函数文件名、匿名函数句柄或内联函数名；

tspan 表示区间 $[t_0, t_f]$ 或者一系列离散点 $[t_0, t_1, \cdots, t_f]$；

y_0 表示初始值向量；

T 表示返回列向量的时间点；

Y 表示返回对应 T 的求解列向量。

【例 4-15】求解微分方程 $\ddot{x} + (x^2 - 1)\dot{x} + x = 0$。

令 $x_1 = x$，$x_2 = \dot{x}$，分别对 x_1, x_2 求一阶导数，整理后写成一阶微分方程组形式，表示如下：

$$\begin{cases} \dot{x}_1 = x_2 \\ \dot{x}_2 = x_2\left(1-x_1^2\right)-x_1 \end{cases}$$

首先，创建一个函数，用于实现一阶微分方程组的表达。函数是在 M 文件 wf.m 中设计实现的，详细参见第 8 章的 M 程序设计。

```
function xdot=wf(t,x)
xdot=zeros(2,1)
xdot(1)=x(2)
xdot(2)=x(2)*(1-x(1)^2)-x(1)
end
```

其次，给定区间、初始值，求解微分方程。x 的变化曲线如图 4-2 所示，轨迹变化如图 4-3 所示。

```
>>t0=0; tf=20; x0=[0 0.25]';
>>[t,x]=ode23('wf', [t0, tf], x0);      %用 ode23 求解微分方程
>>plot(t,x), figure(2),plot(x(:,1),x(:,2))   %绘制 x 的变化曲线及轨迹
```

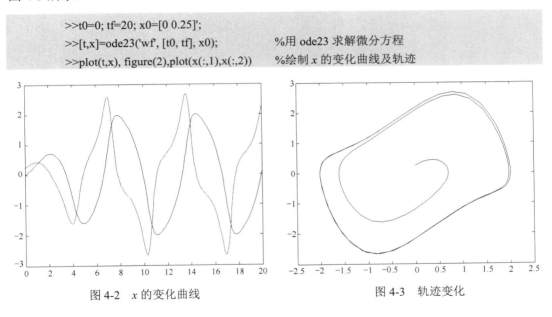

图 4-2　x 的变化曲线　　　　　　　图 4-3　轨迹变化

4.8　拓展知识

MATLAB 提供了对特殊方程（包括 Lyapunov 方程、Sylvester 方程、Riccati 方程）进行求解的函数，这些函数对于控制理论的分析具有十分重要的意义。

4.8.1 Lyapunov 方程的计算求解

（1）连续 Lyapunov 方程

连续 Lyapunov 方程可以表示为

$$AX + XA^T = -C$$

Lyapunov 方程源于微分方程稳定性理论，其中要求 $-C$ 为对称正定的 $n \times n$ 矩阵，从而可以证明解 X 也为 $n \times n$ 对称矩阵。对这类方程直接求解是很困难的，利用 MATLAB 控制系统工具箱中提供的 lyap 函数可以很容易地得到方程的解，具体使用格式如下：

```
X=lyap(A,C)
```

只要给出 A 和 C，就可以得到相应 Lyapunov 方程的数值解。

【例 4-16】连续 Lyapunov 方程中的 A 和 C 矩阵分别为

$$A = \begin{bmatrix} 1 & 2 & 3 \\ 4 & 5 & 6 \\ 1 & 8 & 0 \end{bmatrix}, \quad C = -\begin{bmatrix} 10 & 5 & 4 \\ 5 & 6 & 7 \\ 4 & 7 & 9 \end{bmatrix}$$

使用 lyap 函数求解方程，并验证解的情况。

具体的 MATLAB 命令如下：

```
>>clear all;
>>A=[1 2 3;4 5 6;1 8 0];          %给出 A
>>C=-[10,5,4;5,6,7;4,7,9];        %给出 C
>>X=lyap(A,C)                     %用 lyap 求解
X =
    -3.3195     0.6878     2.3146
     0.6878    -0.2780     0.2732
     2.3146     0.2732    -0.3480
>> norm(A*X+X*A'+C)               %返回最大奇异值
ans =
     1.2970e-14
```

由结果可见，得出的方程解 X 基本满足原方程，且有较高精度。

（2）Lyapunov 方程的解析解

将 Lyapunov 方程的各个矩阵参数表示为

$$X = \begin{bmatrix} x_1 & x_2 & \cdots & x_m \\ x_{m+1} & x_{m+2} & \cdots & x_{2m} \\ \vdots & \vdots & & \vdots \\ x_{(n-1)m+1} & x_{(n-1)m+2} & \cdots & x_{nm} \end{bmatrix}, \quad C = \begin{bmatrix} c_1 & c_2 & \cdots & c_m \\ c_{m+1} & c_{m+2} & \cdots & c_{2m} \\ \vdots & \vdots & & \vdots \\ c_{(n-1)m+1} & c_{(n-1)m+2} & \cdots & c_{nm} \end{bmatrix}$$

利用 Kronecker 乘积的表示方法，可以将 Lyapunov 方程写成

$$(A \otimes I \otimes A)X = {}^-C$$

可见，这样的方程有唯一解的条件并不局限于 $-C$ 为对称正定矩阵，只要方程满足 $(A \otimes I + I \otimes A)$ 为非奇异的方阵，就可以保证有唯一解。

【例 4-17】考虑上例的 Lyapunov 方程，求出其解析解。

具体的 MATLAB 命令如下：

```
>> clear all;
>> A=[1 2 3;4 5 6;1 8 0];
>> C=-[10,5,4;5,6,7;4,7,9];
>> A0=sym(kron(A,eye(3))+kron(eye(3),A));
>> c=reshape(C',9,1);
>> x0=-inv(A0)*c;
>> x=reshape(x0,3,3)'
x =
[ -1361/410,      141/205,      949/410]
[   141/205,     -57/205,       56/205]
[   949/410,      56/205,     -214/615]
>> norm(double(A*x+x*A'+C))
ans =
        0
```

受微分方程稳定性影响，传统观念认为似乎 Lyapunov 类方程有唯一解的充分必要条件是 $-C$ 矩阵为实对称正定矩阵。事实上，利用 Kronecker 乘积表示的线性矩阵方程在不满足条件的情况下仍有唯一解。例如，给出的 A 矩阵不变，将 C 矩阵改为复数非对称矩阵。

$$C = \begin{bmatrix} 1+i & 3+3i & 12+10i \\ 2+5i & 6 & 11+6i \\ 5+2i & 11+i & 2+12i \end{bmatrix}$$

用上述方法输入 A 和 C 矩阵，可以立即解出满足方程的复数解。

具体的 MATLAB 命令如下：

```
>>clear all
>>A=[1 2 3;4 5 6;1 8 0];
>>C=-[1+1i,3+3i,12+10i;2+5i,6,11+6i;5+2i,11+i,2+12i];
>>A0=sym(kron(A,eye(3))+kron(eye(3),A));
>>c=reshape(C',9,1);
>>x0=-inv(A0)*c;
>>x=reshape(x0,3,3)'
x =
[     77/3690+23/18*i,   1543/1845+107/369*i, -1213/3690-142/369*i]
[     58/1845-148/369*i,        154/1845-8/9*i,   703/1845+545/369*i]
[    257/3690-22/369*i,   -182/1845+29/369*i,     2986/1845+23/18*i]
>>norm(double(A*x+x*A'+C))
```

```
ans =

        0
```

以上得到的解满足原始 Lyapunov 方程。因此，如果不考虑 Lyapunov 方程稳定性的物理意义和 Lyapunov 函数为能量的物理原型，完全可以将 Lyapunov 方程进一步扩展到能处理任意 C 矩阵的情形。

（3）离散 Lyapunov 方程

离散 Lyapunov 方程的一般形式表示为

$$AXA^T - X + Q = 0$$

该方程可以利用 MATLAB 控制系统工具箱的 dlyap 函数直接求解。具体使用格式如下：

```
X=dlyap(A,Q)
```

如果 A 矩阵是非奇异矩阵，则等式两端同时右乘 $(A^T)^{-1}$，即可将其变换为连续的 Sylvester 方程。

【例 4-18】求解离散 Lyapunov 方程：

$$\begin{bmatrix} 8 & 1 & 6 \\ 3 & 5 & 7 \\ 4 & 9 & 2 \end{bmatrix} X \begin{bmatrix} 8 & 1 & 6 \\ 3 & 5 & 7 \\ 4 & 9 & 2 \end{bmatrix}^T - X + \begin{bmatrix} 16 & 4 & 1 \\ 9 & 3 & 1 \\ 4 & 2 & 1 \end{bmatrix} = 0$$

具体的 MATLAB 命令如下：

```
>> clear all
>>A=[8 1 6;3 5 7;4 9 2];
>>Q=[16 4 1;9 3 1;4 2 1];
>>X=dlyap(A,Q)
X =
    -0.1647     0.0691    -0.0168
     0.0528    -0.0298    -0.0062
    -0.1020     0.0450    -0.0305
>> norm(A*X*A'-X+Q)      %精度验证
ans =
        2.6576e-14
```

4.8.2　Sylvester 方程的计算求解

Sylvester 方程的一般形式为

$$AX+XB=-C$$

其中，A 为 $n \times n$ 矩阵；B 为 $m \times m$ 矩阵；C 和 X 均为 $n \times m$ 矩阵。该方程又称为广义的 Lyapunov 方程。可以利用 MATLAB 控制系统工具箱中的 lyap 函数直接求解该方程。

具体使用格式如下：

```
X=lyap(A,B,C)
```

采用 Schur 分解的数值解法求解方程。为了得到解析解，类似于前述一般 Lyapunov 方程，可以采用 Kronecker 乘积的形式将原始方程进行如下变换：

$$(A \otimes I_m + I_n \otimes B^{\mathrm{T}})X = -C$$

如果 $(A \otimes I_m + I_n \otimes B^{\mathrm{T}})$ 矩阵为非奇异矩阵，则 Sylvester 方程有唯一解。

根据上述算法，编写 Sylvester 方程的解析解求解程序 lyap.m。只需将 A、B、C 矩阵之一设置成符号变量（详见第 5 章中符号变量的使用），即可直接调用该函数进行求解。

函数的源程序代码具体如下：

```
function X=lyap(A,B,C)        %注意应该置于@sym 目录下
if nargin==2,
    C=B;B=A';
end
[nr,nc]=size(C);
A0=kron(A,(eye(nc))+kron(eye(nr),B');
try
    C1=C';
    X0=-inv(A0)*C1(:);
    X=reshape(X0,nc,nr);
catch
    error('singular matrix found');
end
```

考虑离散 Lyapunov 方程，两端同时右乘 $(A^{\mathrm{T}})^{-1}$，则原来的离散 Lyapunov 方程可以变换为

$$AX + X\left[-(A^{\mathrm{T}})^{-1}\right] = -Q(A^{\mathrm{T}})^{-1}$$

令 $B = -(A^{\mathrm{T}})^{-1}$，$C = Q(A^{\mathrm{T}})^{-1}$，则可以将其变换为 Sylvester 方程，故可以通过新的 lyap 函数求解该方程。具体使用格式如下：

对于连续 Lyapunov 方程：

```
X=lyap(sym(A)，C)
```

对于离散 Lyapunov 方程：

```
X=lyap(sym(A)，-inv(A')，Q*inv(A'))
```

对于 Sylvester 方程：

```
X=lyap(sym(A)，B，C)
```

【例 4-19】求解 Sylvester 方程：

$$\begin{bmatrix} 8 & 1 & 6 \\ 3 & 5 & 7 \\ 4 & 9 & 2 \end{bmatrix} X + X \begin{bmatrix} 16 & 4 & 1 \\ 9 & 3 & 1 \\ 4 & 2 & 1 \end{bmatrix} = \begin{bmatrix} 1 & 2 & 3 \\ 4 & 5 & 6 \\ 7 & 8 & 0 \end{bmatrix}$$

具体的 MATLAB 命令如下：

```
>>clear all
>>A=[8,1,6;3,5,7;4,9,2];
>>B=[16,4,1;9,3,1;4,2,1];
>>C=[1,2,3;4,5,6;7,8,0];
>>X=lyap(A,B,C)
X =
      0.074871873700251      0.0899134337 62636     -0.432920003296282
      0.00807164473631289    0.481441768049986      -0.216033912855526
      0.0195770826298445     0.18264382872543        1.15792143917653
>> norm(A*X+X*B+C)
ans =
      1.214936726352e-014
```

如果想获得原方程的解析解，可以使用下面的语句，并可验证得出的解是否满足原始方程。

```
>> x=lyap(sym(A),B,C)
x=
[     1349214/18020305,     290907/36040610,        70557/3604061]
[      648170/7208122,      3470291/7208122,        1316519/7208122]
[    -15602701/36040610,   -3892997/18020305,       8346439/7208122]
>> norm(double(A*X+X*B+C))
ans=
      13.37980064134815
```

【例 4-20】重新考虑给出的离散 Lyapunov 方程，求取其解析解。

具体的 MATLAB 命令如下：

```
>>clear all;
>>A=[8,1,6;3,5,7;4,9,2];
>>Q=[16,4,1;9,3,1;4,2,1];
>>x=lyap(sym(A),-inv(A'),Q*inv(A'))
x=
[ -22912341/129078240,    36746487/695391200,  -70914857/695391200]
[  48086039/695391200,   -20712201/695391200,   31264087/695391200]
[  -11672009/695391200,   -4279561、695391200,  -4247541/139078240]
>>norm(double(A*(x*A')-x+Q))     %可以证明这样的结果没有误差
ans=
      5.916079783099616
```

【例 4-21】求解 Sylvester 方程：

$$A = \begin{bmatrix} 8 & 1 & 6 \\ 3 & 5 & 7 \\ 4 & 9 & 2 \end{bmatrix}, \quad B = \begin{bmatrix} 2 & 3 \\ 4 & 5 \end{bmatrix}, \quad C = \begin{bmatrix} 1 & 2 \\ 3 & 4 \\ 5 & 6 \end{bmatrix}$$

Sylvester 方程能解决的问题中并未要求 C 矩阵为方阵，利用上面的语句仍然能求出此方程的解析解。这里还可以尝试编写 Sylvester 方程解析解求解的新函数 lyap，利用它可以直接求解上述方程。

```
>>clear all
>>A=[8,1,6;3,5,7;4,9,2];
>>B=[2,3;4,5];
>>C=-[1,2;3,4;5,6];
>>x=(lyap(sym(A),B,C))'
x=
[   -2853/14186，  -11441/56744]
[    -557/12186，   -8817/56744]
[    9119/14186，  50879/56744]
>> norm(double(A*x+x*B+C))                %经验证没有误差
ans=
           0
```

4.8.3　Riccati 方程的计算求解

Riccati 方程是一类很著名的二次型矩阵方程式，其一般形式为

$$A^T X + XA - XBX + C = 0$$

由于含有未知矩阵 X 的二次项，所以 Riccati 方程的求解在数学上要比 Lyapunov 方程更难。MATLAB 的控制系统工具箱中提供了函数 are，可以直接求解该方程，具体使用格式如下：

```
X=are(A,B,C)
```

【例 4-22】Riccati 方程的具体参数如下：

$$A = \begin{bmatrix} -2 & 1 & -3 \\ -1 & 0 & -2 \\ 0 & -1 & -2 \end{bmatrix}, \ B = \begin{bmatrix} 2 & 2 & -2 \\ -1 & 5 & -2 \\ -1 & 1 & 2 \end{bmatrix}, \ C = \begin{bmatrix} 5 & -4 & 4 \\ 1 & 0 & 4 \\ 1 & -1 & 5 \end{bmatrix}$$

计算出该方程的数值解，并验证解的正确性。

利用函数 are 进行求解。

```
>>clear all;
>>A=[-2,1,-3;-1,0,-2;0,-1,-2];
>>B=[2,2,-2;-1,5,-2;-1,1,2];
>>C=[5,-4,4;1,0,4;1,-1,5];
>>X=are(A,B,C)
X =
    0.987394908497906    -0.798327696888299    0.418868996625637
```

0.57740564955473	-0.130792336490927	0.577547768361485
0.284045000180513	0.0730369783328027	0.692411488305714

```
>>norm(double(A'*X+X*A-X*B*X+C))
ans =
        1.97421542065479e-014
```

由结果可见，计算结果精确。

4.9   思考问题

（1）为什么矩阵在数值计算中那么重要？

（2）与基本计算相比，数值计算增加了哪些计算功能？

（3）说明用于曲线拟合的最小二乘法原理。

4.10   常见问题

标量在多项式表达中以什么形式计算？

答：在函数 polyvalm（p,x）中，输入 p 和 x 可计算结果，p 为多项式系数向量，x 可以为任意形式。例如：

```
>> p=[2 0 2 1];                  %2x³+2x+1
>> pv=polyvalm(p,[1 0; 0 1])     % 1  0
                                    0  1
pv =
     5     0
     0     5
```

实际的计算过程为

$$2*\begin{bmatrix} 1 & 0 \\ 0 & 1 \end{bmatrix}^3 + 2*\begin{bmatrix} 1 & 0 \\ 0 & 1 \end{bmatrix} + 1$$

注意：这里 1 是单位阵，即 eye，而不是 ones。

附录 C   最小二乘法和微积分的基本概念

最小二乘法是数值计算的重要基础知识，因此，这里先介绍最小二乘法的原理，然后介绍微积分的基本概念。

C.1 最小二乘法

已知经验公式 $y = f(c, x)$ （c 和 x 均可为向量），要求根据一组存在误差的数据 $(x_i, y_i), i = 0, 1, \cdots, n$ 来确定参数 c。求解的基本原理就是最小二乘法，即求 c 使得均方误差

$$Q(c) = \sqrt{\sum_{i=0}^{n} (y_i - f(c, x_i))^2}$$

达到最小。

如果 f 是关于 c 的线性函数（例如，$f(c, x)$ 是 x 的多项式函数，c 为系数），则该问题转化为一个线性方程组的求解，其解存在且唯一。

如果 f 是关于 c 的非线性函数，则该问题等价于一个非线性函数的极值问题。

C.2 微积分的基本概念

（1）极限和连续

如果对于 $\forall \varepsilon > 0$，存在正整数 N，当 $n > N$ 时有 $|x_n - a| < \varepsilon$，则称 a 为数列 x_n 的极限，或称 x_n 收敛于 a，记为 $\lim_{n \to \infty} x_n = a$ 或者 $x_n \to a(n \to \infty)$。直观上表示含义为：当 n 趋于无穷大时，x_n 无限接近于 a。

如果当 $x \to x_0$ 时有 $f(x) \to A$，则称 A 为函数 $f(x)$ 当 $x \to x_0$ 时的极限，记为 $\lim_{x \to x_0} f(x) = A$。若仅当 $x \to x_0$ 且 $x > x_0$（或 $x < x_0$）时有 $f(x) \to A$，则称 A 为 $f(x)$ 当 $x \to x_0$ 时的右极限（或左极限），记为 $f(x_0 + 0)$（或 $f(x_0 - 0)$）。当 $f(x_0 + 0) = f(x_0 - 0)$ 时，$f(x)$（当 $x \to x_0$ 时）的极限存在且等于这个值。

若 $f(x_0 + 0) = f(x_0)$（或 $f(x_0 - 0) = f(x_0)$），则 $f(x)$ 在 x_0 右连续（或左连续）。若 $f(x)$ 在 x_0 右连续且左连续，则称 $f(x)$ 在 x_0 处连续。若 $f(x)$ 在区间 (a, b) 内每一点都连续，则称 $f(x)$ 在开区间 (a, b) 上连续。进一步，若 $f(x)$ 还在 a 右连续且在 b 左连续，则称 $f(x)$ 在闭区间 $[a, b]$ 内连续。连续函数在闭区间上必然达到最大值和最小值，且可取得最大值和最小值间的任意值。

（2）微分与导数

设 x 与 y 是相关联的两个变量，用函数表示为 $y = f(x)$。对于 x 的一个小增量 $\Delta x = x - x_0$，引起 y 的一个小增量 $\Delta y = f(x) - f(x_0)$。若 $\Delta y = A\Delta x + o(\Delta x)$，其中 A 是不依赖 Δx 的常数，而 $o(\Delta x)$ 是 Δx 的高阶无穷小量（即 $o(\Delta x) / \Delta x \to 0$），那么称 $f(x)$ 在 x_0 可微，并记为 $dy = Adx$，其中 dx、dy 分别称为 x 和 y 的微分。

基于极限，函数 $f(x)$ 在点 $x = x_0$ 的导数定义为

$$f'(x_0) = \lim_{h \to 0} \frac{f(x_0 + h) - f(x_0)}{h}$$

它反映了在 x_0 点附近函数 $f(x)$ 的变化率。当 $f'(x_0) > 0$ 时，函数在 x_0 点附近是上升

的；当 $f'(x_0) < 0$ 时，函数在 x_0 点附近是下降的；而当 $f'(x_0) = 0$ 时，往往（但不一定）标志函数在 x_0 点达到局部极大或局部极小。函数在 x_0 点达到局部极大（或局部极小）的充分条件是 $f'(x) = \dfrac{\mathrm{d}f}{\mathrm{d}x}$，且 $f'(x_0) < 0$（或 $f(x_0) > 0$）。从几何意义上说，$f'(x_0)$ 是函数在点 x_0 处切线的斜率，显然有 $f'(x) = \dfrac{\mathrm{d}f}{\mathrm{d}x}$，可见导数是微分的商。

Taylor 公式是一个非常重要的结论。若 $f(x)$ 在含有 x_0 的某个开区间内具有直到 $n+1$ 阶的导数，则当 $x \in (a, b)$ 时有

$$f(x) = f(x_0) + f'(x_0)(x - x_0) + \frac{f''(x_0)}{2}(x - x_0)^2 + \cdots +$$

$$\frac{f^{(n)}(x_0)}{n!}(x - x_0)^n + \frac{f^{(n+1)}(\xi)}{(n+1)!}(x - x_0)^{n+1}$$

其中，ξ 是 x_0 与 x 之间的某个值。Taylor 公式表明一个可微性很好的函数可以局部地用多项式函数近似代替。

特别地，当 $n = 0$ 时，得到微分中值定理：

$$f(x) - f(x_0) = f'(\xi)(x - x_0)$$

它表明在 x 与 x_0 之间存在一点 ξ，使 $f'(\xi)$ 恰为 $f(x)$ 从 x_0 到 x 的平均变化率，但中值定理不能给出 ξ 的确切位置。当 x 离 x_0 不远且 $f'(x)$ 在 x_0 附近连续时，有

$$f(x) \approx f(x_0) + f'(x_0)(x - x_0)$$

它表明任意光滑函数可局部线性化，常用于非线性函数的近似分布和计算。

（3）多元函数微分学

极限、连续、微分、导数等概念容易推广到多元函数。设二元函数 $f(x, y)$ 在点 (x_0, y_0) 附近有定义，当 (x, y) 以任何方式趋向于 (x_0, y_0) 时，$f(x, y)$ 趋向于一个确定的常数 A，则称 A 为 $f(x, y)$ 当 $x \to x_0$，$y \to y_0$ 时的二重极限，记为

$$\lim_{\substack{x \to x_0 \\ y \to y_0}} f(x, y) = A$$

如果

$$\lim_{\substack{x \to x_0 \\ y \to y_0}} f(x, y) = f(x_0, y_0)$$

则称 $f(x, y)$ 在点 (x_0, y_0) 处连续。

二元函数 $f(x, y)$ 在点 (x_0, y_0) 处关于变量 x 和 y 的偏导数分别定义为

$$f'(x_0, y_0) = \lim_{\Delta x \to x_0} \frac{f(x_0 + \Delta x, y_0) - f(x_0, y_0)}{\Delta x}$$

$$f'(x_0, y_0) = \lim_{\Delta y \to y_0} \frac{f(x_0, y_0 + \Delta y) - f(x_0, y_0)}{\Delta y}$$

分别记为 $\left.\dfrac{\partial f}{\partial x}\right|_{(x_0, y_0)}$ 和 $\left.\dfrac{\partial f}{\partial y}\right|_{(x_0, y_0)}$。二元函数在 (x_0, y_0) 附近变化的形态主要由 $\left.\dfrac{\partial f}{\partial x}\right|_{(x_0, y_0)}$ 和 $\left.\dfrac{\partial f}{\partial y}\right|_{(x_0, y_0)}$ 共同决定，它们合称为梯度，记为 $\nabla f = \left(\dfrac{\partial f}{\partial x}, \dfrac{\partial f}{\partial y}\right)$。$f(x, y)$ 在 (x_0, y_0) 取得局

部极大或极小的必要条件是

$$\nabla f\big|_{(x_0,y_0)} = 0$$

充分条件是满足上式且 Hesse 矩阵负定（局部极大）或正定（局部极小），即

$$\begin{bmatrix} \dfrac{\partial^2 F}{\partial x^2} & \dfrac{\partial^2 F}{\partial x \partial y} \\[3mm] \dfrac{\partial^2 F}{\partial x \partial y} & \dfrac{\partial^2 F}{\partial y^2} \end{bmatrix}$$

二元函数也有类似的 Taylor 公式，特别是在 (x_0, y_0) 附近有

$$f(x, y) \approx f(x_0, y_0) + f'_x(x_0, y_0)(x - x_0) + f'_y(x_0, y_0)(y - y_0)$$

它将二元函数在 (x_0, y_0) 附近局部线性化。

（4）积分

积分是微分的无限和，函数 $f(x)$ 在区间 $[a, b]$ 上的积分定义为

$$I = \int_a^b f(x)\mathrm{d}x = \lim_{\max(\Delta x_i) \to 0} \sum_{i=1}^n f(\xi_i)\Delta x_i$$

其中，$a = x_0 < x_1 < \cdots < x_n = b$，$\Delta x_i = x_i - x_{i-1}$，$\xi_i \in [x_{i-1}, x_i]$，$i = 1, 2, \cdots, n$。
从几何意义上说，对于 $[a, b]$ 上非负函数 $f(x)$，积分值 I 是 $y = f(x)$ 与直线 $x = a$，$x = b$ 及 x 轴所围成的曲边梯形的面积。有界连续（或几乎处处连续）函数的积分总是存在的。

若在 $[a, b]$ 上，$F'(x) = f(x)$，那么

$$\int_a^b f(x)\mathrm{d}x = F(b) - F(a)$$

该公式表明导数与积分是一对互逆运算，提供了求积分的解析方法，即为了求 $f(x)$ 的积分，需要找到一个函数 $F(x)$，使 $F(x)$ 的导函数恰好是 $f(x)$，$F(x)$ 被称为 $f(x)$ 的一个原函数或不定积分。不定积分的常用求法有换元法和分部积分法。从理论上说，可积函数的原函数总是存在的，但是很多被积函数的原函数不能用初等函数表达。也就是说，这些积分不能用解析方法求解，需用数值积分法解决。

应用问题常常利用微分法进行分析，问题最终的解归结为微分的和（即积分）。

多元函数的积分称为多重积分，二重积分定义为

$$\iint_c f(x, y)\mathrm{d}x\mathrm{d}y = \lim_{\max(\Delta x_i^2 + \Delta y_i^2) \to 0} \sum_i \sum_j f(\xi_i, \eta_j)\Delta x_i \Delta y_i$$

该公式在几何上表示曲顶柱体的体积，二重积分的计算主要通过将二重积分转换为两次单积分来进行。无论是解析方法还是数值方法，如何实现这种转换是解决问题的关键。

另外，平面曲线 $(x(t), y(t))$，$a < t < b$ 的长度为

$$L = \int_a^b \sqrt{x'(t)^2 + y'(t)^2}\,\mathrm{d}t$$

曲面 $z = z(x, y)$，$(x, y) \in G$ 的面积为

$$S = \iint_c \sqrt{1 + z'^2_x + z'^2_y}\,\mathrm{d}x\mathrm{d}y$$

第 **5** 章

符 号 计 算

在自然科学领域，经常需要将计算对象从具体的数值抽象为一般的符号进行计算。各种各样的公式、关系式及其推导就是符号计算需要求解的问题。

符号计算又称计算机代数，是与数值计算并列的重要计算，主要用于计算机推导数学公式，例如对表达式进行因式分解、化简、微分、积分、代数方程求解、常微分方程求解等。可以说，数值计算是近似计算，符号计算则是绝对精确的计算。它不容许有舍入误差，可以得到问题的精确、完备解，比数值计算用到的数学知识更深更广，但计算量大且表达形式复杂。

本章的主要知识点体现在以下三个方面：

- 掌握符号变量的使用方法；
- 掌握符号表达式、符号微积分、符号方程求解等；
- 了解数值计算与符号计算的区别。

5.1 入门实例

符号计算不使用数值进行分析和计算，而是使用符号对象或字符串来进行分析和计算，其结果是符号函数或解析形式。

【例 5-1】利用符号变量进行数组和矩阵的计算。

```
>> syms a b c d e f g h;        %定义符号变量
>> A = [a b; c d];
>> B = [e f; g h];
>> C1 = A.*B                    %进行数组运算
C1 =
[ a*e, b*f]
[ c*g, d*h]
>> C2 = A.^B                    %进行数组运算
C2 =
```

```
[ a^e, b^f]
[ c^g, d^h]
>> C3 = A*B/A          %进行矩阵运算
C3 =
[-(a*c*f-a*d*e b*c*h-b*d*g)/(a*d-b*c), (a^2*f-b^2*g-a*b*e+a*b*h)/(a*d-b*c)]
[-(c^2*f-d^2*g-c*d*e+c*d*h)/(a*d-b*c), (a*c*f-b*c*e+a*d*h-b*d*g)/(a*d-b*c)]
>> C4 = A.*A-A^2       %进行矩阵运算
C4 =
[            -b*c, b^2-b*d-a*b]
[ c^2-c*d-a*c,              -b*c]
```

【例 5-2】利用符号变量求解符号线性方程组 *XA=B*。

```
>> syms a11 a12 a21 a22 b1 b2;     %定义符号变量
>> A = [a11 a12; a21 a22];
>> B = [b1 b2];
>> X = B/A                        %利用矩阵运算求解线性方程组
X =
[-(a21*b2-a22*b1)/(a11*a22-a12*a21), (a11*b2-a12*b1)/(a11*a22-a12*a21)]
>> x1 = X(1)                      %线性方程组的解变量
x1 =
-(a21*b2-a22*b1)/(a11*a22-a12*a21)
>> x2 = X(2)                      %线性方程组的解变量
x2 =
  (a11*b2-a12*b1)/(a11*a22-a12*a21)
```

可见，符号计算比数值计算更具有一般性的理论意义。

5.2　符号变量的创建

为了进行符号计算，必须创建符号变量或字符串。对于字符串的创建，必须使用两个单引号将字符表达式括起来；对于符号变量的创建，必须使用函数 str2sym、sym 或 syms，有多种创建方式。

【例 5-3】使用 str2sym、sym 函数和符号表达式创建单个符号变量。

```
>> f1=str2sym('a+x^2+b*x+c')     %创建符号变量
f1 =
x^2+b*x+a+c
>> a=sym('a')                    %创建符号变量
a =
a
```

【例 5-4】 使用 syms 函数一次定义多个符号变量。

```
>> clear
>> syms a    b    c    x              %创建多个符号变量
>> whos                               %查看工作区中的符号变量
   Name          Size                        Bytes   Class   Attributes
   a             1x1                              8   sym
   b             1x1                              8   sym
   c             1x1                              8   sym
   x             1x1                              8   sym
```

由以上符号变量的创建方法可知，数值计算与符号计算的最大区别在于：①数值计算不需要创建变量，而符号计算必须先创建变量才能使用；②数值计算必须在运算前先对变量赋值，而符号计算不需要对变量赋值就可运算，运算结果是标准的符号表达式。

【例 5-5】 数值计算与符号计算的对比。

```
>>a=[1 2 3;4 5 6;7 8 0];b=[1;2;3];c=a*b        %数值计算
>>syms x y;                                     %符号计算
>> z=x*y;
```

关于符号表达式的书写，必须注意以下几点：

（1）必须写在同一行，例如，('a*x^2+b*x+c')不能分为两行。

（2）只能使用圆括号，且圆括号可以嵌套使用，例如，（（（   ）））。

（3）可以使用特殊变量和函数，如表 5-1 所示。

表 5-1　特殊变量和函数

使 用 量	含 义
pi	圆周率 π（＝3.1415926···）
inf 或 Inf	无穷大值（∞），如 1/0
i 或 j	虚数单位
*	符号相乘
/	符号相除
exp()	以 e 为底的指数运算

5.3　符号表达式运算

符号表达式运算是指通过调用符号函数进行的运算，包括算术运算和函数运算。

5.3.1　算术运算

符号表达式的算术运算包括加、减、乘、除、幂。可以利用"+""–""*""/""^"

运算符来实现符号运算。

【例 5-6】符号表达式的算术运算。

```
>>clear
>> f1 = str2sym ('1/(a-b)');
>> f2 = str2sym ('2*a/(a+b)');
>> f3 = str2sym ('(a+1)*(b-1)* (a-b)');
>> f1+f2                    %符号加
ans =
(2*a)/(a+b)+1/(a -b)
>> f1-f2                    %符号减
ans =
1/(a-b)-2*a/(a+b)
>> f1*f3                    %符号乘
ans =
(a+1)*(b-1)
>> f1/f3                    %符号除
ans =
1/((a-b)^2*(a+1)*(b-1))
>> f1 = str2sym ('1/(a-b)');
>> f1^2                     %符号幂
ans =
1/(a-b)^2
```

5.3.2　函数运算

符号表达式的函数运算包括合并同类项、表达式展开、因式分解、分数形式提取、表达式化简、反函数计算、复合函数计算、表达式替换等。

（1）合并、展开、因式分解、分数形式提取、化简等函数

具体函数说明如下：

collect 函数：将符号表达式中相同幂次的项进行合并；

expand 函数：将符号表达式展开；

factor 函数：对符号表达式进行因式分解；

numden 函数：将符号表达式转换为分子与分母形式；

simplify 函数：利用代数中的函数规则对符号表达式进行化简。

【例 5-7】合并、展开、因式分解、分数形式提取、化简函数的使用。

```
>>clear
>> f1 = str2sym ('(exp(x)+x)*(x+2)');
>> f2 = str2sym ('a^3-1');
```

```
>> f3 = str2sym ('1/a^4+2/a^3+3/a^2+4/a+5');
>> f4 = str2sym ('sin(x)^2+cos(x)^2');
>> collect(f1)                    %合并
ans = x^2+(exp(x)+2)*x+2*exp(x)
>>expand(f1)                      %展开
ans = 2*x+2*exp(x)+x*exp(x)+x^2
>>factor(f2)                      %因式分解
ans = [ a-1, a^2+a+1]
>> [m,n]=numden(f3)               %分数形式提取
m =                               % m 为分子
5*a^4+4*a^3+3*a^2+2*a+1
n =                               % n 为分母
a^4
>> simplify(f4)                   %化简
ans =
1
```

（2）反函数

具体函数说明如下：

finverse(f,v)：对指定自变量为 v 的函数 $f(v)$ 求反函数。

【例 5-8】求反函数。

```
>>clear
>>syms x y
>>finverse(1/tan(x))              %求反函数，自变量为 x
 ans =
     atan(1/x)
>>f = x^2+y;
>>finverse(f,y)                   %求反函数，自变量为 y
ans =
     -x^2+y
```

（3）复合函数

具体函数说明如下：

compose(f,g)：求 $f=f(x)$ 和 $g=g(y)$ 的复合函数 $f(g(y))$；

compose(f,g,z)：求 $f=f(x)$ 和 $g=g(y)$ 的复合函数 $f(g(z))$。

【例 5-9】求复合函数。

```
>>clear
>>syms x y z t u;
>>f = 1/(1 + x^2); g = sin(y); h = x^t; p = exp(-y/u);
>>compose(f,g)                    %求 f=f(x) 和 g=g(y) 的复合函数 f(g(y))
ans =
```

```
1/(sin(y)^2+1)
```

（4）表达式替换函数

具体函数说明如下：

subs(s)：用数值替换表达式中的所有同名变量；

subs(s, old, new)：用符号或数值变量 new 替换 s 中的符号变量 old。

【例 5-10】表达式替换。

```
>>clear
>>syms a b
>>subs(a+b,a,4)                              %用 4 替代 a+b 中的 a
ans =
b+4
>>subs(cos(a)+sin(b),{a,b},{sym('alpha'),2})  %多重替换
ans =
sin(2)+cos(alpha)
```

【例 5-11】表达式替换也可以用来求解函数值。

```
>>clear
>> f= str2sym('x^2+3*x+2')
f =
     x^2+3*x+2
>> subs(f, 'x', 2)                           %求解当 x=2 时 f 的值
ans =
    12
```

5.4　符号微积分

符号微积分包括函数的极限、微分、积分，以及级数的求和与函数的级数展开。

（1）函数的极限

MATLAB 提供了多种求函数极限的符号函数，使得原本在高等数学中较为复杂的函数极限求解变得简单。符号极限函数如表 5-2 所示。

注意： 在使用符号函数计算时，可以使用函数 findsym(f)确定符号函数 f 的默认自变量，以便明确计算的变量。

表 5-2　符号极限函数

调 用 格 式	具 体 说 明
limit(f)	计算当默认自变量 v 趋向于 0 时符号函数表达式 f 的极限值，即 $\lim\limits_{v \to 0} f(v)$
limit(f,a)	计算当默认自变量 v 趋向于 a 时符号函数表达式 f 的极限值，即 $\lim\limits_{v \to a} f(v)$
limit(f,x,a)	计算当自变量 x 趋向于 a 时符号函数表达式 f 的极限值，即 $\lim\limits_{x \to a} f(x)$
limit(f,x,a,'right')	计算当自变量 x 趋向于 a 时符号函数表达式 f 的右极限值，即 $\lim\limits_{x \to a^+} f(x)$
limit(f,x,a,'left')	计算当自变量 x 趋向于 a 时符号函数表达式 f 的左极限值，即 $\lim\limits_{x \to a^-} f(x)$

【例 5-12】分别计算 $\lim\limits_{x \to 0} \dfrac{1}{x}$、$\lim\limits_{x \to 0^-} \dfrac{1}{x}$、$\lim\limits_{x \to 0^+} \dfrac{1}{x}$、$\lim\limits_{x \to \infty} \left(\dfrac{x+x}{x-a}\right)^x$。

```
>> clear
>> syms a x
>> limit(1/x,x,0)              %计算 lim 1/x  (x→0)

ans =
NaN
>> limit(1/x,x,0,'left')       %计算 lim 1/x  (x→0⁻)

ans =
-Inf
>> limit(1/x,x,0,'right')      %计算 lim 1/x  (x→0⁺)

ans =
Inf
>> limit(((x+a)/(x-a))^x,inf)  %计算 lim ((x+x)/(x-a))^x  (x→∞)

ans =
exp(2*a)
```

（2）函数的微分

MATLAB 提供了符号微分函数 diff，如表 5-3 所示。

表 5-3　符号微分函数

调 用 格 式	具 体 说 明
diff(f)	计算符号表达式 f 对系统默认自变量的一次微分值，即 $\mathrm{d}f/\mathrm{d}v$
diff(f,'t')/diff(f,sym('t'))	计算符号表达式 f 对指定符号变量 t 的一次微分值，即 $\mathrm{d}f/\mathrm{d}t$
diff(f,n)	计算符号表达式 f 对系统默认自变量的 n 次微分值
diff(f,'t',n)/diff(f,n,'t')	计算符号表达式 f 对指定符号变量 t 的 n 次微分值

【例 5-13】已知 $f(x) = ax^2 + bx + c$，计算 $f(x)$ 的微分。

```
>> clear
>> syms a b c x
>> f=str2sym('a*x^2+b*x+c')
f =
a*x^2+b*x+c
>> diff(f)              %对默认自变量 x 求微分
ans =
b+2*a*x
>> diff(f,2)            %对默认自变量 x 求二次微分
ans =
2*a
>> diff(f,a)           %对自变量 a 求微分
ans =
x^2
>> diff(f,a,2)         %对自变量 a 求二次微分
ans =
0
>> diff(diff(f),a)     %对 x 和 a 求偏导
ans =
2*x
```

（3）函数的积分

MATLAB 提供了符号积分函数 int，如表 5-4 所示。

表 5-4　符号积分函数

调 用 格 式	具 体 说 明
int(f)	计算符号表达式 f 对系统默认自变量的不定积分值，即 $\int f dv$
int(f,'t')/ int(f,sym('t'))	计算符号表达式 f 对指定符号变量 t 的不定积分值，即 $\int f dt$
int(f, a, b)	计算符号表达式 f 对系统默认自变量的定积分值，积分区间为 $[a,b]$，即 $\int_a^b f dv$
int(f, t, a, b)	计算符号表达式 f 对指定符号变量 t 的定积分值，积分区间为 $[a,b]$，即 $\int_a^b f dt$

【例 5-14】已知 $f(x) = ax^2 + bx + c$，计算 $f(x)$ 的积分。

```
>> clear
>> syms a b c x
>> f= str2sym('a*x^2+b*x+c')
f =
a*x^2+b*x+c
>> int(f)              %对默认自变量求不定积分
ans =
(a*x^3)/3+(b*x^2)/2+c*x
>> int(f,x,0,2)        %对自变量 x 求区间[0, 2]的定积分
```

```
ans =
(8*a)/3+2*b+2*c
>> int(f,a)                    %对自变量 a 求不定积分
ans =
a*(c + b*x) + (a^2*x^2)/2
>> int(int(f,a),x)             %对自变量 a 和 x 求二重不定积分
ans =
(a*x*(a*x^2+3*b*x+6*c))/6
```

（4）级数的求和

MATLAB 提供了级数的求和函数 symsum，如表 5-5 所示。

表 5-5　符号函数级数的求和函数

调 用 格 式	具 体 说 明
symsum(f)	计算符号表达式 f 对系统默认自变量的不定和，即 $\sum f$
symsum(f,'t')/ symsum(f,sym('t'))	计算符号表达式 f 对指定符号变量 t 的不定和，即 $\sum_t f$
symsum(f, a, b)	计算符号表达式 f 对系统默认自变量的有限和，区间为 $[a,b]$，即 $\sum_a^b f$
symsum(f, t, a, b)	计算符号表达式 f 对指定符号变量 t 的有限和，区间为 $[a,b]$，即 $\sum_{t=a}^b f$

【例 5-15】计算表达式 $\sum n$、$\sum_0^{10} n^2$、$\sum_{n=0}^{\infty} \dfrac{x^n}{n!}$。

```
>> syms x n
>> symsum(n)                        %对默认自变量求不定和
  ans =
  n^2/2-n/2
>> symsum(n^2,0,10)                 %对默认自变量求有限和
  ans =
  385
>> symsum(x^n/factorial(n),n,0,inf) %对自变量 n 求有限和
  ans =
  exp(x)
```

（5）函数的级数展开

泰勒级数可以将一个任意函数表示为一个幂级数。通常在许多情况下，只需要取幂级数的前有限项来表示该函数。MATLAB 提供了 taylor 函数，用于将指定函数展开为幂级数，具体使用形式如下：

```
taylor(f,v,a,'Order',n)
```

该函数将 f 按变量 v 展开为泰勒级数，展开到第 n 项（即变量 v 的 $n-1$ 次幂）为止，n 的默认值为 6。参数 a 表示将函数 f 在自变量 $v=a$ 处展开，a 的默认值为 0。

【例 5-16】实现函数 $f(x)$ 的泰勒级数展开。

（1）求 $f(x)=\sqrt{1-2x+x^3}-\sqrt[3]{1-3x+x^2}$ 的 5 阶泰勒级数展开；

（2）将 $f(x)=\dfrac{1+x+x^2}{1-x+x^2}$ 在 $x=1$ 处按 5 次多项式展开（$n=6$）。

```
>> clear
>> x=sym('x');
>> f1=sqrt(1-2*x+x^3)-(1-3*x+x^2)^(1/3)
f1 =
(x^3-2*x + 1)^(1/2)-(x^2-3*x + 1)^(1/3)
>> f2=(1+x+x^2)/(1-x+x^2)
f2 =
(x^2+x + 1)/(x^2-x+1)
>> taylor(f1,x,'Order', 5)              % 5 阶泰勒级数展开
ans =
(119*x^4)/72+x^3+x^2/6
>> taylor(f2,x,1,'Order',6)             %展开到 x=1 的 5 次幂，n=6
ans =
2*(x-1)^3-2*(x-1)^2-2*(x-1)^5+3
```

5.5　符号方程求解

　　MATLAB 中符号方程求解包括符号线性方程、代数方程、非线性符号方程、常微分方程的求解。MATLAB 提供了多种求解方程的 solve 函数。

　　（1）符号线性方程的求解

　　对于线性方程（组）$AX=B$，符号线性方程的求解方法与数值线性方程的求解方法类似，可以采用符号变量的矩阵左除。

　　具体使用形式如下：

　　X=A\B：用于数值计算；

　　X=sym(A)\sym(B)：用于符号计算。

【例 5-17】求解符号线性方程组：

$$\begin{cases} x_1+2x_2+3x_3=a \\ -x_1+9x_2+2x_3=b \\ 2x_1+3x_3=1 \end{cases} \Rightarrow \begin{bmatrix} 1 & 2 & 3 \\ -1 & 9 & 2 \\ 2 & 0 & 3 \end{bmatrix} \times \begin{bmatrix} x_1 \\ x_2 \\ x_3 \end{bmatrix} = \begin{bmatrix} a \\ b \\ 1 \end{bmatrix}$$

```
>> syms a b;
>> A=str2sym('[1 2 3; -1 9 2; 2 0 3]');
>> B=[a;b;1];
>> x=A\B                                %符号变量的矩阵左除
x =
```

```
(6*b)/13-(27*a)/13+23/13
(3*b)/13-(7*a)/13+5/13
(18*a)/13-(4*b)/13-11/13
```

（2）代数方程的求解

MATLAB 提供了函数 solve 来求解代数方程（组）的符号解。

具体使用形式如下：

solve(f)：求解符号方程式 f；

solve($f_1,\cdots,f_n$)：求解由 $f_1,\cdots,f_n$ 组成的代数方程组。

【例 5-18】使用函数 solve 求解代数方程。

```
>> syms a b c x
>> f= str2sym('a*x*x+b*x+c=0');
>>solve(f)                %使用函数 solve 求解代数方程
ans =
    -(b+(b^2-4*a*c)^(1/2))/(2*a)
    -(b-(b^2-4*a*c)^(1/2))/(2*a)
>> f1= str2sym('1+x=sin(x)')
>> solve(f1)               %使用函数 solve 求解代数方程
ans =
-1.9345632107520242675632614537689
```

（3）非线性符号方程的求解

求解非线性符号方程（组），既可以使用 solve 函数，也可以使用优化工具箱的 fsolve 函数。

具体使用形式如下：

```
fsolve('fun',X0,options)
```

求解非线性符号方程（组）$F(X)=0$，fun 是用于定义需求解的非线性方程组的函数文件名，X_0 是求根过程的初值，options 为最优化工具箱的选项设定。

【例 5-19】求解非线性符号方程组 $\begin{cases} x_1 - 3x_2 = \sin x_1 \\ 2x_1 + x_2 = \cos x_2 \end{cases}$，初值为 $x_0=[0;0]$。

首先，采用函数 solve 求解。

```
>> clear
>> syms x1 x2
>> f1= str2sym('x1-3*x2=sin(x1)');
>> f2= str2sym('2*x1+x2=cos(x2)');
>> [x1,x2]=solve(f1,f2)
x1 =
0.49662797440907460178544085171994
x2 =
0.67214622395756734146654770697884e-2
```

其次，采用函数 fsolve 求解。

编写函数 funone，存储在 M 文件 funone.m 中。

具体内容如下：

```
function F=funone(x)
F=[x(1)-3*x(2)-sin(x(1));2*x(1)+x(2)-cos(x(2))];
end
```

在命令窗口输入如下命令：

```
>> x0=[0;0];                              %设定初值
>> options=optimset('Display','iter');     %设定优化条件
>> [x,fv]=fsolve(@funone,x0,options)       %求解
Iteration   Func-count    f(x)   Norm of step First-order optimality Trust-region radius
0           3            1                          2                        1
1           6        0.000423308   0.5              0.0617                   1
2           9        5.17424e-010  0.00751433       4.55e-005                1.25
3           12       9.99174e-022  1.15212e-005     9.46e-011                1.25
Optimization terminated: first-order optimality is less than options.TolFun.
x =
     0.4966
     0.0067
fv =
   1.0e-010 *
     0.3161
     0.0018
```

（4）常微分方程的求解

MATLAB 提供了 dsolve 函数来求解常微分方程（组）。

具体使用形式如下：

dsolve('f1, f2, ⋯', 'cond1, cond2, ⋯', 'v')：求解方程 $f_1, f_2, \cdots$，条件 cond1, cond2, ⋯，v 为自变量的常微分方程组。

【例 5-20】求解微分方程。

```
>>dsolve( 'Dy=x','x')                    %求微分方程 y'=x 的通解，指定 x 为自变量
ans =
x^2/2+C1
>>dsolve(' D2y=1+Dy ','y(0)=1','Dy(0)=0' )       %求微分方程 y"=1+y'的解，加初始条件
ans =
exp(t)-t
>>[x,y]=dsolve('Dx=y+x,Dy=2*x')          %求微分方程组的通解
x =
C1*exp(2*t)-(C2*exp(-t))/2
y =
C1*exp(-t)+C2*exp(2*t)
```

5.6　拓展知识

　　MATLAB 符号计算数学工具是建立在功能强大的 MAPLE 软件基础之上的。当要求 MATLAB 进行符号计算时，它就请求 MAPLE 计算并将结果返回 MATLAB 命令窗口。由于商业原因，自 R2008b 起，MATLAB 已经不再采用 MAPLE 的符号计算内核，但支持用户自己独立安装 MAPLE 内核。从 R2010a 版本开始，MATLAB 已经完全采用 MuPAD 内核。考虑到 MATLAB 9.x 系列版本的流行程度，这里介绍一下 MATLAB 中的 MAPLE 功能。

5.6.1　基本指令

　　MATLAB 提供了专用函数作为访问 MAPLE 内核的接口，通过这些函数可以容易地调用 MAPLE 的绝大多数功能。

　　MATLAB 提供了五个实现 MATLAB 和 MAPLE 之间交互的命令，具体如下：

maple：进入 MAPLE 工作空间计算，结果送回 MATLAB 工作空间；

mfun：对 MAPLE 中若干经典特殊函数实施数值计算；

mfunlist：能被 mfun 计算的经典特殊函数列表；

mhelp：查阅 MAPLE 中的库函数及其调用方法；

procread：把按 MAPLE 格式编写的源程序读入 MAPLE 工作空间。

【例 5-21】翻阅 MAPLE 在线帮助的索引类目。

```
>> mhelp index          %查看 MAPLE 在线帮助的索引类目
index - construct an indexed expression
Calling Sequence
     index(p, rest)
Parameters
p       -     expression or name to be indexed
rest    -     (optional) expression sequence of arguments to be passed to p
Description
   The index(p, rest) calling sequence is equivalent to constructing the
   expression p[rest].
   If p is an indexable expression, index(p, rest) evaluates to the result of
   indexing p by rest; otherwise, it simply returns the indexed expression
   p[rest].    For more about indexing, see selection.
   Note: Calling index with one argument is equivalent to p[], that is, p indexed
   with an empty index.
Examples
```

```
> index(f, s); f[s]
> index(g); g[]
> index(f, s, t, u, v); f[s, t, u, v]
> index([7,4,8,9], 3); 8
> map2(index, [a,b,c,d], [4,2,1,3]); [d, b, a, c]
See Also
apply, index/help, indices, selection, type/indexable, type/indexed
Compatibility
   The index command was introduced in Maple 2017.
   For more information on Maple 2017 changes, see Updates in Maple 2017.
```

【例 5-22】深入 MAPLE 的具体分类目录。

```
>> mhelp index[category]
Multiple matches found:
march
UserManual,Chapter05
ProgrammingGuide,Chapter15
index,help
UserManual,Chapter04
help
UserManual,Chapter01
UserManual,Chapter10
UserManual,Chapter07
UserManual,Index
examples,string
examples,algcurve
file
UserManual,Contents
examples,StatisticsHypothesisTesting
HelpTools,TableOfContents,ConvertFromXML
tensor(deprecated),act
```

【例 5-23】获取具体函数使用方法。
具体格式如下：

```
mhelp fun_name
```

5.6.2　调用 MAPLE 函数

【例 5-24】求递推方程 $f(n) = -3f(n-1) - 2f(n-2)$ 的通解。

（1）调用格式一

```
>> gs1=maple('rsolve(f(n)=-3*f(n-1)-2*f(n-2),f(k));')
gs1 =
                    k                    k
(f(1) + 2 f(0)) (-1)    + (-f(1) - f(0)) (-2)
```

（2）调用格式二

```
>>gs2=maple('rsolve','f(n)=-3*f(n-1)-2*f(n-2)','f(k)')
gs2 =
                    k                    k
(f(1) + 2 f(0)) (-1)    + (-f(1) - f(0)) (-2)
```

【例 5-25】求 xyz 的 Hessian 矩阵。

（1）调用格式一

```
>>FH1=maple('hessian(x*y*z,[x,y,z]);')
FH1 =
hessian(x y z, [x, y, z])
```

（2）调用格式二

```
>>FH2=maple('hessian','x*y*z','[x,y,z]')
FH2 =
hessian(x y z, [x, y, z])
```

（3）把以上输出变成"符号"类

```
>>FH=sym(FH2)
FH =
hessian(x y z, [x, y, z])
```

【例 5-26】求 $f(x,y) = \sin(x^2 + y^2)$ 在 $(0,0)$ 处展开的截断 8 阶小量的泰勒近似式。

（1）直接运行 mtaylor 函数展开。

```
>>TL1=maple('mtaylor(sin(x^2+y^2),[x=0,y=0],8)')
TL1 =
         2    2       6      2  4      4  2       6
        x  + y  - 1/6 x  - 1/2 y  x  - 1/2 y  x  - 1/6 y
```

（2）读库后进一步展开结果。

```
>>maple('readlib(mtaylor);');
>>TL2=maple('mtaylor(sin(x^2+y^2),[x=0,y=0],8)');
>>pretty(sym(TL2))
         2    2       6        2  4      4  2       6
        x  + y  - 1/6 x  - 1/2 y  x  - 1/2 y  x  - 1/6 y
```

5.6.3 运行 MAPLE 程序

【例 5-27】设计求取一般隐函数导数的解析解的程序，并要求该程序能像 MAPLE 原有函数一样可被永久调用。

（1）编写求一般隐函数导数的文件 DYDZZY.src，把它存放在 MATLAB 的搜索路径上。

```
[DYDZZY.src]
DYDZZY:=proc(f)
# DYDZZY(f) is used to get the derivate of
# an implicit function
local Eq,deq,imderiv;
Eq:='Eq';
Eq:=f;
deq:=diff(Eq,x);
readlib(isolate);
imderiv:=isolate(deq,diff(y(x),x));
end;
```

（2）运行以下指令把 DYDZZY.src 安装进 MAPLE 工作空间。

```
>>procread('DYDZZY.src')    %转换 SRC 文件为内码，并送入 MAPLE 空间
```

（3）使用 maple 指令调用该新建 MAPLE 函数去计算三个隐函数的导函数。

```
>>s1=maple('DYDZZY(x=log(x+y(x)));')
s1 =
    d
    - - y(x) = x + y(x) - 1
    dx1
>>s2=maple('DYDZZY(x^2*y(x)-exp(2*x)=sin(y(x)))')
s2 =
    d         -2 x y(x) + 2 exp(2 x)
    -- y(x) = ---------------------
    dx              2
                x   - cos(y(x))
>>s3=maple('DYDZZY','cos(x+sin(y(x)))=sin(y(x))')
s3 =
    d                   sin(x + sin(y(x)))
    -- y(x) = ----------------------------------------
    dx        -cos(y(x)) sin(x + sin(y(x))) - cos(y(x))
```

（4）对 DYDZZY.src 进行预编辑，使之成为 MAPLE 内码文件登录在 bin 目录上。

```
>>clear maplemex
>>procread('DYDZZY.src');
>>maple('save(`DYDZZY.m`)');
```

（5）调用自建的 MAPLE 内码文件 DYDZZY.m。

```
>>maple('read','DYDZZY.m');        %把内码文件送入 MAPLE 空间
>>ss2=maple('DYDZZY(x^2*y(x)-exp(2*x)=sin(y(x)))')
ss2 =
   d          -2 x y(x) + 2 exp(2 x)
  -- y(x) = --------------------
  dx                  2
                  x   - cos(y(x))
```

5.7　思考问题

符号计算与数值计算的区别是什么？

5.8　常见问题

如何确定符号表达式中的默认变量？

答：MATLAB 中函数 symvar 可以帮助用户查找一个符号表达式中的符号变量。该函数的调用格式为：

```
symvar(s,n)
```

其中，函数返回符号表达式 s 中的 n 个符号变量；若没有指定 n，则返回 s 中的全部符号变量。

```
>>syms x a y z b;              %定义 5 个符号变量
>>s1=3*x+y;s2=a*y+b;           %定义两个符号表达式
>>symvar (s1)
ans =
[x, y]
>>symvar (s2,2)
ans =
[b,y]
>>syms a b x y;               %定义符号变量
>>c=sym('3');                 %定义符号常量 c
>> symvar(a*x+b*y+c)
ans=                          %c 不在结果中出现
[a,b,x,y]
```

注意: MATLAB 按离字母 x 最近原则来确定默认变量。

附录 D　微分方程基础

微分方程求解是数学上比较困难的问题,但在 MATLAB 的符号计算中得到了很好的解决,这里介绍一下微分方程的基础知识。

D.1　微分方程的概念

含有未知函数及其某些阶的导数以及自变量本身的方程称为微分方程。如果未知函数是一元函数,则称为常微分方程。如果未知函数是多元函数,则称为偏微分方程。微分方程中出现的未知函数及其各阶导数都是一次的,称为线性常微分方程,一般表示为

$$y^{(n)} + a_1(t)y^{(n-1)} + \cdots + a_{n-1}(t)y' + a_n y = b(t)$$

若系数 $a_i(t)(i = 1, 2, \cdots, n)$ 均与 t 无关,则称为常系数线性微分方程。

D.2　初等积分法

有些微分方程可直接通过积分求解。

例如,一阶常系数线性常微分方程 $y' = ay + b(a \neq 0)$ 可转化为

$$\frac{\mathrm{d}y}{ay + b} = \mathrm{d}t$$

两边积分可得通解 $y(t) = C\exp(at) - a^{-1}b$,其中 C 为任意常数。有些常微分方程可利用分离变量法、积分因子法、常数变易法、降阶法等转化为可积分的方程而求得显式解。

D.3　一阶线性微分方程

一阶线性微分方程如式(D-1)所示。

$$\frac{\mathrm{d}y}{\mathrm{d}t} + p(t)y = Q(t) \tag{D-1}$$

其中,函数 $P(t)$、$Q(t)$ 是某一区间 I 上的连续函数。

当 $Q(t) \equiv 0$ 时,方程(5-1)即为

$$\frac{\mathrm{d}y}{\mathrm{d}t} + p(t)y = 0 \tag{D-2}$$

这个方程称为一阶齐次线性方程。相应地,方程(D-1)称为一阶非齐次线性方程。

一阶齐次方程(D-2)是可分离变量的方程。通过分离变量,得到

$$\frac{\mathrm{d}y}{y} = -p(t)\mathrm{d}t$$

两边积分，得到

$$\ln|y| = -\int p(t)\mathrm{d}t + C_1$$

由此得到方程（D-2）的通解为

$$y = Ce^{-\int p(t)\mathrm{d}t} \tag{D-3}$$

其中，$C(C = \pm e^{C_1})$ 为任意常数。

为了求得一阶非齐次线性方程（D-1）的通解，通常采用常数变易法，即在求出相应齐次方程的通解式（D-3）后，将通解中的常数 C 变易为待定函数 $u(t)$，并设一阶非齐次方程的通解为 $y = u(t)e^{-\int p(t)\mathrm{d}t}$，将其求导，得到

$$y' = u'e^{-\int p(t)\mathrm{d}t} + u[-p(t)]e^{-\int p(t)\mathrm{d}t}$$

将 y 和 y' 代入方程（D-1），得到

$$u'(t)e^{-\int p(t)\mathrm{d}t} = Q(t)$$

通过积分，得到

$$u(t) = \int Q(t)e^{\int p(t)\mathrm{d}t}\mathrm{d}t + C$$

从而一阶非齐次线性方程（D-1）的通解为

$$y = \left[\int Q(t)e^{\int p(t)\mathrm{d}t}\mathrm{d}t + C\right]e^{-\int p(t)\mathrm{d}t}$$

方程（D-2）可写为

$$y = Ce^{-\int p(t)\mathrm{d}t} + e^{-\int p(t)\mathrm{d}t} \cdot \int Q(t)e^{\int p(t)\mathrm{d}t}\mathrm{d}t$$

从中可以看出，一阶非齐次方程的通解是对应的齐次方程的通解与其本身的一个特解之和。

D.4 常系数线性微分方程

线性常微分方程的解满足叠加性原理，从而它的求解可归结为求一个特解和相应齐次微分方程的解。一阶变系数线性常微分方程可用这一思路求得显式解。高阶常系数线性微分方程可用特征根法求得相应齐次微分方程的基本解，再用常数变易法求特解。

D.5 初值问题数值解

除常系数线性微分方程可用特征根法求解，少数特殊方程可用初等积分法求解外，大部分微分方程无显式解，应用中主要依靠数值解法。

考虑一阶常微分方程组初值问题：

$$y' = f(t, y), t_0 < t < t_f, y(t_0) = y_0$$

其中，$y = (y_1, y_2, \cdots, y_m)^T$，$f = (f_1, f_2, \cdots, f_m)^T$，$y_0 = (y_{10}, y_{20}, \cdots, y_{m0})^T$，T 表示转置。所谓数值解，就是寻求解 $y(t)$ 在一系列离散节点 $t_0 < t_1 < \cdots < t_n \leqslant t_f$ 上的近似值 $y_k(k = 0, 1, \cdots, n)$。称 $h_k = t_{k+1} - t_k$ 为步长，通常取为常量 h。

高阶常微分方程初值问题可以转化为一阶常微分方程组。已知一个 n 阶方程

$$y^{(n)} = f(t, y, y', \cdots, y^{(n-1)})$$

设 $y_1 = y, y_2 = y', \cdots, y_n = y^{(n-1)}$，该式转化为一阶方程组

$$\begin{cases} y_1' = y_2 \\ y_2' = y_3 \\ \cdots \\ y_{n-1}' = y_n \\ y_n' = f(t, y_1, y_2, \cdots, y_n) \end{cases}$$

第 **6** 章

图 形 绘 制

MATLAB 提供了强大的计算能力，同时也提供了丰富的图形表现能力，方便数据的可视化展示。具体来说，MATLAB 不仅可以实现二维图形和三维图形的绘制，而且可以实现对图形的线型、颜色、光线、视角等参数的设置和处理，有利于不同层次用户需求的数据表现。

本章的主要知识点体现在以下两个方面：

- 掌握二维图形的绘制方法；
- 掌握三维图形的绘制方法。

6.1　入门实例

在科学研究和工程计算中，经常需要绘制一些函数的曲线来帮助分析。

【例 6-1】绘制具有个性化特征的曲线。

MATLAB 提供了绘制双纵坐标图函数 plotyy，用于在不同坐标系下的比较分析。具体使用形式如下：

```
[LX,H1,H2]=plotyy(X1,Y1,X2,Y2,FUN1)
```

以左、右不同纵轴把 X_1—Y_1、X_2—Y_2 两条曲线绘制成 FUN1 指定形式的两条曲线。返回参数 LX 为创建的两个坐标轴的句柄，LX（1）为左侧轴，LX（2）为右侧轴，H_1 和 H_2 为每个图形绘图对象的句柄。

为了获得和改变图形对象的属性，需要两个用于绘画控制的通用函数 get 和 set。函数 get 返回某些对象属性的当前值，函数 set 用于改变句柄图形对象属性。具体使用形式如下：

```
get(handle, 'PropertyName');
set(handle, 'PropertyName' ,value)。
```

为了绘制具有个性化特征的曲线，具体使用命令如下：

```
>>x = 0:0.01:30;                        %定义自变量范围
```

```
>>y1 = 30*exp(0.5*x).*sin(2*x);                    %定义曲线 1
>>y2 = 0.27*exp(-0.05*x).*sin(10*x);               %定义曲线 2
>>[LX,H1,H2] = plotyy(x,y1,x,y2,'plot');           %绘制曲线 1 和曲线 2
>>set(LX(1),'XColor','k','YColor','b');            %设置左侧坐标轴颜色
>>set(LX(2),'XColor','k','YColor','r');            %设置右侧坐标轴颜色
>>HH1=get(LX(1),'Ylabel');
>>set(HH1,'String','Left Y-axis');                 %设置左侧 Y 坐标轴信息
>>set(HH1,'color','b');
>>HH2=get(LX(2),'Ylabel');
>>set(HH2,'String','Right Y-axis');                %设置右侧 Y 坐标轴信息
>>set(HH2,'color','r');
>>set(H1,'LineStyle','-');                         %设置左侧曲线显示风格
>>set(H1,'color','b');
>>set(H2,'LineStyle',':');                         %设置右侧曲线显示风格
>>set(H2,'color','r');
>>legend([H1,H2],{'y1 = 30*exp(0.5*x).*sin(2*x)';'y2 = 0.27*exp(-0.05*x).*sin (10*x)'});
%设置图例信息
>>xlabel('Zero to 30 \musec.');                    %设置 X 坐标轴信息
>>title('Labeling plotyy');                        %设置标题
```

最终绘制的结果如图 6-1 所示。

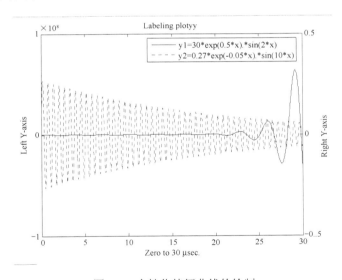

图 6-1　个性化特征曲线的绘制

6.2　可视化数据的分类

在统计学中，数据按变量值是否连续可分为连续数据与离散数据两种。

离散数据是指其数值只能用自然数或整数单位计算的数据。与之相比，在一定区间

内可以任意取值的数据称为连续数据，其数值是连续不断的，相邻两个数值可做无限分割，即可取无限个数值。

在 MATLAB 中，连续数据的绘制是基于离散数据来实现的，可以说离散数据是真实的数据形式，而绘制的连续曲线只是真实曲线的近似。

根据数据的特点，MATLAB 可视化方法分为以下三种。

（1）对于已有离散数据的情况，选定一组自变量 $x = [x_1, x_2, \cdots, x_N]^T$ 和 $y = [y_1, y_2, \cdots, y_N]^T$，然后在平面上几何地表现这组向量对 (x, y)。

（2）对于只有离散函数的情况，先根据离散函数特征选定一组自变量 $x = [x_1, x_2, \cdots, x_N]^T$，再根据所给离散函数 $y_n = f(x_n)$，计算相应的 $y = [y_1, y_2, \cdots, y_N]^T$，然后在平面上几何地表现这组向量对 (x, y)。

（3）对于只有连续函数的情况，先选定一组自变量 $x = [x_1, x_2, \cdots, x_N]^T$，再根据所给连续函数 $y_n = f(x_n)$，计算相应的 $y = [y_1, y_2, \cdots, y_N]^T$，然后在平面上几何地表现这组向量对 (x, y)。

根据可视化的需求，要实现图形上离散点连续化的显示效果，通常采用连续化图形显示有利于分析函数的特性。

注意：①较细的区间分割将使用较多的离散点来表现数据特性，可以更好地表现函数的连续变化特性，但同时离散点数量越多，计算负担也就越大。②如果不增加离散点，可以采用线性插值来模拟离散点之间的连线。这种方法计算速度较快，但要求自变量采样点按顺序排列，而且对插值方法有一定要求。

6.3　二维绘图

二维绘图是实现数据可视化的基本要求。利用 MATLAB 提供的绘图函数可以实现各种二维图形的绘制。

6.3.1　基本绘图函数

MATLAB 提供了一个非常重要的绘图函数 plot，可以实现二维曲线绘制，如表 6-1 所示。

表 6-1　plot 函数

调用格式	具体说明
plot(x)	缺省自变量的绘图格式，x 可为向量或矩阵
plot(x, y)	基本格式，x 和 y 可为向量或矩阵
plot(x₁, y₁, x₂, y₂,…)	多条曲线绘图格式，在同一坐标系中绘制多个图形
plot(x, y, 's')	开关格式，开关量字符串 s 设定了图形曲线的颜色、线形及点形符号

【例 6-2】绘制一组离散数据和 $y=\sin(x)$ 连续函数。

```
>> x=[3 5 7 6 12 24 15 33 6 9 7 2];              %离散数据
>> plot(x)        %绘制以序号为横坐标，元素值为纵坐标的曲线
>>x=0:pi/10:2*pi;
>>y=sin(x);                                       %连续函数
>>plot(x,y)              %绘制以 x 为横坐标，y 为纵坐标的曲线
```

最终绘制的结果如图 6-2 和图 6-3 所示。

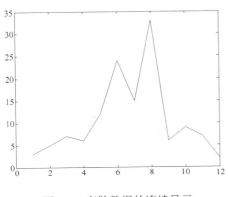

图 6-2　离散数据的连续显示

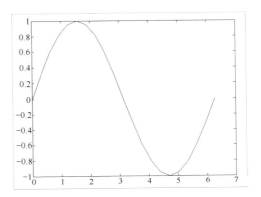

图 6-3　连续函数的显示

6.3.2　绘图控制符

绘图控制符主要指描述图形颜色、线型和点型的符号，具体参数如表 6-2～表 6-4 所示。

表 6-2　色彩定义符

色彩字符	y	m	c	r	g	b	w	k
表示颜色	黄	紫	青	红	绿	蓝	白	黑

表 6-3　线型定义符

线型字符	-	:	-.	--
表示线型	实线（默认）	点线	点画线	虚线

表 6-4　点型定义符

点型符号	.	o	x	+	h	v	^
表示点型	点	圆	叉号	加号	六角星	下三角形	上三角形
点型符号		*	s	d	p	>	<
表示点型		星号	方形	菱形	五角星	右三角形	左三角形

【例 6-3】采用开关格式绘制不同表示的连续函数，要求：①曲线 1 用红色实线表示，

用"+"符号显示数据点;②曲线 2 用黑色点线表示,用"*"符号显示数据点;③曲线 3 用蓝色虚线表示,用"△"符号显示数据点。

```
>> x=linspace(0,7);
>> y1=sin(2*x);
>> y2=sin(x.^2);
>> y3=(sin(x)).^2;
>> plot(x, y1, 'r+-', x, y2, 'k*:', x, y3, 'b--^')
```

最终绘制的结果如图 6-4 所示。

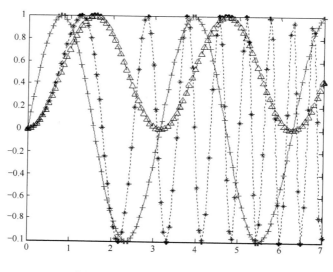

图 6-4　不同开关格式的函数绘制

6.3.3　其他绘图函数

MATLAB 提供了一些特殊的绘图函数,可用于数值统计分析、离散数据处理及不同坐标系数据显示,如表 6-5 所示。

表 6-5　特殊的绘图函数

调 用 格 式	具 体 说 明
bar(x,y)	以 x 为横坐标,绘制 y 的条形图。x 必须是严格递增向量
hist(y,x)	绘制 y 在以 x 为中心,x 个长度范围内的数据直方分布图
stairs(x,y)	以 x 为横坐标,绘制 y 的阶梯图
stem(x,y)	以 x 为横坐标,绘制 y 的脉冲图

续表

调 用 格 式	具 体 说 明
semilogx(x,y)	对 x 以 log10 对数的形式，y 为线性刻度进行绘制
semilogy(x,y)	对 y 以 log10 对数的形式，x 为线性刻度进行绘制
polar(x,y)	绘制极坐标函数 $y=f(x)$ 的图像。其中，x 是极角，以弧度为单位；y 是极径

【例 6-4】绘制一个花瓣状图形。

```
>>theta = -pi:0.01:pi;
>>rho(1,:) = 2*sin(5*theta).^2;
>>rho(2,:) = cos(10*theta).^3;
>>rho(3,:) = sin(theta).^2;
>>rho(4,:) = 5*cos(3.5*theta).^3;
>>for i = 1:4              %采用极坐标输出图形
     polar(theta,rho(i,:))
   pause
end
```

最终绘制的结果如图 6-5 所示。

利用其他函数可以绘制图 6-6 所示的条形图等特殊图形。

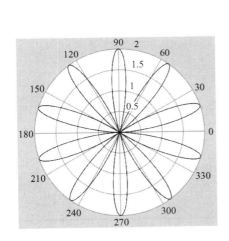

图 6-5　花瓣状图形

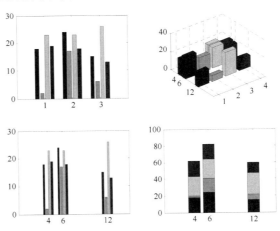

图 6-6　特殊图形

6.4　三维绘图

三维绘图包括三维曲线图、三维网格图及三维曲面图。

6.4.1 三维曲线图

MATLAB 提供了函数 plot3，用于实现三维曲线的绘制。与二维曲线绘制函数 plot 相比，函数名增加了字符"3"，明确表示用于三维曲线的绘制，以示区分。

具体使用形式如下：

$$plot3(x1, y1, z1, 's1', x2, y2, z2, 's2' \cdots)$$

plot3 与 plot 参数含义基本相同，只是增加了 Z 轴的坐标参数。

【例 6-5】绘制如下函数的三维曲线图：

$$\begin{cases} x(t) = t \\ y(t) = \sin(t) \\ z(t) = \cos(t) \end{cases}$$

```
>>clear
>>t=0:pi/50:10*pi;
>>plot3(t,sin(t),cos(t),'r:')        % 绘制三维曲线
>>grid on                            % 显示坐标轴的网格线
```

最终绘制的结果如图 6-7 所示。

6.4.2 三维网格图

MATLAB 提供了函数 mesh，用于实现数据点的三维网格线的绘制，常用格式如表 6-6 所示。

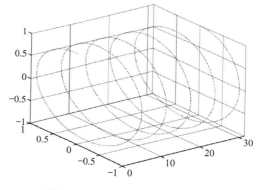

图 6-7 函数的三维曲线图

表 6-6 mesh 函数

调 用 格 式	具 体 说 明
mesh(z)	以 $x=1:size(z)$，$y=1:size(z)$ 作为平面坐标绘制曲面，其中，z 为 $n×m$ 的矩阵，x 与 y 坐标为元素的下标位置
mesh(x, y, z)	以 x、y 的值作为平面坐标区间绘制曲面，其中 x、y、z 分别为三维空间的坐标位置

【例 6-6】绘制峰函数 peaks 的三维网格。

该函数可以产生一个凹凸有致的曲面，包含三个局部极大点及三个局部极小点，具体表达式如下：

$$z = 3(1-x)^2 e^{-x^2 - (y+1)^2} - 10\left(\frac{x}{5} - x^3 - y^5\right) e^{-x^2 - y^2} - \frac{1}{3} e^{-(x+1)^2 - y^2}$$

```
>>z=peaks(40);        % 输出 z 为 40×40 的矩阵
>>mesh(z);            % 绘制网格线
```

最终绘制的结果如图 6-8 所示。

peaks 函数是 MATLAB 提供的用于测试立体绘制的函数，依据 X、Y 二维坐标平面的数据点完成绘制。其中，它调用了一个用于形成二维网格数据点的重要函数 meshgrid。具体使用形式如下：

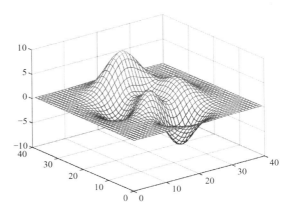

图 6-8　峰函数的三维网格

[X,Y]=meshgrid(x,y)

其中，**x**、**y** 为输入数据的矢量，它们的长度可以不等；**X**、**Y** 为输出数据，它们是相同大小的矩阵。

【例 6-7】利用 meshgrid 生成二维网格数据点。

```
>> x=-2:2;y=1:3;         % 横坐标 5 个点和纵坐标 3 个点
>> [X,Y]=meshgrid(x,y)   % 形成了 15 个离散的数据点
X =
    -2    -1     0     1     2
    -2    -1     0     1     2
    -2    -1     0     1     2
Y =
     1     1     1     1     1
     2     2     2     2     2
     3     3     3     3     3
```

对于例 6-6 使用的峰函数 peaks，只要知道数学表达式，横、纵坐标的区间范围及间隔步长，就完全可以自己形成三维数据 Z。

根据 MALTAB 的帮助文件，可以确定 peaks 函数的区间范围为[-3,3]，间隔步长为 1/8，所以可以直接使用 meshgrid 函数形成二维网格数据点。具体使用命令如下：

```
>> [X,Y]=meshgrid(-3:1/8:3);              %形成二维网格数据点
>> Z = 3*(1-X).^2.*exp(-(X.^2) - (Y+1).^2) …   %定义 Z 函数
- 10*(X/5 - X.^3 - Y.^5).*exp(-X.^2-Y.^2) …
- 1/3*exp(-(X+1).^2 - Y.^2)
>> mesh(Z);                               %采用 mesh 函数绘制网格线
```

绘制结果如图 6-9 所示。

可见，采用 mesh 函数绘制的三维网格与系统提供的 peaks 函数绘制的结果完全一致。

6.4.3　三维曲面图

MATLAB 提供了函数 surf，用于实现数据点的三维曲面绘制。
surf 函数的用法与 mesh 函数类似。

注意：三维曲面绘制与三维曲线绘制、三维网格绘制的区别在于其存在颜色填充，形成封闭空间。

【例 6-8】分别使用 mesh 函数和 surf 函数绘制峰函数 peaks。

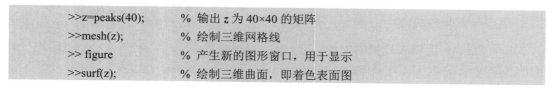

```
>>z=peaks(40);        % 输出 z 为 40×40 的矩阵
>>mesh(z);            % 绘制三维网格线
>> figure             % 产生新的图形窗口，用于显示
>>surf(z);            % 绘制三维曲面，即着色表面图
```

绘制三维曲面的结果如图 6-10 所示。

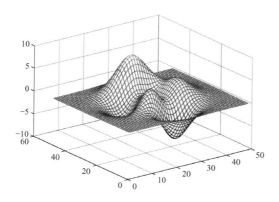
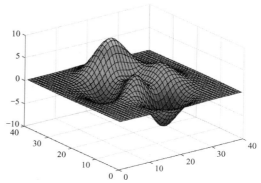

图 6-9　使用 mesh 函数绘制的峰函数　　　图 6-10　峰函数 peaks 的三维曲面

6.5　图形窗口的控制与操作

MATLAB 提供了很多用于图形窗口控制与操作的函数，具体的调用格式及其说明如表 6-7 所示。这里重点介绍稍微复杂的 subplot、hold、view 等常用命令。

表 6-7　图形窗口的控制与操作函数

函　数	说　明
figure/figure(gcf)	显示当前图形窗口。用于创建新的图形窗口，也可以用来在两个图形窗口之间进行切换
gcf/shg	显示当前图形窗口，同 figure/figure(gcf)
clf/clg	清除当前图形窗口。如果在 hold on 状态，图形窗口内的内容将被清除。clg 与 clf 功能相同
clc	清除命令窗口。相当于命令窗口 edit 菜单下的 clear command window 选项
home	移动光标到命令窗口的左上角
subplot(m,n,p)/subplot(mnp)	将图形窗口分成 $m \times n$ 个窗口，并指定第 p 个子窗口为当前窗口。子窗口是从左至右、再从上到下进行编号的
subplot	将图形窗口设定为单窗口模式，相当于 subplot(1,1,1)/subplot(111)
hold on	启动图形保持功能，此后绘制的图形都将添加在当前图形窗中，并自动调整坐标轴的范围
hold off	关闭图形保持功能
hold	在 hold on 和 hold off 两种状态下进行切换
view	设置图形窗口的视点

6.5.1　子窗口绘制

在实际应用中，经常需要在一个图形窗口中绘制若干个独立的图形，这就需要对图形窗口进行分割。分割后的图形窗口由若干个子窗口组成，每一个子窗口可以建立独立的坐标系并绘制图形。

subplot 函数可用于图形窗口分割，生成一系列的子窗口。

具体使用形式如下：

subplot(m,n,p)

该函数将图形窗口分成 $m \times n$ 个窗口，并指定第 p 个子窗口为当前窗口。

注意：子窗口是从左至右、再从上到下进行编号的。

【例 6-9】将图形窗口分割为上、下两个子窗口。

```
>> x=-4:0.5:4;
>> y=x;
>> [X,Y]=meshgrid(x,y);
>> Z=X.^2+Y.^2;
>> subplot(211)        % 分为 2×1 两个窗口，当前选择在第一个窗口
>> mesh(Z)
>> subplot(212)        % 当前选择在第二个窗口
>> h=mesh(Z)           % 返回第二个窗口的句柄，用于控制窗口的属性
h =
```

```
Surface - 属性:
    EdgeColor: 'flat'
    LineStyle: '-'
    FaceColor: [1 1 1]
    FaceLighting: 'none'
    FaceAlpha: 1
        XData: [1 2 3 4 5 6 7 8 9 10 11 12 13 14 15 16 17]
        YData: [17×1 double]
        ZData: [17×17 double]
        CData: [17×17 double]
>> set(h,'facecolor','m','edgecolor',[1 1 1],'marker','o','markeredgecolor','b')
% 设置第二个窗口的 4 个属性
```

绘制结果如图 6-11 所示,上、下两个子窗口对比显示。虽然数据一样,但由于曲线的属性不同,所以显示结果有所不同。

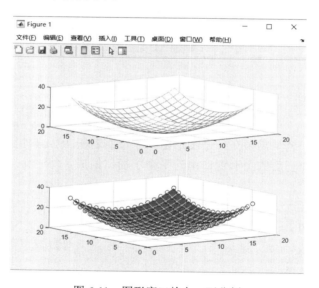

图 6-11　图形窗口的上、下分割

【例 6-10】将图形窗口分割为 4 个子窗口。

```
>>clear
>>t=0:pi/10:2*pi;
>>y1=sin(t);
>>y2=cos(t);
>>y3=cos(t+pi/2);
>>y4=cos(t+pi);
>>subplot(2,2,1);        %将图形窗口分割成 2 行 2 列,所画图形处于第 1 行第 1 列
>>plot(t,y1);
>>subplot(2,2,2);        %所画图形处于第 1 行第 2 列
```

```
>>plot(t,y2);
>>subplot(2,2,3);        %所画图形处于第 2 行第 1 列
>>plot(t,y3);
>>subplot(2,2,4);        %所画图形处于第 2 行第 2 列
>>plot(t,y4);
```

注意： 这里在使用 subplot 函数时，函数的参数格式与例 6-9 有所不同，3 个参数之间用 "," 分隔。

绘制结果如图 6-12 所示。

6.5.2　窗口的刷新

hold 函数用于决定在图形窗口绘制前是否进行刷新。hold on 函数用于启动图形保持，hold off 函数用于关闭启动保持。

【例 6-11】采用 hold 函数对图形刷新进行控制。

```
>>clear
>>t=0:pi/10:2*pi;
>>y1=sin(t);
>>y2=cos(t);
>>y3= sin(t)-cos(t);
>>plot(t,y1);
>>hold on;                    %启动图形保持，后续图形将叠加显示
>>plot(t,y2);
>>plot(t,y3);
```

绘制结果如图 6-13 所示。

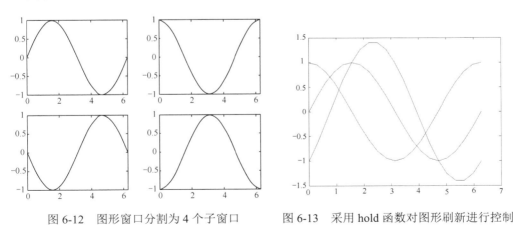

图 6-12　图形窗口分割为 4 个子窗口　　　图 6-13　采用 hold 函数对图形刷新进行控制

可见，hold on 函数可用于保持图形显示，不会因为刷新而将绘制曲线清除，所以图形窗口中显示了三条曲线。

6.5.3 窗口的视点

函数 view 用于设置窗口视点，即调整观察者的角度，便于不同角度观察图形特征。具体使用格式如下：

```
view(az,el)
```

其中，az 表示方位角，el 表示仰角。在三维绘图时，默认值为 az=-37.5，el=30。

【例 6-12】采用 view 函数设置不同的仰角。

```
>>clear
>>z=peaks(40);
>>subplot(2,2,1);
>>mesh(z);              %绘制子图 1，使用默认视点
>>subplot(2,2,2);
>>mesh(z);
>>view(-15,60);         %指定子图 2 的视点
>>subplot(2,2,3);
>>mesh(z);
>>view(-90,0);          %指定子图 3 的视点
>>subplot(2,2,4);
>>mesh(z);
>>view(-7,-10);         %指定子图 4 的视点
```

绘制结果如图 6-14 所示。

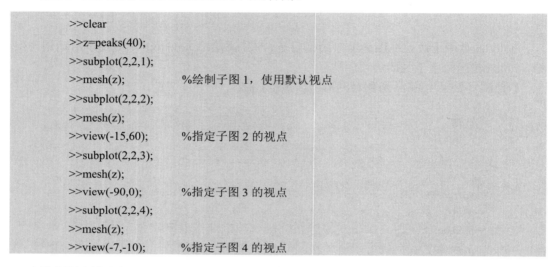

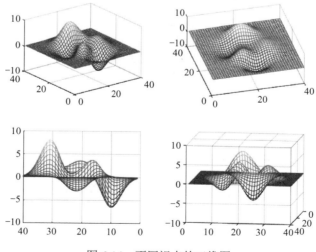

图 6-14 不同视点的三维图

6.6 图形绘制的辅助操作

在绘制完图形以后，有时还需要对图形进行一些辅助操作，包括图形说明、坐标轴的说明、网格线、图例及坐标轴刻度等，使图形意义更加明确，可读性更强。具体辅助操作函数如表 6-8 所示。

表 6-8 辅助操作函数

函　　数	功　　能
title('图形名称')	给图形加标题
xlabel('x 轴说明')	给 x 轴加标注
ylabel('y 轴说明')	给 y 轴加标注
zlabel('z 轴说明')	给 z 轴加标注
text(x, y, '图形说明')	在图形指定的任意位置（x,y）加标注
gtext('图形说明')	利用鼠标直接将标注加到图形任意位置
legend('图例 1', '图例 2',…)	绘制曲线所用线型、颜色或数据点标记图例
grid on	打开坐标网格线
grid off	关闭坐标网格线
axis	控制坐标轴刻度

注意： legend 函数只适用于二维图形，zlabel 函数只适用于三维图形，其他函数适用于二维图形和三维图形。

【例 6-13】绘制正弦和余弦曲线，并加入网格线和标注等辅助信息。

```
>>clear
>>t=0:0.1:10;
>>y1=sin(t);                    %定义正弦曲线
>>y2=cos(t);                    %定义余弦曲线
>>plot(t,y1,'r',t,y2,'b--');    %绘制两条曲线
>>x=[1.7*pi;1.6*pi];
>>y=[-0.3; 0.7];
>>s=['sin(t)';'cos(t)'];
>>text(x, y, s);               %指定位置加标注
>>title('正弦和余弦曲线');       %标题
>>legend('正弦','余弦')          %添加图例注解
>>xlabel('时间')                %x 坐标名
>>ylabel('正弦&余弦')           %y 坐标名
>>grid on                      %添加网格线
>>axis square                  %将图形设置为正方形
```

绘制结果如图 6-15 所示。

【例 6-14】在图形指定位置添加标注。

```
>>clear;
>>t=1:9;
>>d1=[12.51 13.54 15.60 15.92 20.64 24.53 30.24 30.00 36.34];
>>d2=[2.87 20.54 32.21 40.50 48.31 64.51 72.32 85.98 89.77];
>>d3=[10.11 8.14 14.17 20.14 40.50 39.45 60.11 62.13 20.90];
>>plot(t,d1,'r.-',t,d2,'gx:',t,d3,'m*-.');
>>title('稳定性变化规律');
>>xlabel('时间');
>>ylabel('稳定性');
>>axis([0 10 0 100]);
>>text(6.5,25.5,'\leftarrow 样品 a');          % 添加标注
>>text(3,43.8,'样品 b\rightarrow');            % 添加标注
>>text(4.8,30.5,'\leftarrow 样品 c');          % 添加标注
```

绘制结果如图 6-16 所示。

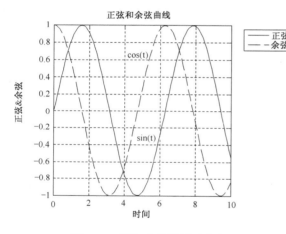

图 6-15　添加曲线的辅助信息

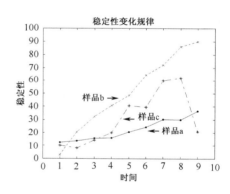

图 6-16　在图形指定位置添加标注

更进一步来说，对于 text 函数中的说明信息，可以使用标准的 ASCII 字符，也可以使用 LaTex 格式的控制字符，删除了可以实现在图形上添加希腊字符、数学符号和公式等复杂表示。MATLAB 支持的 LaTex 字符如表 6-9 所示。

表 6-9　LaTex 字符

函 数 字 符	代 表 符 号	函 数 字 符	代 表 符 号	函 数 字 符	代 表 符 号
\alpha	α	\epsilon	ε	\infty	∞
\beta	β	\eta	η	\int	∫
\gamma	©	\Gamma	Γ	\partial	∂
\delta	δ	\Delta	Δ	\leftarrow	←
\theta	θ	\Theta	Θ	\rightarrow	→
\lambda	λ	\Lambda	Λ	\downarrow	↓
\xi	ξ	\Xi	Ξ	\uparrow	↑

续表

函 数 字 符	代 表 符 号	函 数 字 符	代 表 符 号	函 数 字 符	代 表 符 号
\pi	π	\Pi	Π	\div	÷
\omega	ω	\Omega	Ω	\times	×
\sigma	σ	\Sigma	Σ	\pm	±
\phi	φ	\Phi	Φ	\leq	≤
\psi	ψ	\Psi	Ψ	\geq	≥
\rho	ρ	\tau	τ	\neq	≠
\mu	μ	\zeta	ζ	\otimes	⊗
\nu	ν	\chi	χ	\oplus	⊕

例如，使用 text(1,2,'sin({\omega}+{\beta})')，结果将在位置(1, 2)显示 $\sin(\omega+\beta)$。

6.7　拓展知识

图形对象是用以显示图形和用户界面元素的基本元素。在 MATLAB 中，图形的每一个组成部分都是一个对象（如线、文本、坐标轴等），每个对象都包含可以修饰的一组属性。主要的图形对象如表 6-10 所示。

表 6-10　主要的图形对象

图 形 对 象	说　　明	图 形 对 象	说　　明
root	根对象，指计算机屏幕	surface	axes 中的三维绘图
figure	用 figure、plot、surf 等函数创建的窗口对象	text	axes 中的字符
axes	figure 中显示图形的轴	uicontrol	用户界面控制对象
image	axes 中的二维图面	uimenu	用户定义窗口菜单对象
light	axes 中的指示光源	uicontextmenu	右击对象时弹出的菜单对象
line	axes 中的线	image	二维像素基础图
patch	axes 中带边缘的多边形	text	字符串
rectangle	axes 中的矩形		

可见，这些图形对象分布在一个树形结构级别里。例如，线对象存在于轴对象之下，轴对象存在于 figure 对象之下。

注意：每个对象都有一个唯一的标识符（即句柄）和它相关，根据需要可以利用标识符改变每一个对象属性，所以又将图形对象称为句柄图形对象，允许用户定制图形的许多特性。

针对句柄对象，MATLAB 提供了一些常用的句柄对象处理函数，主要包括：

get：取得对象的属性值；

set：设置对象的属性值；

findobj：获得对象的句柄值；

gcf：返回当前的 figure 对象的句柄值；

gca：返回当前的 axes 对象的句柄值；

gco：返回当前鼠标单击对象的句柄值。

6.8　思考问题

（1）请说明图形句柄的数值类型及其理由。

（2）如何利用图形对象的句柄绘制精美的曲线？

6.9　常见问题

MATLAB 中"hold on"与"hold off"是否需要成对出现？

答：MATLAB 的默认状态是"hold off"，所以执行"hold off"将返回 MATLAB 的默认状态。此后的图形绘画指令将抹掉当前窗中的旧图形，然后画上新图形，"hold on"与之相反。在实际使用中，并不需要"hold on"与"hold off"成对出现。

附录 E　计算机图形学基础

MATLAB 中能够绘制的图形包括二维图形和三维图形。这些图形的绘制与计算机图形学有着密切的关系。

计算机图形学（Computer Graphics）是一种使用数学算法将二维或三维图形转化为计算机显示器的栅格形式的科学。主要研究内容是如何在计算机中表示图形，以及利用计算机进行图形的计算、处理和显示的相关原理与算法。图形通常由点、线、面、体等几何元素和灰度、色彩、线型、线宽等非几何属性组成。

为了产生令人赏心悦目的真实感图形，必须创建图形所描述场景的几何表示，再用某种光照模型，计算在假想的光源、纹理、材质属性下的光照明效果。所以计算机图形学与计算机辅助几何设计有着密切的关系。事实上，图形学也把可以表示几何场景的曲线曲面造型技术和实体造型技术作为其主要的研究内容。同时，真实感图形计算的结果是以数字图像的方式提供的，因而计算机图形学与图像处理有着密切的关系。

计算机图形学研究的内容主要包括：

（1）光栅图形学的基本算法：直线、圆、多边形的生成算法，简单区域填充算法、扫描线区域填充算法，Cohen-Sutherland、中点分割和 Liang-Barskey 直线裁剪算法，

Sutherland-Hodgeman 多边形裁剪算法。

（2）线面消隐算法：线消隐算法、画家算法和 Z 缓冲算法。

（3）几何造型的基本概念，Bezier 曲线的基本原理、性质和算法。

（4）变换：二维图形的几何变换、三维图形的几何变换和投影变换。

（5）真实感图形学的基本概念，简单的光照明模型、局部光照明模型和全局光照明模型。

注意：图形与图像之间的区别，即图像指计算机内以位图形式存在的灰度信息，而图形含有几何属性，或者说更强调场景的几何表示，是由场景的几何模型和景物的物理属性共同组成的。

第7章

图 像 处 理

在 MATLAB 中，既可以利用函数产生图形，也可以利用函数处理图像。图像不同于图形，图像处理的对象是以位图形式存在的灰度信息。目前，图像处理技术的迅速发展，促进了虚拟现实、图像内容理解等新技术的出现，所以了解和掌握图像处理的基本技术对于适应现代社会发展需求具有重要的意义。

本章的主要知识点体现在以下两个方面：

- 掌握数字图像的处理方法；
- 了解数字图像的基础知识。

7.1 入门实例

通过一个简单的示例说明在 MATLAB 中进行图像处理的基本流程：首先输入图像，然后处理图像，最后输出图像。

【例 7-1】图像处理的基本流程。

采用的图像文件 board2.tif 是根据 MATLAB 图形工具箱中自带的图像文件（MATLAB 安装目录\toolbox\images\imdata\board.tif）裁剪后产生的，并且将其由 RGB 颜色图更改为灰度图，以便于在 MATLAB 中进行处理。该图像文件保存在 work 目录下，在 MATLAB 环境中可以直接调用。

对 board2.tif 文件进行图像处理的具体步骤如下：

（1）读取图像文件并显示图像

具体使用命令如下：

```
>> clear;close all
>> I=imread('board2.tif');        % 输入图像
>> imshow(I)                       % 显示图像
```

显示结果如图 7-1 所示。

```
>> whos                            % 检查内存中图像信息
```

Name	Size	Bytes	Class	Attributes
I	301x306x3	276318	uint8	

由以上 whos 命令的输出信息，可知该图像采用 8 位的存储方式，图像分辨率为 301×306×3，占用了 276318 字节的存储空间。

（2）对图像直方图进行均衡化处理

具体使用命令如下：

>> figure,imhist(I)　　%创建新图，并显示图像的直方图

显示结果如图 7-2 所示。

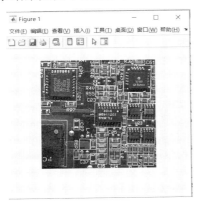

图 7-1　图像 board2.tif

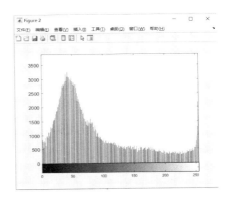

图 7-2　图像的直方图

>> I2=histeq(I);　　　%对图像进行均衡化处理，将处理后的图像保存在 I_2 数组中
>> figure,imshow(I2)　　%创建新图，并显示图像

显示结果如图 7-3 所示。

可见，经过均衡化处理后，图像灰度值扩展到整个灰度范围，图像的对比度明显提高。再次显示图像的直方图。

>> figure,imhist(I2)　　%创建新图，并显示处理后图像的直方图

显示结果如图 7-4 所示。

图 7-3　处理后的图像

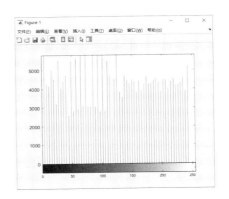

图 7-4　处理后的图像直方图

（3）保存图像

具体使用命令如下：

```
>> imwrite(I2,'board2.bmp');              %将图像由原先的 TIFF 格式另存为 BMP 格式
>> imfinfo('board2.bmp')                  %检查保存图像文件信息
ans =
                    Filename: 'board2.bmp'      %文件名称
                 FileModDate: '23-Mar-2019 08:52:29'   %文件最后修改日期
                    FileSize: 276974          %文件大小
                      Format: 'bmp'           %文件格式
               FormatVersion: 'Version 3 (Microsoft Windows 3.x)' %文件格式的版本
                       Width: 306            %图像的宽度（像素）
                      Height: 301            %图像的高度（像素）
                    BitDepth: 24             %图像灰度
                   ColorType: 'truecolor'    %颜色类型
             FormatSignature: 'BM'           %格式签名
          NumColormapEntries: 0              %颜色表中颜色项数
                    Colormap: []             %颜色表
                     RedMask: []             %红色掩码
                   GreenMask: []             %绿色掩码
                    BlueMask: []             %蓝色掩码
             ImageDataOffset: 54             %图像数据区的偏移量
            BitmapHeaderSize: 40             %图像文件头大小（固定为 40 字节）
                   NumPlanes: 1              %平面个数
             CompressionType: 'none'         %图像是否压缩
                  BitmapSize: 276920         %位图大小
              HorzResolution: 0              %水平分辨率
              VertResolution: 0              %垂直分辨率
               NumColorsUsed: 0              %使用的颜色数
          NumImportantColors: 0              %重要颜色数
```

7.2 MATLAB 数字图像处理

围绕图像处理的基本流程，MATLAB 数字图像处理工具箱提供了以下几类函数：①图像文件输入/输出；②图像显示；③图像几何操作；④图像亮度调整；⑤图像中斑点的去除；⑥图像的轮廓提取；⑦图像的边界提取；⑧图像间的运算；⑨图像中特定区域的处理。

7.2.1 图像文件输入/输出

MATLAB 提供了图像文件的输入/输出函数 imread 和 imwrite。

imread 函数用于读取图片文件中的数据。

常用格式如下：

> A = imread(filename,fmt)
>
> [X,map] = imread(filename,fmt)

其中，*A* 表示图像数据，filename 表示图像文件名，fmt 表示图像文件格式，map 表示图像色彩信息。

imwrite 函数用于将图像数据写入图像文件中，存储在磁盘上。

常用格式如下：

> imwrite(A,filename,fmt)

其中，*A* 表示图像数据，filename 表示图像文件名，fmt 是要生成的图像格式。图像格式包括 BMP（1b、8b 和 24b）、GIF（8b）、HDF、JPEG（8b、12b 和 16b）、JPEG2000（jp2 或 jpx）、PBM、PCX（8b）、PGM、PNG、PNM、PPM、RAS、TIFF、XWD。各种格式支持的图像位数不一样，如 BMP 格式不支持 16b，PNG 格式支持 16b，GIF 只支持 8b 格式。

【例 7-2】读取图像文件 board2.tif，并存储为 BMP 图像文件。

```
>> clear;close all
>> I=imread('board2.tif');          %输入图像 board2.tif
>> imwrite(I,'board2.bmp');         %将图像由原先的 TIF 格式另存为 BMP 格式
```

7.2.2　图像显示

MATLAB 提供了一些图像的显示函数，具体说明如表 7-1 所示。

表 7-1　图像的显示函数

函　　数	功　　能
image	创建一个图像对象
immovie	将多帧索引图像制作成连续图像格式
imshow	在 MATLAB 图像窗口中显示图像
imtool	在浏览窗口中显示图像
montage	多帧图像的一次显示。它能将每一帧分别显示在一幅图像的不同区域，所有子区的图像都用同一个色彩条
truesize	调整图像的显示尺寸
subimage	在一幅图中显示多个图像
warp	将图像显示到纹理映射表面
zoom	缩放图像
colorbar	显示颜色条

（1）image 函数

image 函数用于创建一个图像对象，是 MATLAB 提供的最原始的图像显示函数，主

要用于显示 RGB 彩色图像，具体调用形式如下：

image(A)

该函数把矩阵 **A** 转化为一幅图像。**A** 可以是一个 $m×n$ 或 $m×n×3$ 的矩阵，也可以是包含 double、uint8 或 uint16 类型的数据。image 用来显示附加坐标的图像，即图像上有 x、y 坐标轴的显示，可以看到图像的像素大小。同时，可以使用"axis off"命令把坐标去掉。

【例 7-3】使用 image 函数显示矩阵 **a**。

>> a=[1 2 3 4;5 6 7 8;9 10 11 12];
>> image(a);

显示结果如图 7-5 所示。

此外，imagesc 函数也具有 image 的功能，所不同的是 imagesc 函数还自动将输入数据比例化，以全色图的方式进行显示。

（2）imshow 函数

imshow 函数比 image 和 imagesc 更常用，而且调用形式较多，可用于显示各类图像。对于每类图像，具体调用方法如表 7-2 所示。

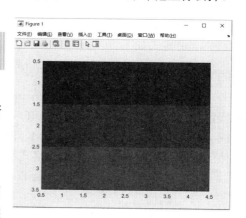

图 7-5　使用 image 函数显示矩阵 **a**

表 7-2　imshow 函数

调 用 形 式	说　　明
imshow filename	显示图像文件
imshow(BW)	显示二值图像，BW 为黑白二值图像矩阵
imshow(X,map)	显示索引图像，**X** 为索引图像矩阵，map 为色彩图示
imshow(I)	显示灰度图像，**I** 为二值图像矩阵
imshow(RGB)	显示 RGB 图像，RGB 为 RGB 图像矩阵
imshow(I,[low high])	将非图像数据显示为图像，这需要考虑数据是否超出了所显示类型的最大允许范围，其中[low high]用于定义显示数据的范围

【例 7-4】使用 imshow 函数显示灰度图像。

>> I=imread('board2.tif');　　% 输入图像
>> imshow(I)　　% 显示图像

imshow 只是显示图像，通过结合 colormap 来定义图像显示用的颜色查找表，可以实现功能更强的图像显示。如使用 colormap(pink)，可以把黑白图像显示为带粉红色的图像。

【例 7-5】索引图的显示。

MATLAB 中的 load 与 save 函数分别用于装载和存储数据，主要作用在工作区，数据文件格式为 MAT 文件，详见 2.5 节拓展知识。

>>load woman　　%从 MAT 文件中装载数据

在装载图片后，右侧工作区数据发生变化，如图 7-6 所示。

图 7-6 工作区中增加的数据变量

>>imshow(X,map)	%显示索引图像
>>imshow(X)	%显示存储在 map 中的颜色
>>imshow(uint8(X))	%显示经过整数变换后的图像

显示结果如图 7-7 所示。

图 7-7 索引图的不同显示

【例 7-6】彩色图像的显示，调整 RGB 的显示顺序。

```
>>tu=imread('football.jpg');
>>imshow(tu)
>>figure,imshow(tu(:,:,[1 2 3]))      %调整页面顺序
>>figure,imshow(tu(:,:,[3 2 1]))
>>figure,imshow(tu(:,:,[1 3 2]))
```

显示结果如图 7-8 和图 7-9 所示。

图 7-8 彩色图像的原始显示

图 7-9 彩色图像的不同 RGB 顺序显示

当使用 imread 函数读入图像数据时，通过工作区的变量变化，如图 7-10 所示，可以知道图像数据 "tu" 为三维数组。

图 7-10 使用 imread 函数后工作区的变量

注意：使用 imread 函数读入的图像数据是三维数组或二维数组。三维数组表示彩色图像，二维数组表示灰度图像。三维数组的每个分量 $I(:,:,k)$ 都是一个二维图像，可以使用 rgb2gray 函数把彩色图像转换为灰度图像，这样就变成二维数组。

【例 7-7】灰度图像的显示。

```
>>figure,imshow eight.tif
>>I=imread('eight.tif');
>>figure,imshow(I)
>>figure,imshow(I,[1 200])        %设置显示的范围，低于 1 的全黑，高于 200 的全白
>> [m,n]=size(I);
>> J=zeros(m,n);
>> for i=1:m
      for j=1:n
          J(i,j)=floor(I(i,j)/128);
      end
end
>> K=uint8(J);
>> figure,imshow(K,[0 1])         %设置灰度级别为 2
```

```
>> J=zeros(m,n);
>> for i=1:m
      for j=1:n
            J(i,j)=floor(I(i,j)/32);
      end
end
>> K=uint8(J);
>> figure,imshow(K,[0 7])          %设置灰度级别为 8
>>figure,imshow(I,[0 255])          %设置灰度级别为 256
```

显示结果如图 7-11 所示。

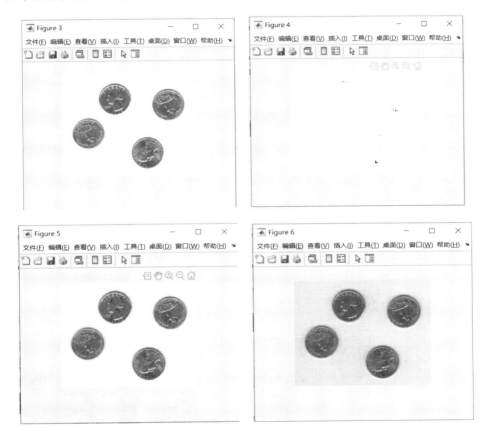

图 7-11　灰度图像的不同显示

【例 7-8】图像显示中逻辑操作符的使用，常用于二值图像。

```
>>bw=imread('circbw.tif');
>>imshow(bw)
>>figure,imshow(~bw)      %逻辑取反
```

显示结果如图 7-12 所示。

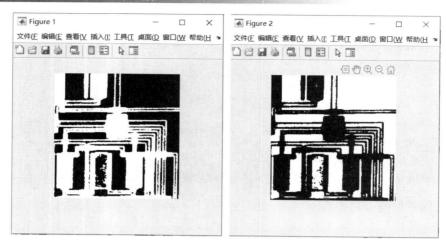

图 7-12　图像的逻辑操作

（3）truesize 函数

truesize 函数用于调整图像的显示尺寸，具体调用形式如下：

```
truesize(fig,[mrows mcols])
```

其中，fig 表示图像，mrows 和 mcols 分别表示以像素为单位的高度和宽度。

【例 7-9】使用 truesize 函数调整图像大小。

```
>>bw=zeros(20,20);
>>bw(2:2:18,2:2:18)=1;
>>figure,imshow(bw)              %默认情况，按照实际大小 20×20 显示图像
>>figure,imshow(bw),truesize([100 100]) %设置图像大小为 100×100
>>figure,imshow(bw,'InitialMagnification','fit') %窗口大小不动，图像适应窗口大小
```

显示结果如图 7-13 所示。

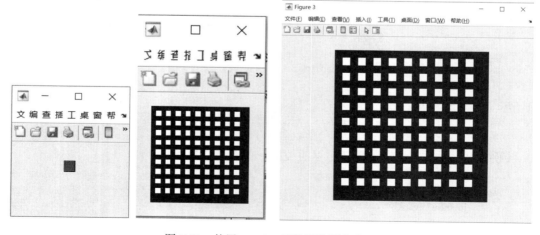

图 7-13　使用 truesize 函数调整图像大小

（4）imtool 函数

imtool 函数用于在图像查看器（ImageViewer）中显示图像，而不是在绘图框（Figure）中显示图像。

【例 7-10】一般的图像显示。

>>imshow trees.tif　　　　　　　%显示在图像窗口中
>>figure,imshow trees.tif　　　　%新建一个图像窗口，并显示在该窗口中
>> imtool ('trees.tif')　　　　　　%显示在浏览窗口中

显示结果如图 7-14 所示。

图 7-14　使用 imtool 函数的图像显示

（5）immovie 函数

immovie 函数可以利用多帧图像创建动画，具体调用形式如下：

mov = immovie(X,map)

利用多帧索引图像 X，其颜色映射为 map，来创建视频，返回视频结构数组 mov。X 包含多帧索引图像，且每帧图像具有相同大小和颜色映射。X 是一个大小为 $m×n×1×k$ 的数组，k 是图像的总帧数。

mov = immovie(RGB)

利用多帧真彩色图像 RGB 来创建视频，返回视频结构数组 mov。RGB 包含多帧真彩色图像，所有图像具有相同的大小，RGB 是一个大小为 $m×n×3×k$ 的数组，k 为图像的总帧数。

【例 7-11】使用 immovie 函数实现动画，通常与 movie(mov)联合使用。

```
mri=uint8(zeros(128,128,1,27));
for frame=1:27
[mri(:,:,:,frame),map]=imread('mri.tif',frame);
end
mov=immovie(mri,map);
```

```
montage(mri,map)      %蒙太奇画面剪辑，由许多画面或图样并列或叠化而成
movie(mov);
```

显示结果如图 7-15 所示。

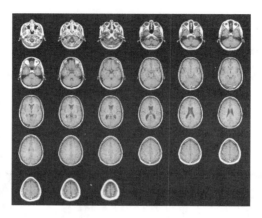

图 7-15   使用 immovie 函数实现动画

7.2.3   图像几何运算

（1）图像大小调整

MATLAB 提供了调整图像大小的函数 imresize，具体调用形式如下：

```
B = imresize(A,m)
B = imresize(A,m,method)
B = imresize(A,[mrows ncols],method)
B = imresize(…,method,n)
B = imresize(…method,h)
```

其中，m 表示缩放比例，method 表示插值方法，可以为 nearest、bilinear、bicubic。

【例 7-12】调整图像的大小。

```
>>load woman2
>>figure
>>imshow(X,map)
>>X1 = imresize(X,2);      %放大为原始图像 2 倍
>>figure
>>imshow(X1,[]);
>>X2 = imresize(X,3);      %放大为原始图像 3 倍
>>figure
>>imshow(X2,[]);
>>X3 = imresize(X,4);      %放大为原始图像 4 倍
```

```
>>figure
>>imshow(X3,[]);
```

显示结果如图 7-16 所示。

图 7-16　使用 imresize 函数调整图像的大小

（2）图像旋转

MATLAB 提供了图像旋转函数 imrotate，具体调用形式如下：

```
B = imrotate(A,angle)
B = imrotate(A,angle,method)
```

其中，$A>0$，表示逆时针方向旋转一个角度 angle，反之顺时针方向旋转一个角度 angle。

【例 7-13】旋转图像。

```
>>[I,map] = imread('kids.tif');
>>J = imrotate(I,35);        %逆时针方向旋转 35°
>>subplot(1,2,1)
>>imshow(I,map)
>>subplot(1,2,2)
>>imshow(J,map)
```

显示结果如图 7-17 所示。

图 7-17　使用 imrotate 函数旋转图像

（3）图像裁剪

MATLAB 提供了图像裁剪函数 imcrop 和 cat。

对于规则裁剪函数 imcrop，具体调用形式如下：

```
J= imcrop
J = imcrop(I)
J = imcrop(X,map)
```

【例 7-14】使用 imcrop 函数进行规则裁剪。

```
>> [I,map] = imread('kids.tif');
>>imshow(I,map)
>>imcrop
```

显示结果如图 7-18 所示。

对于不规则裁剪函数 cat，通常需要设定不规则多边形区域。

图 7-18　裁剪后的图像

【例 7-15】使用 cat 函数进行不规则裁剪。

```
>>tu=imread('pears.png');
>>figure,imshow(tu)
>>bw=roipoly(tu);            %设定区域，用鼠标选择图像中的多边形区域
>>figure,imshow(bw)         %用二值色彩显示多边形区域
>>r=tu(:,:,1);
```

```
>>g=tu(:,:,2);
>>b=tu(:,:,3);
>>cr=bw.*double(r);
>>cg=bw.*double(g);
>>cb=bw.*double(b);
>>J=cat(3,uint8(cr),uint8(cg),uint8(cb));        %联结数组作为图像色彩
>>figure,imshow(J)
```

显示结果如图 7-19 所示。

图 7-19 不规则裁剪

7.2.4 图像亮度调整

MATLAB 提供了图像的亮度调整函数 imadjust 和 histeq。

（1）线性处理

【例 7-16】使用 imadjust 函数进行亮度调整。

首先，进行色彩处理。

```
>>tu=imread('pout.tif');
>>figure,imshow(tu)               %显示原始图像
>>tu1=(double(tu))*1.5+30;        %增大色彩值
>>figure,imshow(uint8(tu1))       %显示处理后的图像
>>tu1=(double(tu))*0.5;           %减小色彩值
>>figure,imshow(uint8(tu1))       %显示处理后的图像
```

显示结果如图 7-20 所示。

图 7-20 不同的色彩处理

imadjust 函数可以进行亮度调整，具体调用形式如下：

g=imadjust(f,[low_in high_in],[low_out high_out],gamma)

其中，参数 f 表示输入图像，g 表示输出图像，[low_in high_in]表示输入的亮度范围，[low_out high_out]表示输出的亮度范围。参数 gamma 指定了曲线的形状，该曲线用来映射 f 的亮度值，若 gamma 小于 1，则映射被加权至更高的输出值。若 gamma 大于 1，则映射被加权至更低的输出值。若省略了函数的参量，则 gamma 默认为 1（线性映射）。该函数将图像 f 中的输入亮度范围映射到输出亮度范围当中，而图像 f 中的输入亮度范围以外的像素分别映射到两个像素值：low_out 和 high_out。

接着，使用函数 imadjust 进行亮度线性处理。

```
>>LI=imadjust(tu,[0.3 0.7],[0,0.4]);
>>figure,imshow(LI)
```

显示结果如图 7-21 所示。

（2）直方图均衡化处理

histeq 函数可以进行直方图均衡化处理，具体调用形式如下：

tu=histeq(I);

图 7-21 使用 imadjust 函数进行
亮度线性处理

【例 7-17】使用 histeq 函数进行亮度调整。

```
>>m=imread('tire.tif');
>>subplot(221),imshow(m);title('原图');
>>subplot(222),hist(double(m));title('原图直方图');
>>hm=histeq(m);                % 亮度调整
>>subplot(223),imshow(hm);title('原图均衡化处理');
>>subplot(224),hist(double(hm));title('均衡处理后直方图');
```

显示结果如图 7-22 所示。

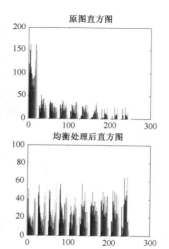

图 7-22 使用 histeq 函数进行亮度调整

7.2.5　图像斑点去除

MATLAB 提供了图像中斑点的去除函数 imfilter 和 medfilt2。

imfilter 函数以任意类型数组或多维图像进行滤波，具体调用形式如下：

```
g = imfilter(f,H)
g= imfilter(f,H,option1,option2,…)
g= imfilter(f, w, filtering_mode, boundary_options, size_options)
```

其中，参数 f 为输入图像，g 为滤波后图像，H 为指定的滤波器，w 为滤波掩模。filtering_mode 用于指定在滤波过程中是使用"相关"还是"卷积"，boundary_options 用于处理边界充零问题，size_options 用于处理输出图像的大小。

具体参数选项见表 7-3。

表 7-3　imfilter 函数参数

参　　数	选　项	描　　　　述
filtering_mode	"corr"	使用相关来完成滤波，默认值
	"conv"	使用卷积来完成滤波
boundary_options	"X"	输入图像的边界通过用值 X（无引号）来填充扩展，其默认值为 0
	"replicate"	通过复制外边界的值来扩展图像
	"symmetric"	通过镜像反射其边界来扩展图像
	"circular"	通过将图像看成一个二维周期函数的一个周期来扩展图像
size_options	"full"	输出图像的大小与被扩展图像的大小相同
	"same"	输出图像的大小与输入图像的大小相同。这可通过将滤波掩模的中心点的偏移限制到原图像中包含的点来实现，该值为默认值

与之相关的 fspecial 函数用于产生预定义滤波器。

对于形式 H=fspecial(type)，fspecial 函数产生一个由 type 指定的二维滤波器 H，返回的 H 常与其他滤波器搭配使用。具体调用形式如下：

```
H=fspecial(type)
H=fspecial('gaussian',n,sigma)      产生高斯低通滤波器
H=fspecial('sobel')                 产生 Sobel 水平边缘增强滤波器
H=fspecial('prewitt')               产生 Prewitt 水平边缘增强滤波器
H=fspecial('laplacian',alpha)       产生近似二维拉普拉斯运算滤波器
H=fspecial('log',n,sigma)           产生高斯拉普拉斯（LoG）运算滤波器
H=fspecial('average',n)             产生均值滤波器
H=fspecial('unsharp',alpha)         产生模糊对比增强滤波器
```

【例 7-18】使用函数 imfilter 进行滤波。

```
>>originalRGB = imread('peppers.png');
>>imshow(originalRGB)
>>h = fspecial('gaussian', 50, 45);          %创建一个滤波器
>>filteredRGB = imfilter(originalRGB, h);
>>figure, imshow(filteredRGB)
```

显示结果如图 7-23 所示。

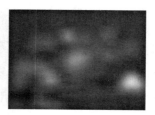

图 7-23   使用 imfilter 函数进行滤波

medfilt2 函数对任意类型数组或多维图像进行中值滤波，具体调用形式如下：

medfilt2(A,[M,N])   使用 $M×N$ 的模板读 A 矩阵做中值滤波

【例 7-19】使用函数 medfilt2 进行滤波。

```
>>I=imread('eight.tif');
>>J=imnoise(I,'salt & pepper',0.06);
>>subplot(221),imshow(I),title('原图')
>>subplot(222),imshow(J),title('含斑点的图')
>>H = fspecial('average');              %指定滤波器
>>am = imfilter(J,H);
>>subplot(223),imshow(am),title('均值')
>>zm=medfilt2(J);                      %中值滤波
>>subplot(224),imshow(zm),title('中值')
```

显示结果如图 7-24 所示。

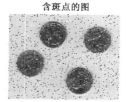
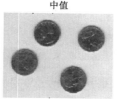

图 7-24   使用 medfilt2 函数进行滤波

7.2.6　图像轮廓提取

MATLAB 提供了图像的轮廓提取函数 imcontour，具体调用形式如下：

```
[C,handle] = imcontour(I, n)
[C,handle] = imcontour(I, v)
```

其中，I 表示图像，C 表示返回的轮廓位置坐标，n 表示灰度级的个数，v 表示由用户指定所选的等灰度级向量。

【例 7-20】使用函数 imcontour 进行轮廓提取。

```
>>I = imread('cameraman.tif');
>>imcontour(I,1)
```

显示结果如图 7-25 所示。

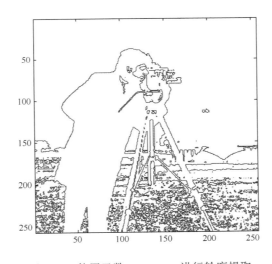

图 7-25　使用函数 imcontour 进行轮廓提取

7.2.7　图像边界提取

MATLAB 提供了图像的边界提取函数 edge，具体调用形式如下：

```
BW = edge(I)
```

输入 I 是一个灰度或二值化图像，并返回一个与 I 相同大小的二值化图像 BW，在函数检测到边缘的地方为 1，其他地方为 0。

```
BW = edge(I,option,thresh,direction)
```

根据所指定的敏感度阈值 thresh，在所指定的方向 direction 上，用 option 指定的算子进行边缘检测。direction 可取的字符串值为 horizontal（水平方向）、vertical（垂直方向）或 both（两个方向）。option 可以是 'sobel'、'prewitt'、'roberts'、'zerocross'、'canny'。

```
[BW,thresh] = edge(I, option,…)
```

自动选择阈值用 option 指定的算子进行边缘检测，并返回阈值。

【例 7-21】 使用函数 edge 进行边界提取。

```
>>I=imread('coins.png');
>>BW1 = edge(I,'roberts');
>>BW2 = edge(I,'sobel');
>>BW3 = edge(I,'log');
>>figure
>>subplot(221),imshow(I),title('原图')
>>subplot(222),imshow(BW1),title('roberts 算子')
>>subplot(223),imshow(BW2),title('sobel 算子')
>>subplot(224),imshow(BW3),title('laplacian 算子')
```

显示结果如图 7-26 所示。

原图

roberts算子

sobel算子

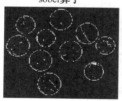

laplacian算子

图 7-26　使用 edge 函数进行边界提取

7.2.8　图像间的运算

MATLAB 提供了图像间的运算函数 imadd，具体调用形式如下：

```
Z =imadd(I,J)
```

将相应矩阵 I 中的元素与相应矩阵 J 中的元素进行叠加，返回一个叠加结果作为输出数列 Z 中对应的元素。

【例 7-22】使用函数 imadd 进行图像叠加。

```
>> I=imread('rice.png');
>> J=imread('cameraman.tif');
>> k=imadd(I,J);
>> figure, imshow(k)
```

显示结果如图 7-27 所示。

图 7-27 使用 imadd 函数进行图像叠加

7.2.9 特定区域处理

MATLAB 提供了图像中特定区域的处理函数 roipoly、roifilt2、roifill。

roipoly 用于选择一个敏感的多边形区域，具体调用形式如下：

BW = roipoly(I,c,r)：用向量 c、r 指定多边形各点的 X、Y 坐标。BW 选中的区域值为 1，其他部分的值为 0。

BW = roipoly(I)：建立交互式的处理界面。

BW = roipoly(x,y,I,xi,yi)：由向量 x 和 y 建立非默认的坐标系，然后在指定的坐标系下选择由向量 x_i、y_i 指定的多边形区域。

roifilt2 用于过滤敏感区域，具体调用形式如下：

J = roifilt2(H,I,BW)：使用滤波器 H 对图像 I 中选中的区域滤波。BW 为与 I 大小相同的二值图像。

J = roifilt2(I,BW,fun)：用 fun 函数处理区域滤波图像 I。

J = roifilt2(I,BW,fun,P1,P2,…)：用 fun 函数处理区域滤波图像 I。参数 P_1、P_2 等为 fun 函数的输入参数。

其中，H 表示滤波器，I 表示图像，BW 表示特定区域。

roifill 用于对图像指定区域进行填充，具体调用形式如下：

J = roifill(I,c,r)：填充由向量 c、r 指定的多边形，c 和 r 分别为多边形的各顶点 X、Y 坐标。可用于擦除图像中的小物体。

J = roifill(I)：用于交互式处理界面。

J = roifill(I,BW)：用 BW（和 I 大小一致）掩模填充此区域。如果为多个多边形，则分别执行插值填充。

```
[J,BW] = roifill(…)
J = roifill(x,y,I,xi,yi)
[x,y,J,BW,xi,yi] = roifill(…)
```

（1）特定区域的增强处理

【例 7-23】使用 roipoly 函数和 roifilt2 函数进行增强处理。

```
>>I = imread('pout.tif');
>>imshow(I)
```

```
>>BW = roipoly(I);
>>H = fspecial('unsharp');
>>J = roifilt2(H,I,BW);
>>figure, imshow(J)
```

显示结果如图 7-28 所示。

图 7-28　胸章的增强处理

（2）特定区域的填充

【例 7-24】使用 roifill 函数进行区域填充。

```
>>load trees
>>I=ind2gray(X,map);
>>figure,imshow(I)
>>J=roifill;
>>figure,imshow(J)
```

显示结果如图 7-29 所示。

图 7-29　中间三角形的填充

7.3　拓展知识

很多数学变换在图像增强、图像分析、图像恢复和图形压缩等方面扮演着重要的角色，下面重点介绍一下实用的傅里叶变换、离散余弦变换、Radon 变换。

7.3.1　傅里叶变换

如果 $f(m,n)$ 是两个离散空间变量 m 和 n 的函数，则 $f(m,n)$ 的二维傅里叶变换由以下关系式定义：

$$F(\omega_1,\omega_2) = \sum_{-\infty}^{\infty} \sum_{-\infty}^{\infty} f(m,n) \mathrm{e}^{-\mathrm{j}\omega_1 m} \mathrm{e}^{-\mathrm{j}\omega_2 n}$$

其中，ω_1 和 ω_2 为频率变量，所以 $F(\omega_1,\omega_2)$ 常被称为频域。$F(\omega_1,\omega_2)$ 为一个周期性的复数函数，周期为 2π。由于存在周期性，通常只在 $-\pi \leq \omega_1,\omega_2 \leq \pi$ 范围内进行显示。$F(0,0)$ 是 $f(m,n)$ 的所有值的和。所以，$F(0,0)$ 常被称为傅里叶变换中的常数项。

二维傅里叶变换的逆变换定义为

$$f(m,n) = \frac{1}{4\pi^2} \int_{\omega_1=-\pi}^{\pi} \int_{\omega_2=-\pi}^{\pi} F(\omega_1,\omega_2) \mathrm{e}^{\mathrm{j}\omega_1 m} \mathrm{e}^{\mathrm{j}\omega_2 n} \mathrm{d}\omega_1 \omega_2$$

对于函数 $f(m,n)$，当 m 和 n 的取值落在矩形内部时，函数值等于 1，否则等于 0。为了简化图形，$f(m,n)$ 显示为一个连续的函数，即使在 m 和 n 为离散的情况下也是如此。图形中心的峰值为 $F(0,0)$，它是 $f(m,n)$ 中所有值的和。

傅里叶变换的另一个可视方法是把 $\log|F(\omega_1,\omega_2)|$ 显示为一幅图像。这里使用对数形式，有助于找出 $F(\omega_1,\omega_2)$ 接近 0 时傅里叶变换的细节内容。

考虑到离散数据的处理，常常涉及离散傅里叶变换（Discrete Fourier Transform，DFT）。DFT 的输入和输出都是离散的，这使得计算机处理更加方便。而且求解 DFT 问题有快速算法，即快速傅里叶变换（Fast Fourier Transform，FFT）。

DFT 通常定义为一个离散的函数 $f(m,n)$，它只在有限区域 $0 \leq m \leq n$ 和 $\pi \leq n \leq N$ 内是非零的。二维的 $M \times N$ 的 DFT 和逆 DFT 之间的关系由下式给定：

$$F(p,q) = \sum_{m=0}^{M-1} \sum_{n=0}^{N-1} f(m,n) \mathrm{e}^{-\mathrm{j}(2\pi/M)pm} \mathrm{e}^{-\mathrm{j}(2\pi/N)qn} \qquad \begin{matrix} p=0,1,\cdots,M-1 \\ q=0,1,\cdots,N-1 \end{matrix}$$

式中

$$f(m,n) = \frac{1}{MN} \sum_{p=0}^{M-1} \sum_{q=0}^{N-1} F(p,q) \mathrm{e}^{\mathrm{j}(2\pi/M)pm} \mathrm{e}^{\mathrm{j}(2\pi/N)qn} \qquad \begin{matrix} p=0,1,\cdots,M-1 \\ q=0,1,\cdots,N-1 \end{matrix}$$

其中，$F(p,q)$ 是 $f(m,n)$ 的 DFT 系数。MATLAB 函数 fft、fft2 和 fftn 实现了傅里叶变换算法，分别计算一维、二维和 N 维 DFT。函数 ifft、ifft2 和 ifftn 计算逆 DFT。

DFT 系数 $F(p,q)$ 是傅里叶变换 $F(\omega_1,\omega_2)$ 的特例，即

$$F(p,q) = F(\omega_1,\omega_2) \Big|_{\substack{\omega_1=2\pi p/M \\ \omega_2=2\pi q/N}} \qquad \begin{matrix} p=0,1,\cdots,M-1 \\ q=0,1,\cdots,N-1 \end{matrix}$$

【例 7-25】结合图像处理来演示傅里叶变换。

（1）创建一个矩阵 $\boldsymbol{F}$，表示函数 $f(m,n)$，当 m,n 落在矩形域内时，函数值等于 1，否则等于 0。这里用二值图像表示 $f(m,n)$。

```
>>f=zeros(30,30);
>>f(5:24,13:17)=1;
>>imshow(f, 'InitialMagnification','fit')
```

显示结果如图 7-30 所示。

（2）进行计算和可视化 **F** 的大小为 30×30 的 DFT。同时，为了获得更佳的取样数据，计算 **F** 的 DFT 时给它进行 0 填充。0 填充和 DFT 计算可以用下面的命令完成：

```
>>F=fft2(f,256,256);
>>imshow(log(abs(F)),[-1 5]);colormap(jet);colorbar
```

显示结果如图 7-31 所示。

图 7-30　$f(m,n)$的二值图像

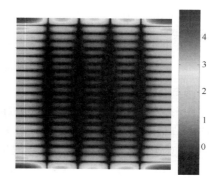

图 7-31　用 0 填充的离散傅里叶变换

（3）0 频率系数仍然显示在左上角而不是中心位置。可以用 fftshift 函数解决这个问题，该函数交换 **F** 的象限，使得 0 频率系数位于中心位置上。

```
>>F=fft2(f,256,256);
>>F2=fftshift(F);
>>imshow(log(abs(F2)),[-1 5]);colormap(jet);colorbar
```

显示结果如图 7-32 所示。

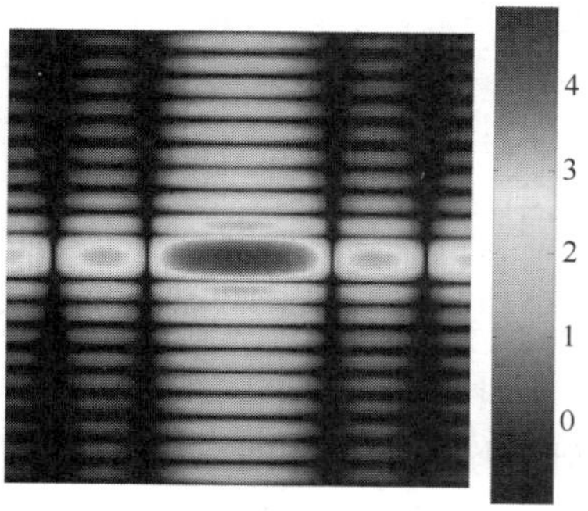

7.3.2　离散余弦变换

离散余弦变换（Discrete Cosine Transform，DCT）是一种与傅里叶变换紧密相关的数学运算。在傅里叶级数展开式中，如果被展开的函数是实偶函数，那么其傅里叶级数中只包含余弦项，再将其离散化可导出余弦变换，因此称之为离散余弦变换。

图 7-32　用 fftshift 函数处理后的图像

图像处理工具箱提供了两个不同的方法计算 DCT。第一个方法是使用 dct2 函数。该函数使用基于 FFT 的算法加速大输入条件下的计算；第二个方法是使用 DCT 变换矩阵，该矩阵由 dctmtx 函数返回，对应于 8×8 或 16×16 的小输入情况。$M×M$变换矩阵 **T** 如下：

$$T_{pq} = \begin{cases} \dfrac{1}{\sqrt{M}} & p = 0, 0 \leqslant q \leqslant M-1 \\[3mm] \sqrt{\dfrac{2}{M}} \cos \dfrac{\pi(2q+1)p}{2M} & 1 \leqslant P \leqslant M-1, 0 \leqslant q \leqslant M-1 \end{cases}$$

对于 $M \times M$ 的矩阵 A，TA 是一个 $M \times M$ 的矩阵，该矩阵的列包含 A 各列的一维 DCT。A 的二维 DCT 可以用式 $B = TAT'$ 计算得到。因为 T 是实型正交矩阵，它的逆与它的转置相同。所以，B 的逆二维 DCT 为 $T'BT$。

JPEG 图像压缩算法将输入图像分割成 8×8 或 16×16 的数据块，对每个块计算二维 DCT，然后 DCT 系数被量化、编码和传输。JPEG 文件阅读器解码这些量化后的 DCT 系数，计算每个块的逆二维 DCT，然后将这些块放回单个图像中。对应典型的图形，许多 DCT 系数的值接近于 0，丢弃它们并不严重影响重建图像的质量。

为了方便对图像进行分块处理，经常需要用到 blkproc 函数，以便进行分块之后的变换处理。具体调用形式如下：

```
B = blkproc(A,[m n],fun, parameter1, parameter2,…)
B = blkproc(A,[m n],[mborder nborder],fun,…)
B = blkproc(A,'indexed',…)
```

图像以 $m \times n$ 为分块单位，对图像 A 进行处理。其中，parameter1 和 parameter2 是传递给 fun 函数的参数，mborder 和 nborder 表示对每个 $m \times n$ 块上下进行 mborder 个单位、左右进行 nborder 个单位的扩充。若扩充的像素值为 0，则 fun 函数对整个扩充后的分块进行处理。

【例 7-26】结合图像处理来演示二维 DCT 变换。

计算输入图像中 8×8 块的二维 DCT，将每个块内 64 个 DCT 系数中的 54 个设置为 0，然后用每个块的二维逆 DCT 重建图像。

```
>>I=imread('cameraman.tif');
>>I=im2double(I);
>>T=dctmtx(8);                          %使用 dctmtx 获得变换矩阵
>>B=blkproc(I,[8 8],'P1*x*P2',T,T');    %进行二维 DCT 变换
>>mask=[1 1 1 1 0 0 0 0               %设置系数的掩码
        1 1 1 0 0 0 0 0
        1 1 0 0 0 0 0 0
        1 0 0 0 0 0 0 0
        0 0 0 0 0 0 0 0
        0 0 0 0 0 0 0 0
        0 0 0 0 0 0 0 0
        0 0 0 0 0 0 0 0];
>>B2=blkproc(B,[8 8],'P1.*x',mask);     %将 54 个系数设置为 0
>>I2=blkproc(B2,[8 8],'P1*x*P2',T',T);  %进行逆二维 DCT 变换
>>imshow(I),figure,imshow(I2)
```

重建前后的图像如图 7-33 所示。

（a）　　　　　　　　　　　　　　（b）

图 7-33　重建前后的图像

虽然重建后的图像有些质量损失，但是图像中的对象仍然清晰可辨。可见，DCT 变换对于满足不同图像处理需求是十分有帮助的。

7.3.3　Radon 变换

Radon 变换是与 CT 断层影像重建算法相关的数学变换。二维情况下，Radon 变换大致可以理解为一个平面内沿不同的直线（直线与原点的距离为 d，方向角为 α）对二维函数 $f(x, y)$ 做线积分，得到的像 $F(d, \alpha)$ 就是函数 f 的 Radon 变换。也就是说，平面 (d, α) 的每个点的像函数值对应了原始函数的某个线积分值。

图像处理工具箱提供了 radon 函数，用于计算指定方向上图像矩阵的投影。radon 函数计算一定方向上平行光束的线积分。光线间隔 1 个像素单位。为了表示图像，radon 函数通过围绕图像中心旋转光源来从不同角度获得图像的平行光投影。可以沿任意角度 θ 计算投影。通常，$f(x, y)$ 的 Radon 变换是平行于 y 轴的 f 的线积分。

$$R_\theta(x') = \int_{-\infty}^{\infty} f(x'\cos\theta - y'\sin\theta, x'\sin\theta + y'\cos\theta)\mathrm{d}y'$$

式中

$$\begin{bmatrix} x' \\ y' \end{bmatrix} = \begin{bmatrix} \cos\theta & \sin\theta \\ -\sin\theta & \cos\theta \end{bmatrix} \begin{bmatrix} x \\ y \end{bmatrix}$$

radon 函数具体使用如下：

```
[R,xp]=radon(I,theta);
```

计算图像 I 的 Radon 变换，theta 参数表示旋转角度。其中，R 的列包含了 theta 中每个角度的 Radon 变换；向量 xp 包含沿 x' 轴的对应坐标；I 的中心像素定义为 floor((size(I)+1)/2)，它是 x' 轴上对应于 x'=0 的像素。

【例 7-27】计算一幅方形图像在 0° 和 45° 上的 Radon 变换。

```
>>I=zeros(100,100);
>>I(25:75,25:75)=1;
>>imshow(I)
```

显示结果如图 7-34 所示。

使用如下命令进行 Radon 变换：

```
>>I=zeros(100,100);
>>I(25:75,25:75)=1;
>>[R,xp]=radon(I,[0 45]);      % 进行 Radon 变换
>>figure;plot(xp,R(:,1));title('R_{0^o}(x\prime)')
>>figure;plot(xp,R(:,2));title('R_{45^o}(x\prime)')
```

图 7-34　原始图像

变换结果如图 7-35 所示。

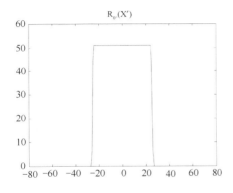
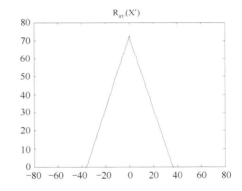

图 7-35　方形图像的 Radon 变换结果

当角度很多时，Radon 变换的结果常用图像显示。

【例 7-28】方形图像的 Radon 变换从 0° 一直计算到 180°，间隔为 1°。

```
>>I=zeros(100,100);
>>I(25:75,25:75)=1;
>>theta=0:180;                 %从 0° 到 180°，间隔为 1°
>>[R,xp]=radon(I,theta);       %进行 Radon 变换
>>imagesc(theta,xp,R);
>>title('R_{\theta}(X\prime)');
>>xlabel('\theta(degrees)');
>>ylabel('X\prime');
>>set(gca,'XTick',0:20:180);
>>colormap(hot);
>>colorbar
```

显示结果如图 7-36 所示。

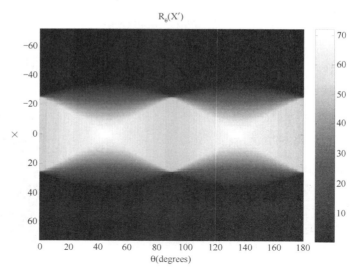

图 7-36　使用了 180 次投影的 Radon 变换

同时，可以用 iradon 函数进行逆 Radon 变换。该变换通常用于 X 射线断层摄影应用。这个变换转化 Radon 变换，可以根据投影数据进行图像重建。

【例 7-29】首先用 radon 函数计算图像 I 在一组旋转角度 theta 下的 Radon 变换 R，然后用 iradon 函数根据 R 和 theta 重建图像 I。

```
>>I=zeros(100,100);
>>I(25:75,25:75)=1;
>>imshow(I)
>>theta=0:180;
>>[R,xp]=radon(I,theta);        % 进行 Radon 变换
>>IR=iradon(R,theta);           % 进行逆 Radon 变换
>>imshow(IR)
```

在大部分应用领域中，并没有形成投影的原始图像。例如，X 射线断层摄影应用中，投影是通过度量以不同角度穿过身体的射线的衰减情况来形成的。原始图像可以认为是人体的横断面，图像灰度表示人体的密度。实际应用中，首先通过特制的设备来搜集投影，然后用 iradon 函数根据这些投影来重建人体图像。利用这种技术，可以在不侵入人体或其他不透明对象内部的情况下获得其图像。

7.4　思考问题

（1）在 MATLAB 中，图像处理通常包含哪些基本步骤？
（2）利用 MATLAB，可以实现哪些图像处理的功能？

7.5　常见问题

（1）如何将彩色图转换为灰度图？

答：使用 rgb2gray 函数进行转换，具体如下：

```
>>H=imread('*.jpg')
>>I=rgb2gray(H)
```

（2）如何将三幅灰度图合成一张彩色图？

答：使用 imshow 函数合成，具体如下：

```
>>tu=imread('pears.png');
>>figure,imshow(tu)
>>r=tu(:,:,1);
>>g=tu(:,:,2);
>>b=tu(:,:,3);
>>cr=0.2*double(r);          %处理 R
>>cg=0.6*double(g);          %处理 G
>>cb=0.8*double(b);          %处理 B
>>J=cat(3,uint8(cr),uint8(cg),uint8(cb))
>>figure,imshow(J)
```

附录 F　图像处理基础

从基本定义上讲，图（Picture）是物体反射或透射光的分布，它是客观存在的。像（Image）是人的视觉系统所接收的图在人的大脑中所形成的印象和认识。所以，图像可以看作是对客观对象的一种相似性的描述或写真，它包含了被描述或写真对象的信息，是人主要的信息源之一。

图像可以分为模拟图像与数字图像两种。

（1）模拟图像：也称光学图像，是指空间坐标和明暗程度连续变化的、计算机无法直接处理的图像，它属于可见图像。

（2）数字图像：是指能被计算机存储、处理和使用的图像，是空间坐标和灰度均不连续、用离散数字表示的图像。

数字图像是由模拟图像数字化得到的、以像素为基本元素的、可以用数字计算机或数字电路存储和处理的图像。二维数字图像对应于有限数值的像素，可以用数组或矩阵来表示。

数字图像的主要特点在于：①图像便于计算机处理与分析；②图像信息损失少；③图像的抽象性强；④图像保存方便。

F.1 图像数字化

为了将模拟图像转换为数字图像，必须使用图像数字化技术。

图像数字化是进行数字图像处理的前提。它是将连续色调的模拟图像经采样量化后转换为数字图像的过程。

图像的获取主要有三个途径：①摄影成像，以胶片摄影或数字摄影方式获取物体影像；②扫描成像，以非摄影方式获取物体影像，用磁盘、磁带记录或间接记录在胶片上；③雷达成像，雷达是由发射机通过天线，在很短的时间内向目标地物发射一束很窄的大功率电磁波脉冲，然后用同一天线接收目标地物反射的回波信号而进行显示的一种传感器。雷达成像主要用合成孔径技术得到高的横向分辨率。

图像的数字化主要运用扫描技术和数字摄影技术。要获得数字图像，必须利用数码相机或扫描仪等设备，把模拟图像转变为数字图像，使计算机能够处理，这一转换过程称为图像的数字化。

图像的数字化过程主要包括采样、量化与编码三个步骤。

（1）采样

采样的实质就是要用多少点来描述一幅图像，采样结果质量的高低用图像分辨率来衡量。对二维空间上连续的图像，在水平和垂直方向上等间距地将图像分割成矩形网状结构，所形成的微小方格称为像素点，一幅图像就被采样为有限个像素点构成的集合。例如，640×480 分辨率的图像，表示这幅图像是由 640×480=307200 个像素点组成的。

采样频率是指 1s 内采样的次数，它反映了采样点之间的间隔大小。采样频率越高，得到的图像样本越逼真，图像的质量越高，要求的存储量也越大。根据信号的采样定理，要从取样样本中精确地复原图像，必须满足图像采样的奈奎斯特（Nyquist）定理，即图像采样的频率必须大于或等于源图像最高频率分量的两倍。

通过采样环节，空间上连续的图像变化为离散点，实际上是空间坐标(x,y)的数字化，即按一定的间隔$(\Delta x, \Delta y)$将图像划分为 M 行×N 列的网格。

（2）量化

量化是指要使用多大范围的数值来表示图像采样之后的每一个点。量化的结果是图像能够容纳的颜色总数，它反映了采样的质量。例如，如果以 8 位存储一个点，就表示图像只能有 256 种颜色。所以，量化位数越大，表示图像可以拥有更多的颜色，自然可以产生更为细致的图像效果，同时也会占用更大的存储空间。

通过量化环节，空间上的每个离散点由一定位数的数值表示。

$$f(x,y) = \begin{pmatrix} f(0,0) & f(0,1) & \cdots & f(0,N-1) \\ f(1,0) & f(1,1) & \cdots & f(1,N-1) \\ \vdots & \vdots & \vdots & \vdots \\ f(M-1,0) & f(M-1,1) & \cdots & f(M-1,N-1) \end{pmatrix}_{M \times N}$$

（3）编码

由于采样和量化环节得到的图像数据量十分巨大，必须采用编码技术来压缩其信息量。从一定意义上讲，编码技术是实现图像传输与存储的关键。已有许多成熟的编码算法应用于图像压缩。常见的图像压缩编码方法包括熵编码、预测编码、变换编码、混合编码、基于小波变换的图像压缩编码等。

目前，图像压缩编码标准主要分为静态图像标准和活动图像（视频）标准。

静态图像标准包括：①JPEG，由 ISO/IEC 的联合图片专家组制定，1992 年正式成为第一套国际静态图像压缩标准；②ISO10918-1，广泛地应用于互联网，据统计目前网站上 80%的图像都采用 JPEG 的压缩标准；③JPEG-LS，JPEG 的无损/近无损压缩新标准，正式名称为 ISO14495，于 1998 年正式公布，用于取代原 JPEG 的连续色调静止图像无损压缩模式；④JPEG2000，JPEG 专家组制定一个全新的静止图像压缩标准，正式名称为 ISO15444。通常被认为是取代 JPEG 的下一代图像压缩标准，但由于其编码复杂性明显高于 JPEG，且核心部分的各种算法存在版权和专利的问题，因而前景不明朗。

活动图像（视频）标准包括：①H.26X 系列，主要包括 H.261、H.263、H.264 及最新的 H.265，由 ITU-T 制定，主要应用于实时通信领域，最典型的应用是视频会议；②MPEG-X 系列，主要有 MPEG-1、MPEG-2 及最新的 MPEG-4，由 ISO/IEC 制定，主要应用于视频存储（DVD）、广播电视及互联网上的流媒体等。

F.2　图像的类型

根据采样数目及其特性不同，数字图像可划分为以下五种类型。

（1）二值图像（Binary Image），图像中每个像素的亮度值（Intensity）由 0 或 1 构成。

（2）灰度图像（Gray Scale Image），也称为灰阶图像，图像中每个像素可以由 0（黑）～ 2^n（白，$n>1$）的亮度值表示。

（3）彩色图像（Color Image），由三幅不同颜色的灰度图像组合而成，一个为红色的灰度图像，一个为绿色的灰度图像，另一个为蓝色的灰度图像。

（4）立体图像（Stereo Image），从不同角度拍摄物体的一对图像，从中可以计算出图像的深度信息。

（5）三维图像（3D Image），由一组二维图像组成，且每一幅图像表示该物体的一个横截面。

F.3　数字图像的存储

根据数据的存储方式，数字图像可分为两类：向量图（Vector）和点阵图（又称光栅图，Raster）。向量图记录所绘对象的几何形状、线条粗细和色彩等，优点是占用存储空间小，缺点是不易制作色彩丰富的图像，也不易于在软件间进行交换。点阵图由像素组成，需记录每个像素的色彩，缺点是占用的空间较大，在缩放或旋转时会出现失真。

图像格式是指计算机图像信息的存储格式。同一幅图像可以用不同的格式存储，但不同格式之间所包含的图像信息并不完全相同，其图像质量也不同，文件大小也有很大差别。

常见的图像格式及其特点如下：

（1）BMP（*.bmp）

BMP 是 Windows 及 OS/2 中的标准图像文件格式，已成为 PC Windows 系统中事实上的工业标准，有压缩和不压缩两种形式。它以独立于设备的方法描述位图，可用非压缩格式存储图像数据，解码速度快，支持多种图像的存储，常见的各种 PC 图形图像软件都能对其进行处理。该格式支持 1~24 位颜色深度，使用的颜色模式可为 RGB、索引颜色、灰度和位图等，且与设备无关。

（2）TIFF（*.tiff）

TIFF 是由 Aldus 为 Macintosh 机开发的一种图像文件格式，最早流行于 Macintosh，现在 Windows 上主流的图像应用程序都支持该格式。目前，它是 Macintosh 和 PC 上使用最广泛的位图格式，在这两种硬件平台上移植 TIFF 图像十分便捷，大多数扫描仪也都可以输出 TIFF 格式的图像文件。该格式支持的色彩数最高可达 16M 种。其特点是存储的图像质量高，但占用的存储空间也非常大，其大小是相应 GIF 图像的 3 倍、JPEG 图像的 10 倍。该格式有压缩和非压缩两种形式，其中压缩形式使用的是 LZW（Lempel-Ziv-Welch）无损压缩方案。

（3）JPEG（*.jpg、*.jpe）

JPEG 是联合图像专家组标准的产物，该标准由 ISO 与 CCITT（国际电报电话咨询委员会）共同制定，是面向连续色调静止图像的一种压缩标准。对于同样一幅画面，用 JPEG 格式储存的文件大小是其他类型图形文件的 1/10~1/20。一般情况下，JPEG 文件只有几十千字节，而色彩数最高可达 24 位。由于其高效的压缩效率和标准化要求，目前已广泛用于彩色传真、静止图像、电话会议、印刷及新闻图片的传送。由于那些被删除的信息无法在解压时还原，所以 JPEG 文件存在一定程度的失真。

（4）GIF（*.gif）

GIF 格式由 Compuserver 公司创建，存储色彩最高只能达到 256 种，仅支持 8 位图像文件。在结构上，GIF 类似于 TIFF。它是经过压缩的图像文件格式，所以主要用于网络传输和 Internet 的 HTML 网页文档中，速度要比传输其他图像文件格式快得多。其最大缺点是最多只能处理 256 种色彩，不能用于存储真彩色的图像文件。最常见的 GIF 图像版本是 GIF87a 和 GIF89a，其中 GIF89a 格式能够存储为背景透明的形式，并且可以将数张图存成一个文件从而形成动画效果。

（5）PDF（*.pdf）

PDF 格式是由 Adobe 公司推出的专为在线出版而制定的格式，它以 PostScript Level2 语言为基础，因此，可以覆盖矢量式图像和点阵式图像，并且支持超级链接。该格式可以保存多类信息，其中可以包含图形和文本。此外，由于该格式支持超级链接，因此是网络下载经常使用的文件格式。PDF 格式支持 RGB、索引颜色、CMYK、灰度、位图和 Lab 颜色模式，但不支持 Alpha 通道。

（6）EPS（*.eps）

EPS 格式为压缩的 PostScript 格式，是为在 PostScript 打印机上输出图像而开发的。PostScript 图形打印机能打印出高品质的图形图像，最高能表示 32 位图形图像。该格式分为 PhotoShop EPS 格式（Adobe Illustrator Eps）和标准 EPS 格式，其中标准 EPS 格式又可分为图形格式和图像格式。EPS 格式包含两部分：第一部分是屏幕显示的低解析度影像，方便影像处理时的预览和定位；第二部分包含各个分色的单独信息。其最大优点是可以在排版软件中以低分辨率预览，而在打印时以高分辨率输出。同时，EPS 格式还有许多缺点。首先，存储图像效率特别低；其次，压缩方案也较差，一般同样的图像经 TIFF 的 LZW 压缩后，其大小仅为 EPS 图像的 1/3 或 1/4。

（7）PSD（*.psd）

PSD 是 PhotoShop 中使用的一种标准图形文件格式，包括层、通道和颜色模式等信息，且该格式是唯一支持全部颜色模式的图像格式。PSD 文件能够将不同的物件以层（Layer）的方式来分离保存，便于修改和制作各种特殊效果。文件中能够保存图像数据的每一个细小部分，包括层、附加的蒙版、通道及其他内容，而这些内容在转存为其他格式时将会丢失。由于 PSD 格式保存的信息较多，因此文件非常庞大。

每一种图像格式都有其具体的文件存储格式，这里以最常用的 BMP 格式为例，说明图像的文件存储格式。BMP 文件由四个部分组成：位图文件头、位图信息头、调色板和位图数据。具体说明如下：

（1）位图文件头定义位图的类型、文件大小等。

（2）位图信息头定义位图的高、宽、色彩位数、是否压缩、分辨率等信息。

（3）调色板由一个 4 字节的结构数组构成，前 3 字节分别定义了 Blue、Green 和 Red 这三个颜色的值，最后 1 字节保留。与其他格式的 RGB 不同，BMP 每个像素点颜色组成的顺序是 BGR，因此进行格式转换时需要变换字节顺序。调色板并不是位图文件所必需的，当位图为单色、16 色或 256 色时，位图数据存储的内容并不是真实的像素颜色值，而是该颜色在调色板的一个索引值。而对于 24 位或 32 位真彩色的 BMP，其图像数据存储的就是每个像素点对应的 BGR 值，所以不需要调色板。

（4）对于位图数据，单色、16 色和 256 色时存储的是调色板的颜色索引，所以单色位图用 1 位就能表示该像素的颜色，256 色位图用 1 字节表示一个像素，真彩色位图需要 3 字节才能表示一个像素，1 字节表示 Blue，1 字节表示 Green，1 字节表示 Red。对于 BMP 图像，宽度必须是 4 的倍数，如果不足，则需要补齐。图像数据的存储顺序是从下到上、从左到右的，即第一个数据是左下角第一个像素，第二个数据是左下角第二个像素，依次类推。

位图（BMP）文件格式如表 F-1 所示。

表 F-1　位图文件格式

结　构　单　元	说　　　明
文件头 （BITMAPFILEHEADER）	文件标识、整个文件长度、文件头长度
信息头 （BITMAPINFOHEADER）	信息头结构字节数、位图的宽度和高度、每像素的位数、位图颜色索引数等
调色板 （RGBQUAD）	储存 biBitCount 个 RGBQUAD 结构，RGBQUAD 结构成员变量包含蓝、绿、红的亮度
实际图像	在不压缩时，位图文件按行顺序存储，每一行从左到右进行存储。每行在位图中的存储位置是按照从下到上的顺序进行的

　　目前，主流的图像格式包括光栅图像格式 BMP、GIF、JPEG、PNG 等，以及矢量图像格式 EPS、WMF、SVG 等。大多数浏览器都支持 GIF、JPEG 及 PNG 图像的直接显示。

第 8 章

M 程序设计

前面讲述的数值计算、符号计算、图形绘制及图像处理，都是通过命令窗口的交互式命令来实现计算处理的。采用这种交互方式的优点是操作方便、简单，设计结果直观，适用于 MATLAB 初学者。缺点是设计工作不集中，设计效率较低，对于 MATLAB 精通者显得过于烦琐，浪费时间。事实上，通过 MATLAB 编程，可以利用程序设计进一步提高设计效率，求解复杂性更高或特殊的计算问题。

本章的主要知识点体现在以下三个方面：

- 了解 MATLAB 中程序设计的特点；
- 掌握基于 M 文件的程序设计方法；
- 掌握基于 M 文件的复杂问题求解。

8.1 入门实例

通过单击 MATLAB 菜单项"主页"→"新建"→"脚本"，进入 M 文件的编辑环境，如图 8-1 所示。

在 M 文件的编辑环境中，可以将之前在命令窗口下输入的 MATLAB 命令输入到编辑环境中。

【例 8-1】执行简单的绘图命令。

输入信息如下：

```
x=1:10;
y=log(x);
plot(x,y)
```

将以上信息存储到扩展名为.m 的文件（简称 M 文件）draw.m 中，具体如图 8-2 所示。然后，在命令窗口下输入文件名 draw，可以得到图 8-3 所示的结果。

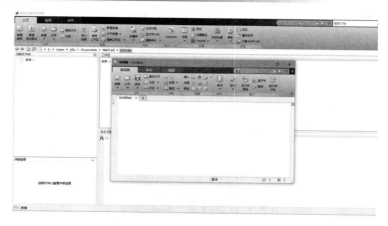

图 8-1   M 文件的编辑环境

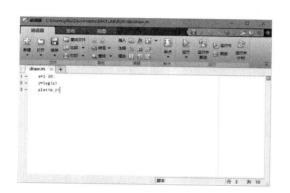

图 8-2   在编辑环境中生成 M 文件

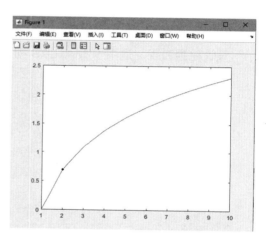

图 8-3   在命令窗口下执行文件

同时，可以看到文件执行生成的变量存放在工作区中，如图 8-4 所示。

由以上的执行结果，可以看到该文件的执行等效于命令窗口下命令的逐条执行，只是将命令的编写集中到 M 文件的编辑环境中了。

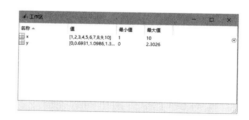

图 8-4   工作区的变量列表

8.2   MATLAB 编程特点

MATLAB 编程语言属于第四代编程语言，具有程序简洁、可读性强、调试容易、编程效率高、易移植、易维护等特点。其语法类似于一般高级程序语言（如 C、C++等），可以根据自己的语法规则进行程序设计，但其语法比一般的高级程序语言更简单，程序也容易调试，并且有很好的交互性。

MATLAB 为程序文件编制提供一种扩展名为.m 的文件，这是一个简单的 ASCII 码文本文件。通过编写 M 文件，用户可以像编写批处理命令一样，将多个 MATLAB 命令集中在一个文件中，既方便进行调用，又便于修改，还可以根据用户自身的情况，编写用于解决特定问题的 M 文件，这样就实现了结构化程序设计，并提高了代码重用率。事实上，MATLAB 提供的许多函数都是由 M 文件构成的，用户也可以利用 M 文件来生成和扩充自己的函数库。

MATLAB 提供了独立的程序设计环境——M 文件编辑器（M-file Editor），帮助用户方便地进行程序文件的编写和调试。该编辑器既为基本文本文件的编辑提供图形用户界面，又可以用于其他文本文件的编辑，还可以进行 M 文件的调试工作，满足了程序设计的基本需求。

启动 M 文件编辑器的方式有三种：①创建一个新的 M 文件时，可以启动 M 文件编辑器，具体方法是单击 MATLAB 菜单项"主页"→"新建"→"脚本"；②使用编辑器/调试器打开一个已经存在的 M 文件；③不启动 MATLAB，只打开编辑器。由于这个时候没有 MATLAB 环境的支持，所以不能对 M 文件进行调试。

M 文件编辑器如图 8-5 所示。

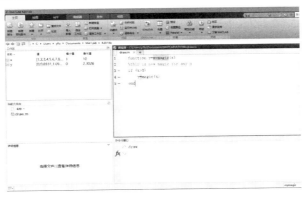

图 8-5　M 文件编辑器

在编辑环境中，不同颜色的文字显示表明不同的文本属性，这样有利于区分代码的不同作用和实现程序调试时的错误查找。编辑环境文字颜色说明如表 8-1 中所示。

表 8-1　编辑环境文字颜色说明

颜　　色	含　　义	颜　　色	含　　义
绿色	注解	蓝色	控制流程
红色	属性值的设定	黑色	程序主体

为了保证程序正常运行，必须设置好 MATLAB 的工作路径。一方面，可以通过 cd 指令在命令窗口中更改、显示当前工作路径；另一方面，也可以通过工具栏上的路径浏览器（path browser）进行工作路径的设置。

8.3　M 文件形式

M 文件是 MATLAB 环境下编写的程序文件。根据 M 文件的不同作用，该文件可分为脚本文件（Script）和函数文件（Function）两种。简单地说，脚本文件不需要输入参数，也不输出参数，只是按照文件中指定的顺序执行命令序列。而函数文件接收其他数据作为输入参数，并且可以返回数据。

脚本文件和函数文件的具体区别如表 8-2 所示。

表 8-2　脚本文件和函数文件的区别

文件 项目	脚 本 文 件	函 数 文 件
定　义	无定义关键字	使用函数定义关键字 function
输入输出	不能接收输入参数，也不返回输出结果	能够接收输入参数，也能返回输出结果
变　量	将变量保存在基本工作区，多个脚本和命令窗口共享变量空间	有自己单独的工作区
用　途	简单执行系列 MATLAB 语句，用于多次运行的文件	主要用来写应用程序

8.3.1　基本组成结构

M 文件的基本组成结构包含以下几个内容：

（1）注释说明

使用注释符%，通常用来说明该段程序的用途，作为 lookfor 指令的搜索信息。

（2）定义变量

定义程序可能使用的变量，包括全局变量的声明及参数值的设定。

（3）控制结构

决定程序的执行流程，可以采用顺序、分支、循环等控制结构，可以使用 for、if then、switch、while 等语句来生成。

（4）逐行执行命令

根据执行顺序，执行 MATLAB 命令，可以是 MATLAB 提供的运算指令或工具箱提供的专用命令，实现对变量的计算、输入/输出等功能。

（5）结束说明

使用关键字 end，表明程序结束。MATLAB 对语法要求松散，也可以不使用该关键字。

可见，在 MATLAB 编程工作方式下，需要重点设计的 M 文件内容包括：①数据结构；②控制流；③数据处理方法。

8.3.2　脚本文件

脚本文件（M-Script）又称为命令文件，包含一组 MATLAB 所支持的命令，类似于 DOS 操作系统环境下的批处理文件。执行方式也非常简单，用户只需在 MATLAB 的命令窗口的提示符下输入该 M 文件的文件名，MATLAB 就会自动执行该 M 文件的各条语句，并将结果直接返回到 MATLAB 的工作空间。在运行过程中产生的所有变量都是全局变量。

脚本文件的组成结构和 M 文件的基本组成结构一致，不需要使用特殊的关键字。

【例 8-2】采用 M 文件方式绘制不同的连续函数。

首先，启动 M 文件编辑器，创建一个新的 M 文件 draw.m，具体内容如下：

```
%  绘制不同的连续函数
x=linspace(0,7);
y1=sin(2*x);
y2=sin(x.^2);
y3=(sin(x)).^2;
plot(x, y1, 'r+-', x, y2, 'k*:', x, y3, 'b--^')
```

然后，在 MATLAB 的命令窗口的提示符下输入 draw，绘制不同的连续函数，得到如图 8-6 所示的显示结果。

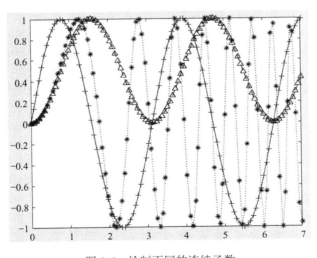

图 8-6　绘制不同的连续函数

8.3.3　函数文件

函数文件（M-Function）用于 MATLAB 应用程序的扩展编程，生成需要输入/输出参数的命令。函数文件的文件名称与定义的函数名称一致，像 MATLAB 其他内置的命令一样使用。用户调用执行函数时，该 M 文件的各条语句依次执行，在运行过程中产生的内部变量默认为局部变量，且不能访问工作空间。

函数文件在 M 文件的基本组成结构基础上，使用了特殊的关键字 function。

函数文件的基本格式如下：

```
function   [输出形参列表]=函数名（输入形参列表）
    注释说明语句段
    程序语句段
end
```

函数内容说明如下：

（1）函数定义行

使用关键字 function 定义函数的名称、输入/输出变量的数目和顺序。

（2）帮助信息行

以注释符%开头，说明用于帮助文件的简要信息。

当使用帮助命令时，该行信息有利于 MATLAB 形成帮助信息行和帮助文件文本。

（3）帮助文件文本

以注释符%开头，说明用于帮助文件的函数信息。如果不希望显示信息，可在其前面加空行。

（4）程序语句段

该段是函数功能的实现部分，用于实际计算、功能实现及对输出变量进行赋值。

【例 8-3】编写计算阶乘 $N!$ 的函数。

首先，启动 M 文件编辑器，创建一个新的 M 文件 fact.m，具体内容如下：

```
function f = fact(n)                          %函数定义行
% FACT Factorial.                             %帮助信息行
% FACT (N) returns the factorial of N, N!     %帮助文件文本
% usually denoted by N!
% Put simply, FACT(N) is PROD(1:N).
f = prod(1:n);                                %程序语句段
end
```

然后，在 MATLAB 的命令窗口的提示符下输入 fact 函数名称。

```
>> g=fact(5)
g =
    120
>> help fact                                  %显示函数的帮助信息
    FACT Factorial.
    FACT (N) returns the factorial of N, N!
    usually denoted by N!
    Put simply, FACT(N) is PROD(1:N).
```

对于函数文件编写的函数，也可以从脚本文件中调用，实现脚本文件和函数文件相结合，这也是 MATLAB 编程中的主要使用形式。

【例 8-4】主程序采用脚本文件形式实现数据的输入/输出，子程序采用函数文件形式实现求和计算。

首先，创建一个新的 M 文件 exp.m 作为主程序，具体内容如下：

```
%主程序 exp.m
a=input('please input value of a=');
b=input('please input value of b=');
c=sumhe(a,b)
```

在此例中，主程序设定了两个参数 a 和 b，用来为函数 sumhe 赋值。

其次，创建一个新的 M 文件 sumhe.m 作为子程序，具体内容如下：

```
%子程序 sumhe.m
function result=sumhe(a,b)
%sumhe(a,b) sum the serial of numbers from a to b
result=a+b;
end
```

当执行主程序时，主程序将 a 和 b 的数值传递给子程序并调用子程序进行计算，再由子程序将计算结果返回主程序。

注意：主程序与子程序之间是通过参数进行数据传递的。

所以，在 MATLAB 的命令窗口的提示符下输入主程序文件名称 exp，得到如下结果：

```
>> exp
please input value of a=100
please input value of b=200
c =
    300
```

8.3.4　局部变量和全局变量

根据变量的作用范围，变量可分为局部变量和全局变量。

如果一个函数内的变量没有特殊声明，那么这个变量只在函数内部使用，即为局部变量。除了返回变量和输入变量外，函数体内使用的所有变量都是局部变量，即在该函数返回之后，这些变量会从 MATLAB 的工作空间中自动清除。

如果两个或多个函数共用一个变量（或者在子程序中也要用到主程序中的变量，注意不是参数），那么可以用关键字 global 来将它声明为全局变量。全局变量的使用可以减少参数传递，合理利用全局变量可以提高程序执行的效率。

【例 8-5】主程序用脚本文件实现且定义一个全局变量，子程序用函数文件实现且使用全局变量计算。

首先，创建一个主程序文件 exp.m，具体内容如下：

```
%主程序 exp.m
global a                    %声明变量 a 为全局变量
x=1:100;
a=3;
c=prods(x)                  %调用子程序 prods.m
```

其次，创建一个子程序文件 prods.m，具体内容如下：

```
%子程序 prods.m
function result=prods(x)
global a                    %声明全局变量 a
result=a*sum(x);
end
```

注意：在子程序中声明了与主程序一样的全局变量 *a*，以便在子程序中可以使用主程序中定义的变量。

8.4 控制结构

根据程序设计的观点，程序模块由三种基本流程控制结构的组合来实现。基本流程控制结构包括：

- 顺序结构：程序按照程序语句或模块在执行流中的顺序逐个执行；
- 分支结构：程序按照设定的条件实现程序执行流的多路分支；
- 循环结构：程序按照给定的条件重复地执行指定的程序段或模块。

MATLAB 提供了丰富的程序流程控制语句来完成具体的程序设计。

8.4.1 顺序结构

顺序结构是程序设计中最简单的语法结构，就是顺次执行程序的各条语句。

MATLAB 中顺序结构的实现方法非常简单，只需将程序语句在 M 文件中顺序排列即可。

【例 8-6】绘制极坐标的曲线，生成 exp.m 文件。

首先，创建一个脚本文件 exp.m，具体内容如下：

```
theta=-pi:0.01:pi;              %定义角度范围
rho(1,:)=2*sin(5*theta).^2;     %计算函数值
polar(theta,rho(1,:))           %绘制极坐标曲线
```

然后，在 MATLAB 的命令窗口的提示符下输入"exp"，得到如图 8-7 所示的结果。

8.4.2　分支结构

在 MATLAB 中，分支结构由两种语句结构实现，即 if 语句和 switch 语句。它们各有特点，可根据需要进行选择，在某些时候可以相互替换。在多分支判断时，switch 语句的表达方式更加简洁。

（1）if 语句

基本格式如下：

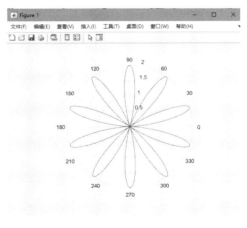

图 8-7　极坐标曲线绘制

```
if 表达式
        程序模块 1
else
        程序模块 2
end
```

在基本格式的基础上，if 语句存在以下两种变形。

①单分支 if 语句：只有一个分支的选择结构。

具体格式如下：

```
if 表达式
        程序模块
    end
```

②多分支 if 语句：超过两个分支的选择结构。

具体格式如下：

```
if 表达式 1
    程序模块 1
    elseif 表达式 2
    程序模块 2
    …
elseif 表达式 n
    程序模块 n
    else
    程序模块 n+1
    end
```

【例 8-7】设计一个程序，使用 if 语句，实现将百分制的学生成绩转换为五级制的成绩。

创建一个脚本文件 exp.m，具体内容如下：

```
clear
n=input('输入 n= ');
if n>=90
    r='A'
elseif n>=80
    r='B'
elseif n>=70
    r='C'
elseif n>=60
    r='D'
else
    r='E'
end
```

运行结果如下：

```
输入 n= 87
r =
B
```

（2）switch 语句

基本格式如下：

```
switch   表达式
    case  数值 1
    程序模块 1;
    case  数值 2
    程序模块 2;
         …
        otherwise
        程序模块 n
        end
```

【例 8-8】设计一个程序，使用 switch 语句，将百分制的学生成绩转换为五级制的成绩。

创建一个脚本文件 exp.m，具体内容如下：

```
clear
n=input('输入 n= ');
switch fix(n/10)              %fix 取整
    case {10,9}
        r='A'
    case 8
        r='B'
```

```
            case 7
                r='C'
            case 6
                r='D'
            otherwise
                r='E'
        end
```

运行结果如下：

```
输入 n= 65
r =
D
```

可见，在多分支条件情况下，switch 语句比 if 语句更简洁。

8.4.3　循环结构

在 MATLAB 中，循环结构可以由两种语句结构实现，即 for 语句和 while 语句。它们各有特点，可以根据需要进行选择，在某些时候可以相互替换。

注意：MATLAB 解释器对循环结构的执行效率比较低，在 M 文件中尽量避免采用。

（1）for 语句

for 循环以固定或已知次数重复执行一组命令。

基本格式如下：

```
    for 循环变量=起始值：步长：终止值
        循环体
    end
```

【例 8-9】使用 for 循环结构计算 1+2+3+⋯+100 的总和。

创建一个脚本文件 exp.m，具体内容如下：

```
clear
sum=0;
for i=1:100
    sum=sum+i;
end
sum
```

运行结果如下：

```
sum =
    5050
```

（2）while 语句

While 循环以不定的次数重复执行一组命令。

基本格式如下：

```
while 表达式
    循环体
end
```

【例 8-10】使用 while 循环结构计算 1+2+3+…+100 的总和。

创建一个脚本文件 exp.m，具体内容如下：

```
clear
sum=0; i=0;
while i<100
    i=i+1;
    sum=sum+i;
end
sum
```

运行结果如下：

```
sum =
    5050
```

可见，for 语句和 while 语句各有特点，适用于不同场合。

8.4.4　其他流程控制语句

在程序设计中，经常会遇到提前终止循环、跳出子程序、显示出错信息等情况，需要用到除了主要控制结构以外的程序流控制语句。MATLAB 提供的控制语句还有 continue、break、try-catch、return、echo、pause、keyboard、input 等，下面详细说明。

（1）continue 和 break 语句

continue 语句经常与 for 或 while 语句一起使用，其作用是结束本次循环，即跳过循环体后面尚未执行的语句，接着进行下一次是否执行循环的判断。

break 语句也经常与 for 或 while 语句一起使用，其作用是终止本层循环，即跳出内部循环。使用 break 命令可以在循环结构中，根据条件退出循环，在许多情况下是必须用到的。

（2）try-catch 语句

Try-catch 语句是对异常进行处理的语句。在程序设计时，把可能引起异常的语句放在 try 模块中。当 try 模块中的语句引起异常时，catch 模块就可以捕获到异常，并针对不同的错误类型进行不同的处理。

【例 8-11】使用 try-catch 语句处理异常。

创建一个脚本文件 exp.m，具体内容如下：

```
n=4; A=ones(3);              %设置 3 行 3 列矩阵 A
try
B = A(n,:),                  %取 A 的第 n 行元素
catch
BE = A(end,:),               %如果取 A(n,:)出错，则取 A 的最后一行
end
```

运行结果如下：

```
>> exp
BE =
    1    1    1
```

（3）return 语句

return 语句使当前正在运行的函数正常退出，并返回调用它的函数处继续运行。这个语句经常放置在函数的末尾，用以正常结束函数的运行；也可以放置在函数的其他地方，通过对某条件进行判断来决定程序执行流程。如果满足条件要求，则调用 return 语句终止当前运行，并返回调用它的函数环境。

（4）echo 语句

echo on/off 语句用来控制是否显示正在执行的 MATLAB 语句，on 表示肯定，off 表示否定。系统的默认状态是 off。

（5）pause、keyboard 和 input 语句

pause、keyboard 和 input 语句都用于在程序执行过程中暂停，对于观察程序执行的中间计算结果十分有用，具体说明如下：

pause(n)用于程序执行到此处时暂停 n 秒，或按任意键后才继续执行。

keyboard 用于程序执行到此处时暂停，屏幕显示命令提示符"K>>"，用户可以做任何操作，需恢复运行时，则输入 return。

input("提示符")用于程序执行到此处时暂停，屏幕显示引号中的字符串，要求用户输入数据，经常用来要求用户通过键盘输入动态数据。

输入字符^C（ctrl+C）用于强行停止程序运行。

8.5　M 文件调试

通过调试，可以发现 M 文件的编写错误。这些错误主要分为两类：①语法错误，主要由用户的错误操作引起；②运行错误，主要由算法错误和程序设计错误引起。

对于第一类的语法错误，通过命令窗口和编辑环境的信息提示及帮助文件的信息支持比较容易解决。而第二类的运行错误属于逻辑上的错误，比较难以解决，主要通过MATLAB 的调试工具或者人机交互命令（类似于 pause、keyboard 和 input 等）来观察内存变量的计算结果，进而判断程序的正确性。

根据错误判断的难易程度，M 文件调试可分为简单调试、命令调试、工具调试三种。

1．简单调试

对于错误发生的大致位置可以确定的情况，可以采用的具体方法包括：去掉句末的分号来观察输出结果；在适当地方添加输出变量值的语句；添加 keyboard 命令暂停程序运行；单独调试一个函数，将第一行的函数声明注释掉，并定义输入量，以脚本方式执行 M 文件。

2．命令调试

MATLAB 提供了一系列的调试函数，如表 8-3 所示。

表 8-3　MATLAB 调试函数

函　数　名	功　　能	函　数　名	功　　能
dbstop	设置断点	dbstep	执行一行或多行语句
dbclear	清除断点	dbtype	列出文件内容
dbcont	恢复运行	dbdown	工作空间下移
dbstack	调用堆栈	dbup	工作空间上移
dbstatus	列出所有断点	dbquit	退出调试模式

具体说明如下：

（1）dbstop 设置断点

dbstop in mfile：在文件名为 mfile 的 M 文件第一个可执行语句前设置断点；

dbstop in mfile at lineno：在 mfile 的第 lineno 行设置断点；

dbstop in mfile at subfun：当程序执行到子程序 subfun 时，暂时中止执行，并设置断点；

dbstop if error：遇到错误时，终止 M 文件运行并停在错误行（不包括 try-catch 语句中检测到的错误，不能在错误后重新开始运行）；

dbstop if all error：遇到任何类型错误均停止（包括 try-catch 语句中检测到的错误）；

dbstop if warning：遇到警告错误停止，程序可恢复运行；

dbstop if caught error：当 try-catch 检测到运行时间错误时，停止 M 文件执行，程序可恢复运行；

dbstop if naninf 或 dbstop if infnan：遇到 NAN（无穷值或非数值）情况时，终止 M 文件运行。

（2）dbclear 清除断点

dbclear all：清除所有 M 文件中的所有断点；

dbclear all in mfile：清除文件名为 mfile 文件中的所有断点；

dbclear in mfile：清除文件名为 mfile 文件中第一个可执行语句前的断点。

（3）dbcont 恢复运行

从断点处恢复程序的执行，直到下一个断点或错误后返回 MATLAB 基本工作空间。

（4）dbstack 调用堆栈

显示 M 文件名称、断点产生的行号、调用此 M 文件的文件名称和行号等，直到最高级 M 文件函数，即列出了函数调用的堆栈。

dbstack(N)：省略显示中的前 N 个帧；

dbstack('-completenames')：输出堆栈中的每个函数的全名，即函数文件的名称及堆栈中函数包含的关系。

（5）dbstatus 列出所有断点

dbstatus：列出所有的断点，包括错误、警告、nan 和 inf 等；

dbstatus mfile：列出指定的 M 文件的所有断点设置，mfile 必须为 M 文件函数或有效路径。

（6）dbstep 执行一行或多行语句

dbstep：执行下一个可执行语句；

dbstep nlines：执行下 nlines 行可执行语句；

dbstep in：执行下一行可执行语句，如有子函数，则进入执行函数；

dbstep out：执行函数剩余部分，离开函数时停止。

如遇断点、中止，该语句都返回调试模式。

（7）dbtype 列出文件内容

dbtype mfile：列出 mfile 文件的内容，并在每行语句前加上标号以方便使用者设置断点；

dbtype mfile start:end：列出 mfile 文件中指定行号范围的部分。

（8）dbdown/dbup 工作空间下移/上移

dbdown：程序遇到断点时，将当前工作空间切换到其调用的 M 文件的空间；

dbup：程序遇到断点时，将当前工作空间切换到调用其 M 文件的空间。

（9）dbquit 退出调试模式

立即结束调试器并返回基本工作空间，所有断点仍有效。

3．工具调试

MATLAB 的调试环境也提供了调试菜单项，如表 8-4 所示。

表 8-4　调试菜单项

菜　单　项	功　　能
step	单步，不进入函数
step in	单步，进入子函数单步
step out	若在函数中，则跳出函数；否则直接跳到下一个断点处
save and run	存储且运行
go until cursor	运行到光标处
set/clear breakpoint	设置/清除断点
set/modify conditional breakpoint	设置或修改条件断点，条件断点可以使程序满足一定条件时停止
enable/diable breakpoints	使断点有效或无效
clear breakpoints in all files	清除所有断点
stop if errors/warnings	程序出现错误或警告时停止运行，进入调试，但不包括 try-catch 中的错误

【例 8-12】采用 MATLAB 调试工具进行基本的调试。

首先，针对脚本文件 exp.m 中的语句，插入一个断点，如图 8-8 所示。

其次，将鼠标停留在某个变量的上方，可以观察到该变量的数值，如图 8-9 所示。

图 8-8　插入一个断点

图 8-9　观察变量数值

同时，通过 MATLAB 工作区，可以观察到其他所有变量的当前状态，进而可以判断程序的执行逻辑是否正确，如图 8-10 所示。

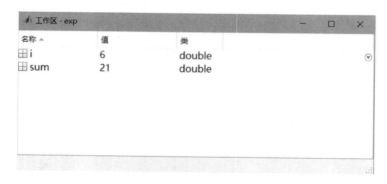

图 8-10　观察工作区的变量数值

当结束对程序的调试时，必须清除断点，即去掉红色圆点，绿色箭头（调试）变为白色，然后选择"continue"，白色箭头去掉，调试完成。

8.6　M 文件的编程规范

M 文件的编程规范具体如下：

（1）函数名和文件名必须相同。

（2）命名应该能够反映实际的意义或用途。

变量名和参数名应当使用"名词"或"形容词＋名词"的形式，由以小写字母开头的单词组合而成。

例如，对实数变量的定义，可以使用 oldValue 或 newValue 等。

函数名应当使用"动词"或"动词+名词"（动宾词组）的形式，由以大写字母开头的单词组合而成。

例如，对于函数名的定义，可以使用 SetValue(int value)等。

用正确的反义词组命名具有互斥意义的变量或相反动作的函数等。

例如，定义变量为 oldValue 或 newValue，定义函数为 SetValue(…)或 GetValue(…)。

尽量避免名字中出现数字编号，除非逻辑上的确需要编号。

例如，不要使用 Value1、Value2 等。

不要出现标识符完全相同的局部变量和全局变量。

例如，主程序中定义全局变量 Value，而子程序也定义局部变量 Value，这样容易引起逻辑混淆。

（3）MATLAB 支持函数间的相互调用。

M 文件可以包含两个以上的函数，第一个函数就是主函数，通过 M 文件的名字就可以调用这个函数。除主函数外，其余的函数就是子函数。子函数只能被本文件中的主函数和子函数调用。主函数必须排在前面，子函数的顺序可以任意排列。

（4）函数可以按少于函数 M 文件中所规定的输入和输出变量数目进行调用，但不能按多于函数 M 文件中所规定的输入和输出变量数目进行调用。变量 nargin 包含输入参数的个数，变量 nargout 包含输出参数的个数。

（5）函数有自己的专用工作空间，与 MATLAB 的工作空间分开。

（6）实际编程中，无论什么时候都应尽量避免使用全局变量。

注意：全局变量 global 只能为一个值，不能为向量或矩阵；而函数之间的参数可传递向量。

（7）若在文件中输入一个符号，则 MATLAB 按照变量、内置函数和外部函数的顺序进行搜索。

（8）在函数 M 文件内可以调用脚本文件。

在这种情况下，脚本文件查看函数工作空间，而不查看 MATLAB 工作空间。在函数 M 文件内调用的脚本文件不必用调用函数编译到内存。函数每调用一次，它们就会被打开和解释执行，所以在函数 M 文件内调用脚本文件降低了函数的执行效率。

（9）函数可以递归调用，即 M 文件函数能调用它们本身。

必须确保程序可以终止，否则 MATLAB 将会陷入死循环。

（10）当函数 M 文件到达 M 文件终点，或遇到返回命令 return 时，就结束执行和返回。

8.7　拓展知识

为了便于 MATLAB 与外部程序进行交互，MATLAB 提供了应用程序接口（即 API）技术，可以在 MATLAB 环境下调用其他高级语言（C 或 FORTRAN 等）编写的源程序，也可以在需要时与外部程序共享数据，或在 MATLAB 环境下与其他程序进行数据交换，还可以借助组件模型（COM）或动态数据交换（DDE）建立客户机与服务器之间的通信。

8.7.1　MATLAB 调用其他程序的方法

在 MATLAB 中，可以采用 MEX 文件形式来调用 C 语言或其他语言编写的程序，这样用户可以在 MATLAB 环境下继续发挥 C 语言或其他语言的优势，来解决 MATLAB 中的实际问题。

利用 MATLAB 环境下的 MEX 文件，可以实现以下功能：①调用其他语言编写的子程序；②调用其他语言已编写的算法程序或进行算法设计；③直接对硬件进行编程等。

基于 MEX 文件的调用方法主要包括以下几个步骤：

（1）利用其他语言调用 MEX 函数，编写 MEX 程序文件。

在 MATLAB R2018b 中，应用程序接口函数库提供了 22 个 C 语言 MEX 函数，具体如表 8-5 所示。

表 8-5　C 语言 MEX 函数

函　数　名	功　　　能
mexAtExit	确定一个函数在 MEX 文件中被清除或在 MATLAB 终止时调用
mexCallMATLAB	调用 MATLAB 函数或自定义的 M 文件或 MEX 文件
mexErrMsgIdAndTxt	用标识符发布错误信息并返回 MATLAB
mexErrMsgTxt	发布错误信息并返回 MATLAB
mexEvaString	在调用 MATLAB 工作空间时执行表达式命令
mexFunction	C 语言编写的 MEX 文件的入口处
mexFunctionName	当前 MEX 函数名
mexGet	查询图形句柄属性
mexGetVariable	从另一个工作空间获取变量的一个拷贝
mexGetVarialbePtr	获取一个只读指针，指向另一个工作空间的变量
mexIsGlobal	判断 mxArray 结构体类型变量是否为全局变量
mexIsLocked	判断 MEX 文件是否处于锁定状态
mexLock	锁定一个 MEX 文件，使它不至于从内存中被清除
mexMakeArrayPersistent	在 MEX 文件结束时仍保持 mxArray 类型变量
mexMakeMemoryArrayPersistent	在 MEX 文件结束时仍保留 MATLAB 内存分配程序所分配的内存空间
mexPrintf	ANSI C 类型打印输出
mexPutVariable	从当前 MEX 文件中将 mxArray 结构体变量复制到另一个工作空间
mexSet	设置图形句柄的属性
mexSetTrapFlag	控制 mexCallMATLAB 函数对错误的响应
mexUnlock	为 MEX 文件解锁，并将它从内存中清除
mexWarnMsgIdAndTxt	应用标识符发布警告信息
mexWarnMsgTxt	发布警告信息

为了在 C 语言中调用 MEX 函数，首先需要引用 MEX 函数的头文件，具体如下：

```
#include "mex.h"
```

其次，使用具体函数名，具体如下：

命令关键字<函数名>　　（<参数 1>，<参数 2>，<参数 3>，…）

或<函数名>　　（<参数 1>，<参数 2>，<参数 3>，…）

例如：

mexErrMsgTxt("YPRIME requires that Y be a 4 x 1 vector.");

实现发布错误信息"YPRIME 要求 Y 是一个四维向量"。

所谓 MEX 文件，实际上就是 C 语言或其他语言编写的经 mex 命令转换即可在 MATLAB 环境下直接调用的子程序。因此，MEX 文件在 MATLAB 环境下应用时与 MATLAB 的 M 文件没有什么两样。区别在于 M 文件有独立的扩展平台，其扩展名为.m，而 MEX 文件通过用户来指定其扩展平台。常用的 MEX 文件扩展平台如表 8-6 所示。

表 8-6　常用的 MEX 文件扩展平台

MEX 文件格式	扩　展　名	MEX 文件格式	扩　展　名
Alpham	exaxp	Linuxm	exglx
HP,Version10.20	mexhp7	SGI,SGI64	mexsg
HP,Version11.x	mexhpux	Solaris	mexsol
IBMRS/6000	mexrs6	Windows	dll

在运行的先后次序上，若在同一子目录内，MEX 文件比 M 文件优先运行，帮助文件仍在相应目录中读取。一般情况下，在创建一个 MEX 文件的同时另建一个辅助的 M 文件，这样可以利用 MATLAB 强大的帮助系统，为 MEX 文件提供良好的帮助信息。

关于 MEX 文件函数的应用示例，MATLAB R2018b 在安装目录的 extern\examples\mex 子目录下提供了各种 MEX 函数的应用文件。

【例 8-13】以文件 yprime.c 为例，说明 MEX 文件的使用方法。

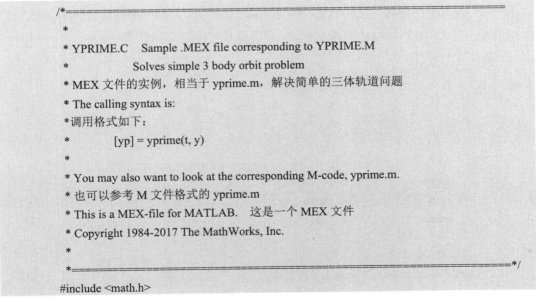

```
/*=================================================================
 *
 * YPRIME.C    Sample .MEX file corresponding to YPRIME.M
 *             Solves simple 3 body orbit problem
 * MEX 文件的实例，相当于 yprime.m，解决简单的三体轨道问题
 * The calling syntax is:
 *调用格式如下：
 *          [yp] = yprime(t, y)
 *
 * You may also want to look at the corresponding M-code, yprime.m.
 * 也可以参考 M 文件格式的 yprime.m
 * This is a MEX-file for MATLAB.   这是一个 MEX 文件
 * Copyright 1984-2017 The MathWorks, Inc.
 *
 *=================================================================*/

#include <math.h>
```

```
#include "mex.h"

/* Input Arguments  输入参数*/
#define    T_IN prhs[0]
#define    Y_IN prhs[1]

/* Output Arguments  输出参数*/
#define    YP_OUT    plhs[0]
#if !defined(MAX)
#define    MAX(A, B)    ((A) > (B) ? (A) : (B))
#endif
#if !defined(MIN)
#define    MIN(A, B) ((A) < (B) ? (A) : (B))
#endif

static double    mu = 1/82.45;
static double    mus = 1 - 1/82.45;
static void yprime(
                double  yp[],
                double  *t,
                double  y[]
                )
{
    double    r1,r2;
    (void) t;      /* unused parameter */
    r1 = sqrt((y[0]+mu)*(y[0]+mu) + y[2]*y[2]);
    r2 = sqrt((y[0]-mus)*(y[0]-mus) + y[2]*y[2]);

    /* Print warning if dividing by zero. 如果被 0 除则输出警告信息*/
    if (r1 == 0.0 || r2 == 0.0 ){
        mexWarnMsgIdAndTxt( "MATLAB:yprime:divideByZero",
                "Division by zero!\n");
    }

    yp[0] = y[1];
    yp[1] = 2*y[3]+y[0]-mus*(y[0]+mu)/(r1*r1*r1)-mu*(y[0]-mus)/(r2*r2*r2);
    yp[2] = y[3];
    yp[3] = -2*y[1] + y[2] - mus*y[2]/(r1*r1*r1) - mu*y[2]/(r2*r2*r2);
    return;
}
/*以下是 MEX 文件入口函数*/
void mexFunction( int nlhs, mxArray *plhs[],
            int nrhs, const mxArray*prhs[] )
```

```
{
    double *yp;
    double *t,*y;
    size_t m,n;

    /* Check for proper number of arguments */
    /*检查输入参数的个数*/
    if (nrhs != 2) {
        mexErrMsgIdAndTxt( "MATLAB:yprime:invalidNumInputs",
                "Two input arguments required.");
    } else if (nlhs > 1) {
        mexErrMsgIdAndTxt( "MATLAB:yprime:maxlhs",
                "Too many output arguments.");
    }
    /* check to make sure the first input argument is a real matrix */
    /*检查确保第一个输入参数是一个实矩阵*/
    if( !mxIsDouble(T_IN) || mxIsComplex(T_IN)) {
        mexErrMsgIdAndTxt( "MATLAB:yprime:invalidT",
                "First input argument must be a real matrix.");
    }
    /* check to make sure the second input argument is a real matrix */
    /*检查确保第二个输入参数是一个实矩阵*/
    if( !mxIsDouble(Y_IN) || mxIsComplex(Y_IN)) {
        mexErrMsgIdAndTxt( "MATLAB:yprime:invalidY",
                "Second input argument must be a real matrix.");
    }

    /* Check the dimensions of Y.   Y can be 4 X 1 or 1 X 4. */
    /*检查输入参数 Y 的维度，可以是 4×1 或 1×4*/
    m = mxGetM(Y_IN);
    n = mxGetN(Y_IN);
    if (!mxIsDouble(Y_IN) || mxIsComplex(Y_IN) || mxIsSparse(Y_IN) ||
     (MAX(m,n) != 4) || (MIN(m,n) != 1)) {
        mexErrMsgIdAndTxt( "MATLAB:yprime:invalidY",
                "YPRIME requires that Y be a 4 x 1 vector.");
    }

    /* Create a matrix for the return argument  为返回参数创建一个矩阵*/
    YP_OUT = mxCreateDoubleMatrix( (mwSize)m, (mwSize)n, mxREAL);

    /* Assign pointers to the various parameters  为不同的参数分配指针*/
    yp = mxGetPr(YP_OUT);
    t = mxGetPr(T_IN);
```

```
                    y = mxGetPr(Y_IN);

                    /* Do the actual computations in a subroutine 在子程序中做实际计算*/
                    yprime(yp,t,y);
                    return;
               }
```

（2）在 MATLAB 命令窗口编译并连接 MEX 程序文件。

MATLAB 提供了三种命令模式，包括 mex 命令、mcc 命令、mbuild 编译命令。

①mex 命令的使用方法。

mex 命令可将由 C 语言编写的 C 文件转换为在 MATLAB 环境下能运行的各种 MATLAB 文件形式，它可以在 DOS 环境下使用，也可以在 MATLAB 命令窗口使用，具体调用格式如下：

mex<操作参数><文件名参数>

mex 的文件名参数包括三部分，第一部分是路径名，若该文件不在当前目录下应该写入该文件的路径名；第二部分是文件名；第三部分是文件扩展名。后两部分是不可省略的。

mex 操作参数很多，常用的操作参数见表 8-7。

表 8-7　mex 常用操作参数

操 作 参 数	说　　明
-c	编译源代码文件，但不连接
-D\<name>	仅用于 Windows 系统的参数，表示定义预处理的宏
-f\<optionsfile>	用参数 optionsfile 指定的文件对 mex 文件进行编译，注意该指定文件若不在当前目录，参数中应该包括该文件的路径
-g	建立包括调试信息的 mex 文件
-h	显示 mex 的全部帮助信息
-I\<pathname>	在该编译环境当中包含路径名 pathname
-n	非执行标志
-o	建立一个优化的可执行文件
-v	显示所有编译连接器的设置信息
-setup	安装 mex 编译环境
-argcheck	监测应用程序接口函数输入参数的有效性，只对 C 语言编写 mex 文件有效
output\<name>	建立以参数 name 为文件名的可执行文件
outdir\<name>	将所有的输出文件放于参数 name 指定的目录下

【例 8-14】显示 mex 的全部帮助信息。

只需在 MATLAB 命令窗口输入以下命令：

```
>>mex -h
MEX [option1 ⋯ optionN] sourcefile1 [⋯ sourcefileN]
    [objectfile1 ⋯ objectfileN] [libraryfile1 ⋯ libraryfileN]
```

Description:

MEX compiles and links source files into a shared library called a
MEX-file, executable from within MATLAB. The resulting file has a
platform-dependent extension, as shown in the table below:

sol2, SunOS 5.x - .mexsol
hpux   - .mexhpux
hp700   - .mexhp7
ibm_rs   - .mexrs6
sgi   - .mexsg
alpha   - .mexaxp
glnx86   - .mexglx
Windows   - .dll

The first file name given (less any file name extension) will be the name
of the resulting MEX-file. Additional source, object, or library files can
be given to satisfy external references. On Windows, either C or Fortran,
but not both, may be specified. On UNIX, both C and Fortran source files
can be specified when building a MEX-file. If C and Fortran are mixed, the
first source file given determines the entry point exported from the
MEX-file (MATLAB loads and runs a different entry point symbol for C or
Fortran MEX-files).

Both an options file and command line options affect the behavior of MEX.
The options file contains a list of variables that are passed as arguments
to various tools such as the compiler, linker, and other platform-
dependent tools (such as the resource linker on Windows). Command line
options to MEX may also affect what arguments are passed to these tools,
or may control other aspects of MEX's behavior.

Command Line Options:

Options available on all platforms:

-ada <sfcn.ads>

Use this option to compile a Simulink S-function written in Ada, where
<sfcn.ads> is the Package Specification for the S-function. When this
option is specified, only the -v (verbose) and -g (debug) options are
relevant. All other options are ignored. See
$MATLAB/simulink/ada/examples/README for examples and info on
supported compilers and other requirements.

-argcheck

Add argument checking. This adds code so that arguments passed incorrectly to MATLAB API functions will cause assertion failures. Adds -DARGCHECK to the C compiler flags, and adds $MATLAB/extern/src/mwdebug.c to the list of source files. (C functions only).

Options File Details:

On Windows:

The options file is written as a DOS batch file. If the -f option is not used to specify the options file name and location, then MEX searches for an options file named mexopts.bat in the following directories: the current directory, then the directory "<UserProfile>\Application Data\MathWorks\MATLAB\R13". Any variable specified in the options file can be overridden at the command line by use of the <name>#<value> command line argument. If <value> has spaces in it, then it should be wrapped in double quotes (e.g., COMPFLAGS#"opt1 opt2"). The definition can rely on other variables defined in the options file; in this case the variable referenced should have a prepended "$" (e.g., COMPFLAGS#"$COMPFLAGS opt2").

Note: The options files in $MATLAB\bin\mexopts named *engmatopts.bat are special case options files that can be used with MEX (via the -f option) to generate stand-alone MATLAB Engine and MATLAB MAT-API executables. Such executables are given a ".exe" extension.

On UNIX:

The options file is written as a UNIX shell script. If the -f option is not used to specify the options file name and location, then MEX searches for an options file named mexopts.sh in the following directories: the current directory (.), then $HOME/.matlab/R13, then $MATLAB/bin. Any variable specified in the options file can be overridden at the command line by use of the <name>=<def> command line argument. If <def> has spaces in it, then it should be wrapped in single quotes (e.g., CFLAGS='opt1 opt2'). The definition can rely on other variables defined in the options file; in this case the variable referenced should have a prepended "$" (e.g., CFLAGS='$CFLAGS opt2').

Note: The options files in $MATLAB/bin named engopts.sh and matopts.sh are special case options files that can be used with MEX (via the -f option) to generate stand-alone MATLAB Engine and MATLAB MAT-API executables. Such executables are not given any default extension.

Examples:

The following command will compile "myprog.c" into "myprog.mexsol" (when run under Solaris):

mex myprog.c

When debugging, it is often useful to use "verbose" mode as well as include symbolic debugging information:

mex -v -g myprog.c

②mcc 命令的使用方法。

mcc 命令可以将 MATLAB 编写的 M 文件转换为各种形式的 C 语言文件或 MEX 程序文件。为了将 M 文件转换为可执行的文件，mcc 先将 M 文件转换为 Win32 格式程序代码，再利用 mbuild 命令将其编译为 exe 程序；为了将 M 文件转换为 MEX 程序，mcc 先将 M 文件转换为 MEX 格式的 C 代码，再调用 mex 命令将其编译为 dll 文件。mcc 命令的具体调用格式如下：

mcc<操作参数><文件名参数>

其中，文件名参数是被转换的 M 文件的文件名，若该文件不在当前目录就指明文件所在的路径；操作参数是指定将该 M 文件转换为什么形式的 C 语言文件，常用的操作参数见表 8-8。

表 8-8　mcc 命令常用操作参数

操 作 格 式	说　　　明
-m	将文件名参数指定的 M 文件转换为 C 文件，并编译为独立运行的 exe 文件
-p	将文件名参数指定的 M 文件转换为 CPP 文件，并编译为可以独立运行的 exe 文件
-x	将文件名参数指定的 M 文件转换为 C 文件，并编译为 mex 程序
-B sgl	将文件名参数指定的 M 文件转换为 C 文件，提供图形库支持，并编译为可独立运行的 exe 文件
-B sglcpp	将文件名参数指定的 M 文件转换为 C++文件，提供图形库支持，并编译为可独立运行的 exe 文件
-t -L c	将文件名参数指定的 M 文件转换为 C 代码文件，不进行编译
-t -L Cpp	将文件名参数指定的 M 文件转换为 C++代码文件，不进行编译
-x -h -A annotation:all	将文件名参数指定的 M 文件转换为 C 代码文件，并编译为 MEX 程序，同时将所有直接或间接调用的 M 文件一起编译，在生成的 C 代码中以注释的形式保留所有 M 文件代码

mcc 命令的帮助文件可以在 MATLAB 命令窗口查询，只要在命令窗口输入"help mcc"，即可列出其帮助信息。

③mbuild 编译命令的使用方法。

mbuild 编译命令的具体调用格式如下：

mbuild<操作参数><文件名参数>

其中，参数的设置和使用方法与 mex 命令基本相同，可使用-h 参数列出 mbuild 的帮助信息命令，具体如下：

>>mbuild -h

8.7.2 其他程序调用 MATLAB 内置函数的方法

MATLAB 提供了强大的计算功能，将其作为一个计算引擎，利用 MATLAB 应用程序接口（API），可以在 C 语言、FORTRAN 语言或其他语言环境下对 MATLAB 的内置函数进行调用。在 C 语言或其他语言等应用程序下调用 MATLAB 的有关函数，需要利用 MATLAB 的引擎函数编写该语言的 MATLAB 调用程序。

为了实现 C 程序调用 MATLAB 内置函数，调用方法主要包括以下几个步骤：

（1）调用 MATLAB 的计算引擎

MATLAB R2018b 中自带的关于 C 语言调用 MATLAB 计算引擎的程序如下：

```
/*
 * engwindemo.c
 *
 * This program illustrates how to call MATLAB
 * Engine functions from a C program on Windows.
 * 这是一个 C 语言调用 MATLAB 引擎函数的实例程序
 * Copyright 1984-2017 The MathWorks, Inc.
 */
#include <windows.h>
#include <stdlib.h>
#include <stdio.h>
#include <string.h>
#include "engine.h"
#include <matrix.h>
#define BUFSIZE 256

static double Areal[6] = { 1, 2, 3, 4, 5, 6 };
int PASCAL WinMain (HINSTANCE hInstance,
                    HINSTANCE hPrevInstance,
                    LPSTR       lpszCmdLine,
                    int         nCmdShow)
{
    Engine *ep;
    mxArray *T = NULL, *a = NULL, *d = NULL;
    char buffer[BUFSIZE+1];
```

```
double *Dreal, *Dimag;
double time[10] = { 0, 1, 2, 3, 4, 5, 6, 7, 8, 9 };

/*
 * Start MATLAB engine
```
*从此处开始 MATLAB 引擎
```
 */
if (!(ep = engOpen(NULL))) {
     MessageBox ((HWND)NULL, (LPSTR)"Can't start MATLAB engine",
          (LPSTR) "Engwindemo.c", MB_OK);
     exit(-1);
}
```
/*不能打开 MATLAB 引擎时提示错误信息
```
 * PART I
```
*第一部分，这是示例文件的一半，向 MATLAB 传送数据、分析数据并将结果绘图
```
 * For the first half of this demonstration, we will send data
 * to MATLAB, analyze the data, and plot the result.
 */
/*
 * Create a variable from our data
```
*为数据创造变量
```
 */
T = mxCreateDoubleMatrix(1, 10, mxREAL);
#if MX_HAS_INTERLEAVED_COMPLEX
     memcpy(mxGetDoubles(T), time, 10*sizeof(double));
#else
     memcpy(mxGetPr(T), time, 10*sizeof(double));
#endif
/*
 * Place the variable T into the MATLAB workspace
```
*将变量 T 放置到 MATLAB 工作空间
```
 */
engPutVariable(ep, "T", T);
/*
 * Evaluate a function of time, distance = (1/2)g.*t.^2
 * (g is the acceleration due to gravity)
```
*求自由落体距离与时间的函数的值，其中 g 是重力加速度
```
 */
engEvalString(ep, "D = .5.*(-9.8).*T.^2;");
/*
 * Plot the result
```
*绘制结果的图像

```
     */
     engEvalString(ep, "plot(T,D);");
     engEvalString(ep, "title('Position vs. Time for a falling object');");
     engEvalString(ep, "xlabel('Time (seconds)');");
     engEvalString(ep, "ylabel('Position (meters)');");

     /*
      * PART II
      *这是示例文件的另一半，创建一个 mxArray 数值，将其导入 MATLAB 工作空间，然
后计算其特征值
      * Create another mxArray, put it into MATLAB, and calculate its eigen values.
      */
     a = mxCreateDoubleMatrix(3, 2, mxREAL);
     #if MX_HAS_INTERLEAVED_COMPLEX
          memcpy(mxGetDoubles(a), Areal, 6*sizeof(double));
     #else
          memcpy(mxGetPr(a), Areal, 6*sizeof(double));
     #endif
     engPutVariable(ep, "A", a);
     /*
      * Calculate the eigen value
      *计算特征值
      */
     engEvalString(ep, "d = eig(A*A')");
     /*
      * Use engOutputBuffer to capture MATLAB output. Ensure first that
      * the buffer is always NULL terminated.
      */
     buffer[BUFSIZE] = '\0';
     engOutputBuffer(ep, buffer, BUFSIZE);
     /*
      * the evaluate string returns the result into the output buffer.
      * 运行字符串中的命令将结果返回输出缓冲区
      */
     engEvalString(ep, "whos");
     MessageBox ((HWND)NULL, (LPSTR)buffer, (LPSTR) "MATLAB - whos", MB_OK);
     /*
      * Get the eigen value mxArray
      *获取 mxArray 特征值
      */
     d = engGetVariable(ep, "d");
     engClose(ep);
```

```
            if (d == NULL) {
            /*当出现错误时的提示信息*/
                MessageBox ((HWND)NULL, (LPSTR)"Get Array Failed", (LPSTR)"Engwindemo.c",
MB_OK);
            }
            else {
                /*
                 * Using interleaved complex representation we can access complex number
                 * with a single pointer instead of using two separate pointers.
                 */
                #if MX_HAS_INTERLEAVED_COMPLEX
                    if (mxIsComplex(d)) {
                        sprintf(buffer,"Eigenval 2: %g+%gi",mxGetComplexDoubles(d)[1].
real,mxGetComplexDoubles(d)[1].imag);
                    }
                    else {
                        sprintf(buffer,"Eigenval 2: %g",mxGetDoubles(d)[1]);
                    }
                #else
                    Dreal = mxGetPr(d);
                    Dimag = mxGetPi(d);
                    if (Dimag) {
                        sprintf(buffer,"Eigenval 2: %g+%gi",Dreal[1],Dimag[1]);
                    }
                    else {
                        sprintf(buffer,"Eigenval 2: %g",Dreal[1]);
                    }
                #endif
                MessageBox ((HWND)NULL, (LPSTR)buffer, (LPSTR)"Engwindemo.c", MB_OK);
                mxDestroyArray(d);
            }
            /*
             * We're done! Free memory, close MATLAB engine and exit.
             *释放相关内存，关闭 MATLAB 引擎并退出
             */
            mxDestroyArray(T);
            mxDestroyArray(a);
            return(0);
        }
```

（2）重点使用 C 语言引擎函数

在 MATLAB R2018b 中，C 语言引擎函数库有 engClose、engEvalString、

engGetVariable 、 engGetVisible 、 engOpen 、 engOpenSingleUse 、 engOutputBuffer 、 engPutVariable、engSetVisible 9 个函数。这些函数的调用格式及说明见表 8-9。

表 8-9　C 语言引擎函数

函　数　名	调　用　说　明
engClose	Int engClose(engine *ep);
	退出 MATLAB 引擎。参数 ep 为定义的引擎指针。退出引擎后返回 0，退出失败返回 1
engEvalString	int engEvalString(engine *ep, const char *string);
	运行参数 string 指定的 MATLAB 表达式。参数 ep 为引擎指针。运行返回 0，否则返回非零值
engGetVariable	mxArray *engGetVariable(engine *ep，const char *name);
	从 MATLAB 引擎工作空间复制变量。参数 ep 为引擎指针，参数 name 为从 MATLAB 中得到的 mxArray 数组名。执行时函数从 MATLAB 引擎中读取 mxArray 数组并赋予指针 ep，且为新分配的 mxArray 结构返回一个指针。如果操作失败则返回 NULL。要注意在程序结束时释放 mxArray
engGetVisible	Int engGetVisible(engine *ep，bool *value);
	确定 MATLAB 引擎的可见性。参数 ep 为引擎指针，参数 value 为指向从 engGetVisible 返回数值的指针。返回 0 则可见，返回 1 则不可见或调用失败
engOpen	Engine *engOpen(const char *startcmd);
	调用一个 MATLAB 计算引擎。在 Windows 系统中通过此函数建立一个与 MATLAB 通信的 COM 通道。如果在安装 MATLAB 时已注册，则可以开始 MATLAB 引擎的调用；如果还没有注册，可以使用 matlab/regserver 命令注册
engOpenSingleUse	Engine *engOpenSingleUse(const char *startcmd,void *dcom,int *retstatus);
	打开一个单独的非共享的 MATLAB 的 COM 通道，即开始一个 MATLAB 引擎。参数 startcmd 为开始 MATLAB 的字符串，在 Windows 下必须是 NULL。参数 dcom 为将来应用保留，必须是 NULL。参数 retstatus 为返回的当前状态，产生错误的可能原因。engOpensingleUse 允许一个用户应用一个 MATLAB 引擎服务器，而 engOpen 命令允许许多个用户使用同一个引擎服务器
engOutputBuff	int engOutputBuff(engine *ep,char *p，int n);
	为 MATLAB 的屏幕输出指定缓冲区。参数 ep 为引擎指针，n 为缓冲区大小，p 为指向大小为 n 的字符缓冲区的指针。该函数为 engEvalString 函数指定缓冲区，并显示输出结果。要关闭该缓冲区使用 engOutputBuff（ep,NULL,0）
engPutVariable	int engPutVariable(engine *ep,const char *name,const mxArray *mp);
	该函数将变量 mxArray mp 写入 MATLAB 引擎中，并命名为 name。如果 mxArray 不存在，则创建一个 mxArray；如果已存在一个同名的 mxArray，则新的 mxArray 将替换已存在的 mxArray。若这一系列调用成功则返回 0，否则返回 1
engSetVisible	int engSetVisible(engine *ep，bool value);
	该函数用于设置 MATLAB 引擎在 Windows 桌面上是否可见，参数 ep 为引擎指针，参数 value 为属性值，当 value 是 1 时为 MATLAB 引擎窗口可见，是 0 时为不可见。操作成功时函数返回 0，不成功时返回 1

在使用这些函数之前，必须调用包含引擎函数的头文件，具体如下：

```
#include "engine.h"
```

8.8　思考问题

M 文件程序设计与交互式命令设计各有什么优缺点？

8.9　常见问题

（1）函数文件名称是否与定义的函数名称一致？

答：函数文件名称与定义的函数名称必须一致。

（2）函数文件与脚本文件是否可以保存到一个文件中？

答：函数定义不能放在脚本文件中，必须单独存放在一个 M 文件中。关键字 function 行及后面的属于这个函数的内容存储到一个 M 文件中并保存为与函数名相同的文件名。

附录 G　即时编译技术

MATLAB 编程语言可以看作一种解释语言，采用的是一种即时编译技术（Just-In-Time Compilation，JIT），以支持 MATLAB 进行高效运算。MATLAB 在首次加载运行一个函数时，会在后台对它进行某种程度的编译和优化，使得后续运行更快。因此，除了首次运行需要进行语句解释之外，后面运行的其实是已经放在内存中的经过优化的中间码。目前的 JIT 技术还不是非常成熟，与标准的编译语言相比还有相当的差距。

即时编译又称动态转译（Dynamic Translation），是一种在运行时将字节码翻译为机器码，从而改善字节码编译语言性能的技术。与即时编译相关的前期理论基础是字节码编译和动态编译。

在编译为字节码的系统中，如 Limb 编程语言、Smalltalk、UCSD P-System、Perl、GNU CLISP 和 Java 的早期版本，源代码被翻译为一种中间表示，即字节码。字节码不是任何特定计算机的机器码，它可以在多种计算机体系中移植。字节码以解释状态运行在虚拟机里。

动态编译环境是一种在执行时使用编译器的编译环境。例如，多数 Common Lisp 系统有一个编译函数，它可以编译运行时创建的函数。

在即时编译环境下，第一步是字节码的编译，它将源代码递归到可移植和可优化的中间表示。字节码被部署到目标系统。当执行代码时，运行环境的编译器将字节码翻译为本地机器码。基于每个文件或每个函数，函数仅仅在它们要被执行时才会被编译。目标是要组合利用本地和字节码编译的多种优势。多数重量级的任务如源代码解析和基本性能的优化在编译时处理，将字节码编译为机器码比从源代码编译为机器码要快得多。部署字节码是可移植的，而机器码只限于特定的系统结构。从字节码到机器码编译器的实现更容易，因为大部分工作已经在实现字节码编译器时完成了。

采用 Linpack 基准测试程序，可以测试机器的浮点计算能力、向量性能和高速缓存性能，测试结果表明单独的 JIT 技术提高了程序代码的执行效率，但并未对系统有全局优化的功效。

第 9 章

GUI 图形用户界面设计

图形用户界面（Graphical User Interfaces，GUI）是提供人机交互的工具和方法，包含窗口、图标、菜单和文本等图形对象。以某种方式选择或激活这些对象时，通常会引起动作或者发生变化。MATLAB 的 GUI 为开发者提供了一个不脱离 MATLAB 的简便开发环境，大大提高了可视化应用程序的开发效率。

本章的主要知识点体现在以下三个方面：

- 了解 GUI 设计的基本流程；
- 掌握 GUI 控件的设计方法；
- 掌握 GUI 中主要的函数结构。

9.1 入门实例

【例 9-1】利用 MATLAB 环境制作一个简单的 GUI 程序。

在命令行输入"guide"，显示 GUI 开发环境的启动窗口，如图 9-1 所示。

为了创建一个新的 GUI 工程文件，选择"新建 GUI"选项卡，其中有 4 个工程文件可以选择，这里选择"GUI with Axes and Menu"，在默认生成的窗口上布置有坐标轴控件和菜单，然后单击"确定"按钮，显示窗口如图 9-2 所示，进入 GUI 开发环境。

为了运行 GUI 程序，单击工具栏上的绿色方向按键。由于该程序是初次执行，尚未进行保存，所以在提示保存文件之后，显示 GUI 程序，如图 9-3 所示。该程序的窗口上默认绘制了 5 个数据点的曲线，并显示在坐标轴中。

通过单击 GUI 程序"文件"菜单项，弹出子菜单，如图 9-4 所示。

图 9-1　GUI 开发环境的启动窗口

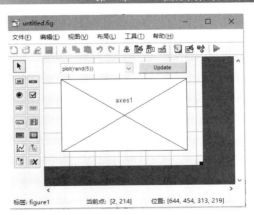

图 9-2　GUI 开发环境

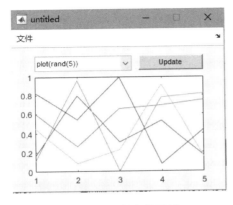

图 9-3　GUI 程序的示例

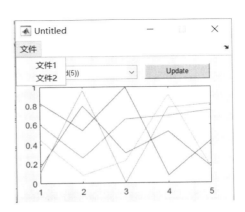

图 9-4　GUI 程序的菜单项

以上是用户通过 MATLAB 提供的工具自动生成的一个 GUI 程序，窗口上含有坐标轴控件、下拉框控件、按钮控件，并在窗口上方配置有菜单项。尽管它是一个非常简单的 GUI 程序，但完全符合可视化的设计规范。

9.2　GUI 设计工具介绍

GUI 是由各种图形对象组成的用户界面。在这种用户界面下，用户的命令和对程序的控制是通过"选择"各种图形对象来实现的。基本图形对象分为控件对象和用户界面菜单对象，简称控件和菜单。

为了方便 GUI 设计，MATLAB 提供了一套可视化的创建图形窗口的工具——GUIDE（GUI Development Environment，图形用户界面开发环境）。这些工具大大简化了 GUI 设计和生成的过程，帮助用户方便地创建 GUI 应用程序，可以根据用户设计的 GUI 布局自动生成 M 文件的框架，进而用户以这个框架为基础编制自己的应用程序。

9.2.1　GUIDE 的启动方法

在 MATLAB R2018b 中启动 GUIDE 可以采用如下方式：

在命令窗口的提示符下，输入命令：

Guide——打开 GUIDE 启动界面；

guide file——打开文件名为 file 的 GUIDE 用户界面。

注意： guide 命令中文件名不区分大小写。

启动 GUIDE 后，会出现如图 9-5 所示的"GUIDE 快速入门"对话框。

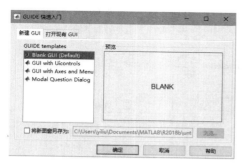

图 9-5　"GUIDE 快速入门"对话框

打开的 GUI 启动界面提供"新建 GUI"（Create New GUI）或"打开现有 GUI"（Open Existing GUI）选项卡。"新建 GUI"选项卡可以选择空白界面（Blank GUI（Default））、包含有控件的模板界面（GUI with Uicontrols）、包含有轴对象和菜单的模板界面（GUI with Axes and Menu）、标准询问窗口（Modal Question Dialog）等选项，具体如图 9-5 所示。

选择"GUIDE templates"提示窗口中任意一项都会打开 GUI 设计工作台，如图 9-6 所示，包含菜单、工具栏、控件栏、设计窗口，可以对界面静态组成部分进行具体修改。

在通常状况下，GUI 设计工作台中的组件面板并不显示组件的名称。如果需要显示组件名称，需要进行以下操作：从"文件"菜单中选择"预设"选项，勾选"在组件选项板中显示名称"选项，如图 9-7 所示。

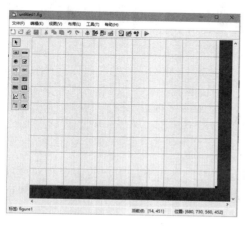

图 9-6　GUI 设计工作台

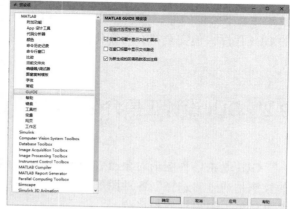

图 9-7　预设选项

注意： 通过在"文件"菜单下选择"预设"选项，打开如图 9-7 所示的设置对话框，用户可以进行相应的设置，自定义 GUIDE 设计环境。

9.2.2　GUI 文件的构成

在 MATLAB 中，GUI 设计是以 M 文件为核心的编程形式实现的。当使用 GUIDE 生成 GUI 程序时，GUI 设计的内容保存在两个文件中，这两个文件与 GUI 显示和编程任务相对应，它们是在第一次保存或运行时生成的。一个是 FIG 文件，扩展名为.fig，它包含对 GUI 和 GUI 控件的完整描述，对应版图编辑器中创建的静态资源；另一个是 M 文件，扩展名为.m，它包含控制 GUI 的代码和控件的回调事件代码，对应事件触发时的动态响应。该文件是简单的 ASCII 码文本文件，可以用文本文件编辑器进行编辑处理。

通过单击 GUIDE 工具栏上的 图标可以打开 M 文件编辑器。

【例 9-2】以 GUI with Axes and Menu 模板为例，说明 M 文件的主要内容。

exp.m 文件的具体内容如下：

```
function varargout = exp(varargin)
% EXP M-file for exp.fig
%    EXP, by itself, creates a new EXP or raises the existing
%    singleton*.
%
%    H = EXP returns the handle to a new EXP or the handle to
%    the existing singleton*.
%
%    EXP('CALLBACK',hObject,eventData,handles,…) calls the local
%    function named CALLBACK in EXP.M with the given input arguments.
%
%    EXP('Property','Value',…) creates a new EXP or raises the
%    existing singleton*.  Starting from the left, property value pairs are
%    applied to the GUI before exp_OpeningFunction gets called.  An
%    unrecognized property name or invalid value makes property application
%    stop.  All inputs are passed to exp_OpeningFcn via varargin.
%
%    *See GUI Options on GUIDE's Tools menu.  Choose "GUI allows only one
%    instance to run (singleton)".
%
% See also: GUIDE, GUIDATA, GUIHANDLES

% Copyright 2002-2003 The MathWorks, Inc.

% Edit the above text to modify the response to help exp

% Last Modified by GUIDE v2.5 08-Dec-2003 14:47:39

% Begin initialization code - DO NOT EDIT
gui_Singleton = 1;
gui_State = struct('gui_Name',        mfilename, …
                   'gui_Singleton',   gui_Singleton, …
                   'gui_OpeningFcn', @exp_OpeningFcn,…
                   'gui_OutputFcn',  @exp_OutputFcn,…
                   'gui_LayoutFcn',   [] , …
                   'gui_Callback',    []);
if nargin && ischar(varargin{1})
    gui_State.gui_Callback = str2func(varargin{1});
```

```
end
if nargout
    [varargout{1:nargout}] = gui_mainfcn(gui_State, varargin{:});
else
    gui_mainfcn(gui_State, varargin{:});
end
% End initialization code - DO NOT EDIT
% --- Executes just before exp is made visible.
function exp_OpeningFcn(hObject, eventdata, handles, varargin)
% This function has no output args, see OutputFcn.
% hObject        handle to figure
% eventdata    reserved - to be defined in a future version of MATLAB
% handles        structure with handles and user data (see GUIDATA)
% varargin      command line arguments to exp (see VARARGIN)
% Choose default command line output for exp
handles.output = hObject;
% Update handles structure
guidata(hObject, handles);
% This sets up the initial plot - only do when we are invisible
% so window can get raised using exp.
if strcmp(get(hObject,'Visible'),'off')
    plot(rand(5));
end
% UIWAIT makes exp wait for user response (see UIRESUME)
% uiwait(handles.figure1);
% --- Outputs from this function are returned to the command line.
function varargout = exp_OutputFcn(hObject, eventdata, handles)
% varargout    cell array for returning output args (see VARARGOUT);
% hObject        handle to figure
% eventdata    reserved - to be defined in a future version of MATLAB
% handles        structure with handles and user data (see GUIDATA)
% Get default command line output from handles structure
varargout{1} = handles.output;
% --- Executes on button press in pushbutton1.
function pushbutton1_Callback(hObject, eventdata, handles)
% hObject        handle to pushbutton1 (see GCBO)
% eventdata    reserved - to be defined in a future version of MATLAB
% handles        structure with handles and user data (see GUIDATA)
axes(handles.axes1);
cla;
popup_sel_index = get(handles.popupmenu1, 'Value');
switch popup_sel_index
    case 1
```

```matlab
            plot(rand(5));
        case 2
            plot(sin(1:0.01:25.99));
        case 3
            bar(1:.5:10);
        case 4
            plot(membrane);
        case 5
            surf(peaks);
end
% -------------------------------------------------------------------
function FileMenu_Callback(hObject, eventdata, handles)
% hObject        handle to FileMenu (see GCBO)
% eventdata    reserved - to be defined in a future version of MATLAB
% handles       structure with handles and user data (see GUIDATA)
% -------------------------------------------------------------------
function OpenMenuItem_Callback(hObject, eventdata, handles)
% hObject          handle to OpenMenuItem (see GCBO)
% eventdata    reserved - to be defined in a future version of MATLAB
% handles        structure with handles and user data (see GUIDATA)
file = uigetfile('*.fig');
if ~isequal(file, 0)
    open(file);
end
% -------------------------------------------------------------------
function PrintMenuItem_Callback(hObject, eventdata, handles)
% hObject          handle to PrintMenuItem (see GCBO)
% eventdata    reserved - to be defined in a future version of MATLAB
% handles        structure with handles and user data (see GUIDATA)
printdlg(handles.figure1)
% -------------------------------------------------------------------
function CloseMenuItem_Callback(hObject, eventdata, handles)
% hObject          handle to CloseMenuItem (see GCBO)
% eventdata    reserved - to be defined in a future version of MATLAB
% handles        structure with handles and user data (see GUIDATA)
selection = questdlg(['Close ' get(handles.figure1,'Name') '?'],…
                     ['Close ' get(handles.figure1,'Name') '…'],…
                     'Yes','No','Yes');
if strcmp(selection,'No')
    return;
end
delete(handles.figure1)
% --- Executes on selection change in popupmenu1.
```

```
function popupmenu1_Callback(hObject, eventdata, handles)
% hObject        handle to popupmenu1 (see GCBO)
% eventdata    reserved - to be defined in a future version of MATLAB
% handles        structure with handles and user data (see GUIDATA)
% Hints: contents = get(hObject,'String') returns popupmenu1 contents as cell array
% contents{get(hObject,'Value')} returns selected item from popupmenu1
% --- Executes during object creation, after setting all properties.
function popupmenu1_CreateFcn(hObject, eventdata, handles)
% hObject        handle to popupmenu1 (see GCBO)
% eventdata    reserved - to be defined in a future version of MATLAB
% handles        empty - handles not created until after all CreateFcns called
% Hint: popupmenu controls usually have a white background on Windows.
%        See ISPC and COMPUTER.
if ispc
    set(hObject,'BackgroundColor','white');
else
    set(hObject,'BackgroundColor',get(0,'defaultUicontrolBackgroundColor'));
end
set(hObject, 'String', {'plot(rand(5))', 'plot(sin(1:0.01:25))', 'bar(1:.5:10)', 'plot(membrane)',
'surf(peaks)'});
```

该 M 文件包含了一系列的函数：exp、exp_OpeningFcn、exp_OutputFcn、pushbutton1_ Callback 、 FileMenu_Callback 、 OpenMenuItem_Callback 、 PrintMenuItem_Callback 、 CloseMenuItem_Callback、popupmenu1_Callback。

- exp、exp_OpeningFcn、exp_OutputFcn 是与主程序相关的函数；
- pushbutton1_Callback 是按钮控件的回调函数；
- FileMenu_Callback、OpenMenuItem_Callback、PrintMenuItem_Callback、 CloseMenuItem_Callback 是菜单控件的回调函数；
- popupmenu1_Callback 是弹出式菜单的回调函数。

GUI 程序设计的主要工作就集中于在以上的函数中添加自己的代码，完成目标的设计功能。

9.2.3　GUIDE 的构成

GUIDE 作为 GUI 设计与开发的集成环境，由一套 MATLAB 工具集构成，主要包括版图编辑器、属性编辑器、菜单编辑器、位置调整工具、对象浏览器、Tab 键顺序编辑器、M 文件编辑器。

1．版图编辑器（Layout Editor）

从控件区选择控件对象并放置到布局区，布局区被激活后就成为 GUI 应用程序的图形窗口。在命令窗口输入 GUIDE 命令或单击工具栏中的 guide 图标都可以打开空白的版图编辑器，如图 9-8 所示；在命令窗口输入"GUIDE filename"命令可以打开一个已存在的名为 filename 的图形用户界面。

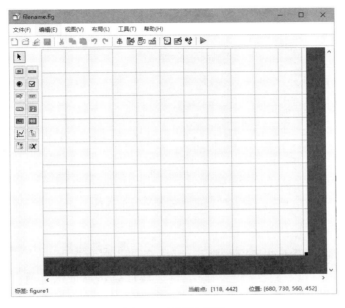

图 9-8　版图编辑器

在版图编辑器中，通常的具体操作如下：

（1）将控件对象放置到布局区

从控件选区选择控件对象，可以进行如下操作：用鼠标选择并放置控件到布局区内；移动控件到适当的位置；改变控件的大小；选中多个对象。

（2）激活图形窗口

选择"工具"菜单中的"运行"菜单项或单击工具栏上的 ▶ 按钮，在激活图形窗口的同时将存储生成 M 文件和 FIG 文件。如果所建立的布局还没有进行存储，用户界面开发环境将打开一个"另存为"对话框，按照输入的文件名称，存储一对同名文件，即带有.m 扩展名的 M 文件和带有.fig 扩展名的 FIG 文件。

（3）运行 GUI 程序

在命令窗口直接输入文件名或用 openfig、open 或 hgload 命令运行 GUI 程序。

（4）版图编辑器参数设置

选择"文件"菜单中的"预设"菜单项打开参数设置窗口，单击树状目录中的 GUIDE 项，可以设置版图编辑器的多种显示参数，如图 9-9 所示。

（5）版图编辑器的弹出菜单

在布局区的任一控件上单击鼠标右键，会弹出一个菜单。通过这个菜单，可以完成版图编辑器的大部分操作。

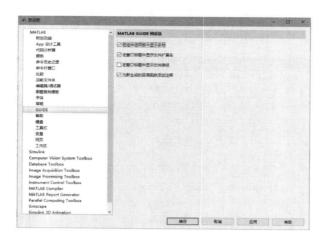

图 9-9　版图编辑器的参数设置

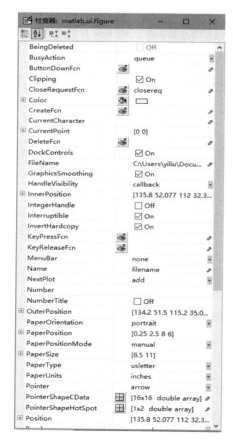

图 9-10　属性编辑器

2．属性编辑器（Property Inspector）

属性编辑器提供了所有可设置的属性列表并显示出当前的属性状态。通过简单的可视化操作，可实现对控件属性的设置。

要启用属性编辑器，通常有三种方法：①单击工具栏上的 图标；②从"视图"菜单中选择"属性检查器"菜单项；③单击鼠标右键弹出菜单，选择"属性检查器"菜单项。

以定义文本框的属性为例，使用属性编辑器进行设置，具体如图 9-10 所示。

3．菜单编辑器（Menu Editor）

菜单编辑器用来实现菜单的设计和编辑。在菜单编辑器的工具栏上有 8 个快捷键，利用它们可以任意添加或删除菜单，可以设置菜单项的属性，包括名称（Label）、标识（Tag）、快捷键（Accelerator）、选择是否显示分隔线（Separator above this item）、是否在菜单前加上选中标记（Checked mark this item）、是否启用该菜单项（Enable this item）、提供回调函数（Callback）。

菜单编辑器如图 9-11 所示。

4．位置调整工具（Alignment Tool）

位置调整工具用于调节各控件对象之间的几何关系和位置，可以实现在垂直（Vertical）或者水平（Horizontal）方向的排列（Align）和分布（Distribute）的几何设置，有利于界面设计中的美观布局。

位置调整工具如图 9-12 所示。

图 9-11　菜单编辑器　　　　　　　　　图 9-12　位置调整工具

5．对象浏览器（Object Browsers）

对象浏览器用于浏览当前 GUI 应用程序中所有的对象信息。所有对象呈树状结构排列，同时显示控件对象的名称和标识。用户可以在对象浏览器中选择一个或多个控件对象，并打开属性编辑器进行设置。

对象浏览器如图 9-13 所示。

6．Tab 键顺序编辑器（Tab Order Editor）

Tab 键顺序编辑器用于调整所有控件对象的 Tab 键的切换顺序。在 Tab 键顺序编辑器的窗口中，所有控件对象顺序排列，可以利用工具栏上的箭头对控件对象进行顺序调整。

Tab 键顺序编辑器如图 9-14 所示。

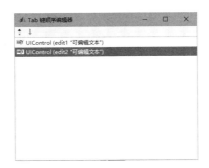

图 9-13　对象浏览器　　　　　　　　　图 9-14　Tab键顺序编辑器

7. M 文件编辑器（M-File Editor）

M 文件编辑器用于编辑 GUI 应用程序中的函数文件。它与通常的 M 文件编辑器一样，只在 GUI 设计时在指定的函数中添加代码。

M 文件编辑器如图 9-15 所示。

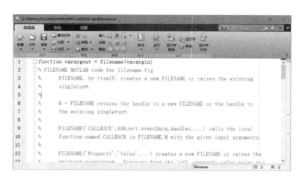

图 9-15　M 文件编辑器

9.3　GUI 设计方法

GUI 是由各种图形对象组成的用户界面，在这种用户界面下，用户的命令和对程序的控制是通过"选择"各种图形对象来实现的。如何美观、合理地设计 GUI 界面是一个必然面临的问题，它决定了应用程序的可用性。

基于 GUIDE 环境的 GUI 设计原则如下：

（1）先完成大致的界面布局，再编写功能程序。

（2）界面风格保持一致，引导用户的使用习惯。例如，一般用户习惯图形区在上面或左面，控制区在下面或右面等。

基于 GUIDE 环境的 GUI 实现步骤如下：

（1）明确分析界面所要实现的主要功能，明确设计任务。

（2）绘制界面草图，注意从使用者角度来考虑界面布局。

（3）利用 GUI 设计工具制作静态界面。

（4）利用 M 文件编写动态功能程序。

9.4　用户控件的制作

控件对象是事件响应的图形界面对象。当某一事件发生时，应用程序会做出响应并执行某些预定的功能函数。

MATLAB 提供了一系列的标准控件，用于用户与程序的交互响应。这些控件大致可分为两种：一种为动作控件，用鼠标单击这些控件时会产生相应的响应，如按钮等；另一种为静态控件，不会产生响应，如文本框等。为了实现 GUI 设计，用户必须根据这些标准控件来定制自己需要的控件。

9.4.1　控件对象的描述

MATLAB 提供的标准控件如下：

（1）对象选择按钮（Select）：用来选取工作区上部署的控件。

（2）按钮（Push Button）：执行某种预定的功能或操作。

（3）滚动条（Slider）：可输入指定范围的数量值。

（4）单选框（Radio Button）：单个的单选框用来在两种状态之间切换，多个单选框组成一个单选框组时，用户只能在一组状态中选择单一的状态，或称为单选项。

（5）复选框（Check Box）：单个的复选框用来在两种状态之间切换，多个复选框组成一个复选框组时，可使用户在一组状态中做组合式的选择，或称为多选项。

（6）文本编辑器（Edit Text）：用来使用键盘输入字符串的值，可以对编辑框中的内容进行编辑、删除和替换等操作。

（7）静态文本框（Static Text）：仅仅用于显示单行的说明文字。

（8）弹出式菜单（Pop-up Menu）：允许用户从一列菜单项中选择一项作为参数输入。

（9）列表框（Listbox）：在其中定义一系列可供选择的字符串。

（10）开关按钮（Toggle Button）：产生一个动作并指示一个二进制状态（开或关），当鼠标单击它时按钮将下陷，并执行 Callback（回调函数）中指定的内容；再次单击，按钮复原，并再次执行 Callback 中的内容。

（11）坐标轴（Axes）：用于显示图形和图像。

（12）面板（Panel）：用作其他控件的容器。

（13）按钮组（Button Group）：用作按钮控件的容器。

（14）ActiveX 控件（ActiveX Control）：可以使用的第三方控件。

9.4.2　控件对象的属性

每种控件都有一些可以设置的参数，即属性，用于表现控件的外形、功能及效果。这些属性由两部分组成：属性名和属性值，它们必须是成对出现的。

用户可以在创建控件对象时设定其属性值，未指定时将使用系统默认值。

虽然 MATLAB 的标准控件种类不同，但控件对象属性可分为两大类：第一类是所有控件对象都具有的公共属性；第二类是控件对象作为图形对象所具有的属性。

（1）控件对象的公共属性

Children：取值为空矩阵，因为控件对象没有自己的子对象。

Parent：取值为某个图形对象的句柄，该句柄表明了控件对象所在的图形窗口。

Tag：取值为字符串，定义了控件的标识符，在任何程序中都可以通过这个标识符控制该控件对象。虽然 Tag 有默认值，但建议将其值修改为带有具体含义的字符串，以增加程序可读性并方便回调函数使用。

Type：取值为 uicontrol，表明图形对象的类型。

UserData：取值为空矩阵，用于保存与该控件对象相关的重要数据和信息。

Visible：取值为 on 或 off。

（2）控件对象的基本控制属性

BackgroundColor：取值为颜色的预定义字符或 RGB 数值。

Callback：取值为字符串，可以是某个 M 文件名或一小段 MATLAB 语句。当用户激活某个控件对象时，应用程序就运行该属性定义的子程序。

Enable：取值为 on（默认值）、inactive 或 off。

Extend：取值为四元素矢量[0, 0, width, height]，记录控件对象标题字符的位置和尺寸。

ForegroundColor：取值为颜色的预定义字符或 RGB 数值。

Max、Min：取值都为数值。

String：取值为字符串矩阵或数组，定义控件对象标题或选项内容。

Style：取值可以是 pushbutton、radiobutton、checkbox、edit、text、slider、frame、popupmenu 或 listbox。

Units：取值可以是 pixels（像素）、normalized（按比例缩放）、inches（英寸）、centimeters（厘米）、points（点阵）或 characters（字符）。如果选择 normalized，那么当 resize 设为 on 时，控件或字体大小随着整个窗口的缩放而改变。

Value：取值可以是矢量，也可以是数值，其含义及解释依赖于控件对象的类型。

（3）控件对象的修饰控制属性

FontAngle：取值为 normal、italic 或 oblique。

FontName：取值为控件标题等字体的字库名。

FontSize：取值为数值。

FontUnits：取值可以是 pixels（像素）、normalized（按比例缩放）、inches（英寸）、centimeters（厘米）、points（点阵）或 characters（字符）。如果选择 normalized，那么当 resize 设为 on 时，控件或字体大小随着整个窗口的缩放而改变。

HorizontalAligment：取值为 left、center 或 right，定义对齐方式。

（4）控件对象的辅助属性

ListboxTop：取值为数量值。

SliderStop：取值为两元素矢量[minstep,maxstep]，用于 slider 控件。

Selected：取值为 on 或 off。

SlectionHoghlight：取值为 on 或 off。

（5）Callback 管理属性

BusyAction：取值为 cancel 或 queue。

ButtonDownFcn：取值为字符串，一般为某个 M 文件名或一小段 MATLAB 程序。

Createfcn：取值为字符串，一般为某个 M 文件名或一小段 MATLAB 程序。

DeleteFcn：取值为字符串，一般为某个 M 文件名或一小段 MATLAB 程序。

HandleVisibility：取值为 on、callback 或 off。

Interruptible：取值为 on 或 off。

具体如图 9-16 所示。

事实上，每一个标准控件都不可能是完全符合界面设计要求的，用户需要对其属性进行设置，以获得所需的界面显示效果。具体来说，可以通过双击该控件，或者利用 GUI 设计工具的菜单项"View"→"Property"→"Inspector"打开控件的属性对话框。属性对话框具有良好的交互界面，以列表的形式呈现该控件的每一项属性。

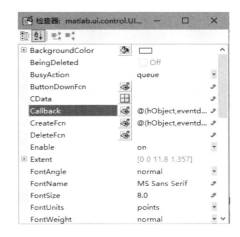

图 9-16　Callback 管理属性

9.4.3　对话框设计

在 GUI 设计中，对话框是一个重要的用于信息显示和获取输入数据的用户界面对象。MATLAB 中的对话框分为两类：公共对话框和专用对话框。

（1）公共对话框

公共对话框是利用 Windows 资源的对话框，实现文件打开、文件保存、颜色设置、字体设置、打印设置等对话。

①文件打开对话框：用于打开文件，使用函数 uigetfile 生成文件打开对话框。具体格式如下：

```
uigetfile
uigetfile('FilterSpec')
uigetfile('FilterSpec','DialogTitle')
uigetfile('FilterSpec','DialogTitle',x,y)
[fname,pname]=uigetfile(…)
```

该函数显示一个文件打开对话框，让用户输入，并返回路径和文件名字符串。仅当文件存在时，才成功地返回。如果用户选择了一个并不存在的文件，就显示出错信息并返回对话框。用户可以输入另一个文件名或单击"Cancel"按钮。

参数 FilterSpec 用于指定初始显示的文件类型。参数"DialogTitle"是对话框标题字符串。以像素为单位的参数 x、y 定义对话框的初始位置，有些系统可能不支持这个选项。输出变量 fname 是对话框内所选文件的名称字符串。如果用户单击了"取消"按钮或有错误发生，则 fname 的值将被设置为 0。pname 表示文件的路径。

②文件保存对话框：用于保存文件，使用函数 uiputfile 生成文件保存对话框。具体格式如下：

```
uiputfile
uiputfile('InitFile')
uiputfile('InitFile', 'DialogTitle')
uiputfile('InitFile', 'DialogTitle',x,y)
[fname,pname]=uiputfile(…)
```

参数 InitFile 指定对话框中初始显示的文件类型。

③颜色设置对话框：用于图形对象颜色的交互设置，使用函数 uisetcolor 生成颜色设置对话框。具体格式如下：

```
c=uisetcolor(h_or_c,'DialogTitle')
```

参数 h_or_c 是一个图形对象的句柄或 RGB 矢量。

④字体设置对话框：用于字体属性的交互式设置，使用函数 uisetfont 生成字体设置对话框。具体格式如下：

```
uisetfont
uisetfont(h)
uisetfont(S)
uisetfont(h, 'DialogTitle')
uisetfont(S, 'DialogTitle')
S=uisetfont(…)
```

uisetfont 函数打开字体设置对话框，返回所选择字体的属性。参数 h 为图形对象句柄，使用字体设置对话框重新设置该对象的字体属性；S 为字体属性结构变量，包含的属性有 FontName、FontUnits、FontSize、FontWeight、FontAngle，返回重新设置的属性值。

⑤打印设置对话框：用于打印页面的交互式设置，使用函数 pagesetupdlg 和 pagedlg 生成打印设置对话框。具体格式如下：

```
dlg=pagesetupdlg(fig)
pagedlg
pagedlg(fig)
```

若指定参数 fig，则设置以 fig 为句柄的图形窗口；否则设置当前图形窗口。

⑥打印预览对话框：用于对打印页面进行预览，使用函数 printpreview 生成打印预览对话框。具体格式如下：

```
printpreview
printpreview(fig)
```

若指定参数 fig，则对以 fig 为句柄的图形窗口进行打印预览；否则对当前图形窗口进行打印预览。

⑦打印对话框：用于打印参数设置，使用函数 printdlg 生成打印对话框。具体格式如下：

```
printdlg
printdlg(fig)
printdlg('-crossplatform',fig)
printdlg('-setup',fig)
```

参数-crossplatform 用于打开 MATLAB 打印对话框，否则为 Windows 打印对话框。参数-setup 用于设置模式显示打印对话框，支持打印设置。

（2）专用对话框

①错误信息对话框：用于提示错误信息，使用函数 errordlg 生成错误信息对话框。具体格式如下：

errordlg：打开默认的错误信息对话框。

errordlg('errorstring')：打开显示 errorstring 信息的错误信息对话框。

errordlg('errorstring', 'dlgname')：打开显示 errorstring 信息的错误信息对话框，对话框的标题由 dlgname 指定。

errordlg('errorstring', 'dlgname', 'on')：打开显示 errorstring 信息的错误信息对话框，对话框的标题由 dlgname 指定。如果对话框已存在，on 参数将对话框显示在最前端。

h=errodlg(…)：返回对话框句柄。

例如，errordlg('输入错误，请重新输入', '错误信息')。

②帮助对话框：用于显示帮助提示信息，使用函数 helpdlg 生成帮助对话框。具体格式如下：

helpdlg：打开默认的帮助对话框。

helpdlg('helpstring')：打开显示 helpstring 信息的帮助对话框。

helpdlg('helpstring', 'dlgname')：打开显示 helpstring 信息的帮助对话框，对话框的标题由 dlgname 指定。

h=helpdlg(…)：返回对话框句柄。

例如，helpdlg('矩阵尺寸必须相等', '在线帮助')。

③输入对话框：用于输入信息，使用函数 inputdlg 生成输入对话框。具体格式如下：

answer=inputdlg(prompt)：打开输入对话框，prompt 为单元数组，用于定义输入数据窗口的个数和显示提示信息，answer 为用于存储输入数据的单元数组。

answer=inputdlg(prompt,title)：title 确定对话框的标题。

answer=inputdlg(prompt,title,lineNo)：参数 lineNo 可以是标量、列矢量或 $m \times 2$ 阶矩阵。若为标量，表示每个输入窗口的行数均为 lineNo；若为列矢量，则每个输入窗口的行数由列矢量 lineNo 的每个元素确定；若为矩阵，则每个元素对应一个输入窗口，每行的第一列为输入窗口的行数，第二列为输入窗口的宽度。

answer=inputdlg(prompt,title,lineNo,defAns)：参数 defAns 为一个单元数组，存储每个输入数据的默认值，元素个数必须与 prompt 所定义的输入窗口数相同，所有元素必须是字符串。

answer=inputdlg(prompt,title,lineNo,defAns,resize)：参数 resize 决定输入对话框的大小能否被调整，可选值为 on 或 off。

【例9-3】显示输入对话框的 M 文件。

```
prompt={'Input Name','Input Age'};
title='Input Name and Age';
lines=[2 1]';
def={'John Smith','35'};
answer=inputdlg(prompt,title,lines,def);
```

显示结果如图 9-17 所示。

④列表选择对话框：用于在多个选项中选择需要的值，使用函数 listdlg 生成列表选择对话框。具体格式如下：

[selection,ok]=listdlg('Liststring',S,…)

图 9-17　输入对话框

输出参数 selection 为一个矢量，存储所选择的列表项的索引号；输入参数为可选项 Liststring（单元数组）、SelectionMode（single 或 multiple）、ListSize（[wight,height]）、Name（对话框标题）等。

⑤信息提示对话框：用于显示提示信息，使用函数 msgbox 生成信息提示对话框。具体格式如下：

msgbox(message)：打开信息提示对话框，显示 message 信息。

msgbox(message,title)：title 确定对话框标题。

msgbox(message,title, 'icon')：icon 用于显示图标，可选图标包括 none（无图标）、error、help、warn、custom（用户定义）。

msgbox(message,title, 'custom',icondata,iconcmap)：当使用用户定义图标时，icondata 为定义图标的图像数据，iconcmap 为图像的色彩图。

msgbox(…, 'creatmode')：选择模式 creatmode，选项为 modal、non_modal 和 replace。

h=msgbox(…)：返回对话框句柄。

⑥问题提示对话框：用于回答问题的多种选择，使用函数 questdlg 生成问题提示对话框。具体格式如下：

button=questdlg('qstring')：打开问题提示对话框，有三个按钮，分别为 yes、no 和 cancel，questdlg 确定提示信息。

button=questdlg('qstring','title')：title 确定对话框标题。

button=questdlg('qstring', 'title', 'default')：当按回车键时，返回 default 值。default 必须是 yes、no 或 cancel 之一。

button=questdlg('qstring', 'title', 'str1', 'str2', 'default')：打开问题提示对话框，有两个按钮，分别由 str1 和 str2 确定，questdlg 确定提示信息，default 必须是 str1 或 str2 之一。

button=questdlg('qstring', 'title', 'str1', 'str2', 'str3', 'default')：打开问题提示对话框，有三个按钮，分别由 str1、str2 和 str3 确定，questdlg 确定提示信息，default 必须是 str1、str2 或 str3 之一。

⑦进程条：以图形方式显示运算或处理的进程，使用函数 waitbar 生成进程条。具体格式如下：

　　h=waitbar(x, 'title')：显示以 title 为标题的进程条，x 为进程条的比例长度，其值必须在 0～1 之间，h 为返回的进程条对象的句柄。

　　waitbar(x,'title','creatcancelbtn','button_callback')：在进程条上使用 creatcancelbtn 参数创建一个"撤销"按钮，在进程中单击"撤销"按钮将调用 button_callback 函数。

　　waitbar(…,property_name,property_value,…)：选择其他由 property_name 定义的参数，参数值由 property_value 指定。

【例 9-4】显示进程条的 M 文件。

```
h=waitbar(0,'pleas wait…');
for i=1:10000
waitbar(i/10000,h)
end
close(h)
```

显示结果如图 9-18 所示。

　　⑧警告信息对话框：用于提示警告信息，使用函数 warndlg 生成警告信息对话框。具体格式如下：

　　h=warndlg('warningstring', 'dlgname')：打开警告信息对话框，显示 warningstring 信息，dlgname 确定对话框标题，h 为返回对话框句柄。

图 9-18　进程条

9.4.4　用户控件的设计实例

【例 9-5】使用 GUIDE 设计和实现一个"Hello World"程序，目标是当按下按钮时，由文本框显示信息"Hello World"。

　　首先，根据 GUI 的设计原则，进行"Hello World"程序界面设计。

　　利用版图编辑器在布局区中添加一个按钮控件（Push Button）和一个静态文本框控件（Static Text），如图 9-19 所示。

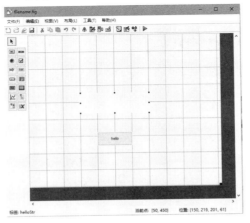

图 9-19　控件添加

双击控件调出属性编辑器，对其进行属性的设置。

针对按钮控件，设置 String 属性为 "hello"，表示控件的显示信息；设置 Tag 属性为 "helloBt"，表示控件的唯一标识符，如图 9-20 所示。

针对静态文本框控件，设置 String 属性为空，表示初始状态下不显示任何信息；设置 Tag 属性为 "helloStr"；为了显示清晰，设置其 FontSize 属性为 "28"，表示字体的大小，如图 9-21 所示。

图 9-20　按钮控件的设置

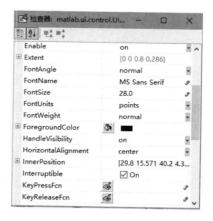

图 9-21　静态文本框控件的设置

注意： Tag 属性设置必须唯一，因为 Tag 属性是系统资源的唯一标识符。

通过单击工具栏上的运行按钮 ▶，提示进行文件保存，命名为 "helloworld"，系统会自动生成两个文件，一个是 "helloworld.fig"，另一个是 "helloworld.m"。运行结果如图 9-22 所示。

其次，根据功能要求，给按钮添加动作，即给它编写一个回调函数（Callback）。

右击按钮控件，弹出菜单，选择菜单项 "查看回调" → "Callback"，打开 helloworld.m 文件并定位在该控件的回调函数，如图 9-23 和图 9-24 所示。

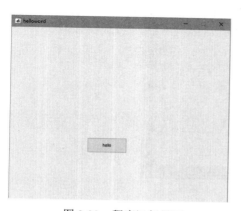

图 9-22　程序运行界面

图 9-23　添加回调函数

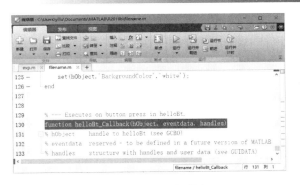

图 9-24　回调函数初始代码

为了实现静态文本框的信息输出，需要在回调函数中添加代码。将句柄集 handles 中的 helloStr（即静态文本框控件）的 String 属性设置为 "Hello World"，即可完成设计要求。

所以在函数 helloBt_Callback 中添加如下代码：

```
function helloBt_Callback(hObject, eventdata, handles)
% hObject      handle to helloBt (see GCBO)
% eventdata    reserved - to be defined in a future version of MATLAB
% handles      structure with handles and user data (see GUIDATA)
set(handles.helloStr,'String','Hello World !');
```

注意：helloBt_Callback 是一种回调函数，而回调函数指的是在对象的某一个事件发生时，MATLAB 内部机制允许自动调用的函数。对于 helloBt_Callback 函数的参数，hObject 表示当前窗口的句柄，eventdata 表示事件代码，handles 是该窗口中的所有句柄的集合。窗口和控件都可以有相应的回调函数，学会回调函数有助于 MATLAB GUI 程序的复杂功能设计。

通过单击工具栏上的运行按钮 ▶ 执行程序，再单击界面上的 "hello" 按钮，运行结果如图 9-25 所示。

至此，GUI 的基本设计与实现全部完成。

图 9-25　添加代码后的程序运行界面

9.5　用户菜单的制作

通过启动 GUIDE 环境中的菜单编辑器（Menu Editor），即单击菜单项 "Tools" → "Menu Editor"，可以方便地进行类似于 Windows 风格的菜单设计。菜单编辑器适合于制作 GUI 应用程序窗口的下拉式多级菜单。

9.5.1　用户菜单的制作方法

菜单的设计原则如下：

（1）先完成菜单的结构设计，再编写功能程序。

（2）先设计一级菜单，然后再设计下一级菜单项。

通过使用菜单编辑器工具栏上的 8 个快捷键，可以任意添加或删除菜单，可以设置菜单项的属性，包括名称（Label）、标识（Tag）、快捷键（Accelerator）、选择是否显示分隔线（Separator above this item）、是否在菜单前加上选中标记（Checked mark this item）、是否启用该菜单项（Enable this item）及回调函数（Callback）。

菜单对象具有 Children、Parent、Tag、Type、UserData、Visible 等公共属性，除公共属性外，还有一些常用的特殊属性。

另外，也可以设计弹出式的快捷菜单，即右击某对象时在屏幕上弹出的菜单。这种菜单出现的位置是不固定的，而且总是和某个图形对象相联系。在 MATLAB 中，可以使用 uicontextmenu 函数和图形对象的 UIContextMenu 属性联合建立快捷菜单。

9.5.2　用户菜单的设计实例

【例 9-6】结合"Hello World"程序，进一步增加菜单功能。

通过单击菜单项"Tools"→"Menu Editor"，启动菜单编辑器，生成两级菜单。一级菜单项为"Hello"和"More"，Tag 属性分别为"Hello_M1"和"Hello_M2"；菜单项为"Hello"下设二级菜单项"Hello World To You"和"Hello World To Me"，Tag 属性分别为"Hello_Y"和"Hello_M"；菜单项为"More"下设二级菜单项"Hello World To All"，Tag 属性为"Hello_A"，具体设计如图 9-26 所示。

通过单击工具栏上的运行按钮 ▶ 执行程序，运行结果如图 9-27 所示。

图 9-26　菜单项设置　　　　　　图 9-27　增加菜单的程序运行界面

为了增加菜单项的功能，可以添加类似于按钮的执行动作，即给菜单项编写回调函数（Callback）。即单击菜单项"Hello World To You"，则在窗体内显示"Hello World To

You"；单击菜单项"Hello World To Me"，则在窗体内显示"Hello World To Me"；单击菜单项"Hello World To All"，则在窗体内显示"Hello World To All"。

针对菜单编辑器中的一个菜单项，单击 Callback 编辑框的右侧按钮"View"，则进入 M 文件编辑环境，自动打开 helloworld.m 文件，并指向当前菜单项对应的回调函数，如图 9-28 所示。

为了实现静态文本框的相应信息输出，需要在菜单项的回调函数中添加代码。对于菜单项 Hello_Y，将句柄集 handles 的 helloStr（即静态文本框控件）String 属性设置为"Hello World To You"，即可完成设计要求。

所以在函数 Hello_Y_Callback 中添加如下代码：

```
function Hello_Y_Callback(hObject, eventdata, handles)
% hObject       handle to Hello_Y (see GCBO)
% eventdata     reserved - to be defined in a future version of MATLAB
% handles       structure with handles and user data (see GUIDATA)
set(handles.helloStr,'String','Hello World To You !');
```

通过单击工具栏上的运行按钮 ▶，单击菜单项"Hello World To You"，运行结果如图 9-29 所示。

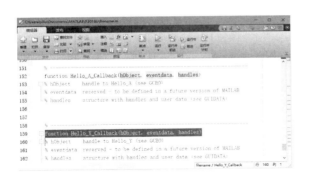

图 9-28　菜单项的回调函数　　　　图 9-29　添加菜单项代码的程序运行界面

采用同样的方法，针对其他的菜单项 Hello_M 和 Hello_A 分别添加代码，具体如下：

```
function Hello_M_Callback(hObject, eventdata, handles)
% hObject       handle to Hello_M (see GCBO)
% eventdata     reserved - to be defined in a future version of MATLAB
% handles       structure with handles and user data (see GUIDATA)
set(handles.helloStr,'String','Hello World To Me !');

% -------------------------------------------------------------
function Hello_A_Callback(hObject, eventdata, handles)
% hObject       handle to Hello_A (see GCBO)
% eventdata     reserved - to be defined in a future version of MATLAB
```

```
% handles        structure with handles and user data (see GUIDATA)
set(handles.helloStr,'String','Hello World To All !');
```

至此，GUI 界面设计中菜单工作添加完成。

注意： ①当不小心将 helloworld.fig 关掉后，再次编辑则需要重新打开。具体可以通过 MATLAB 菜单项 "File" → "New" → "GUI" → "Open Existing GUI" 来打开。②由于 MATLAB 编程语言采用的是一种 JIT 即时编译技术，即使 helloworld.m 已经执行了，在没有关闭执行程序的同时修改 M 文件，没有关闭的执行程序也会按照更新后的代码执行。

9.6　M 文件的函数构成

9.6.1　函数说明

GUIDE 创建 GUI 应用程序的 M 文件是由一系列子函数构成的，包含主函数、Opening 函数、Output 函数和回调函数，主要结构说明如下：

（1）第一行为主函数声明，必须指定主函数名，且与文件名相同；varargin 为输入参数，varargout 为输出参数。

（2）Opening 函数在 GUI 开始运行但还不可见的时候执行，主要进行初始化操作，为 GUI 第一个执行的函数。

（3）Output 函数在必要时可输出数据到命令行，是第二个执行的函数。与 Opening 函数一样，它只会执行一次。

（4）Callback 函数是当用户每次触发 GUI 对象时执行的回调函数。回调函数的具体形式为 Tag_Callback(hObject, eventdata, handles)，通过加入处理语句，可以实现所需的功能。

9.6.2　参数说明

在 GUIDE 创建 GUI 应用程序的 M 文件中，主函数只有一个输入参数 varargin 和一个输出参数 varargout。当创建 GUI 时，输入参数 varargin 为空；当用户触发 GUI 对象时，varargin 为一个 1×4 的单元数组，其中，第 1 个单元为所要执行回调函数的函数名。例如，用户单击 Tag 值为 pushbutton1 的 pushbutton 对象，此时 varargin{1}='pushbutton1_Callback'，即为要执行的回调函数 pushbutton1_Callback 的函数名。第 2~4 个单元为该回调函数的输入参数 hObject、eventdata 和 handles，hObject 为当前回调函数对应的 GUI 对象的句柄，eventdata 为未定义的保留参数，handles 为当前 GUI 所有数据的结构体，包含所有 GUI 对象的句柄和用户定义的数据。

除主函数外的所有函数都包含以下两个重要输入参数。

（1）hObject：在 Opening 函数和 Output 函数中，表示当前图形对象的句柄；在 Callback 函数中，表示该函数所属对象的句柄。

（2）handles：表示所有 GUI 数据的结构体，包含所有对象信息和用户数据的结构体，相当于一个 GUI 对象和用户数据的"容器"，存放了当前窗口的所有对象的句柄，包括图形窗口本身、所有控件和菜单的句柄，并且可增加一些自定义域来传递用户数据。

如果希望利用一个变量在函数间传递数据，则可使用如下方法：

```
handles.变量名=数值;
```

该变量可以在任何一个控件的 Callback 函数中使用，类似于全局变量。

而且，在程序中经常使用以下语句来更新所有数据：

```
guidata(hObject, handles);
```

9.6.3　GUIDE 数据传递机制

图形对象作为一个大的容器，包含了 GUI 界面上的所有对象，如 axes、button 等。相应地，handles 作为这个大容器的句柄，包含了界面上的所有对象的句柄，即可以通过大容器的句柄来找到某个对象的句柄，如 handles.pushbutton1。hObject 就相当于一个对象的句柄，例如，要改变当前控件的某一属性，可以直接在响应控件的回调函数中添加：

```
set(hObject,'property','value');
```

也可以在其他控件的回调函数中改变其属性：

```
set(handles.pushbutton1,'property','value');
```

handles 和 hObject 都是"句柄"，存储了它所代表的对象信息。区别在于，handles 代表当前整个界面，hObject 只代表当前的控件（如按钮、编辑框等）。

因为回调函数的输入参数中都有 handles 结构，例如：

```
function pushbutton1_Callback(hObject, eventdata, handles)
% hObject        handle to pushbutton1 (see GCBO)
% eventdata      reserved - to be defined in a future version of MATLAB
% handles        structure with handles and user data (see GUIDATA)
```

所以，这种数据传递机制是很方便和容易掌握的。

9.6.4　函数使用实例

【例 9-7】结合"Hello World"程序，进一步增强数据的设置与传递。

通过对 M 文件的函数分析，Opening 函数是 GUI 应用程序中第一个执行的函数，主要进行初始化操作。而且函数的参数 handles 是一个重要的数据容器，有利于在回调函数之间传递数据。

首先，在函数 helloworld_OpeningFcn 里增加语句，设置变量名称。

```
unction helloworld_OpeningFcn(hObject, eventdata, handles, varargin)
% This function has no output args, see OutputFcn.
% hObject        handle to figure
% eventdata    reserved - to be defined in a future version of MATLAB
% handles        structure with handles and user data (see GUIDATA)
% varargin      command line arguments to helloworld (see VARARGIN)
% Choose default command line output for helloworld
handles.output = hObject;
% Update handles structure
handles.tran='From China'                    %增加语句，设置变量
guidata(hObject, handles);
```

为了实现在回调函数之间传递数据，可以增加菜单项，添加设置静态文本信息的动作，即给它编写回调函数（Callback）。菜单项"More"下设二级菜单项"Newinfo"，Tag 属性设置为"info_1"。实现的目标是当单击菜单项"Newinfo"时，则在窗体内显示变量 handles.tran 的内容，如图 9-30 所示。

为了给菜单项 info_1 添加语句，需要将句柄集 handles 的 helloStr（即文本控件）String 属性设置为 handles 的 tran 变量，即可完成设计要求。

所以在函数 info_1_Callback 中添加如下代码：

```
function info_1_Callback(hObject, eventdata, handles)
% hObject          handle to info_1 (see GCBO)
% eventdata    reserved - to be defined in a future version of MATLAB
% handles        structure with handles and user data (see GUIDATA)
set(handles.helloStr,'String',handles. tran);
```

通过单击工具栏上的运行按钮 ▶，单击菜单项"Newinfo"，运行结果如图 9-31 所示。

图 9-30　实现数据传递的菜单项设置　　图 9-31　增加数据传递代码的程序运行界面

9.7 拓展知识

除了在 GUIDE 设计环境中生成控件和菜单对象外，GUI 也支持使用函数动态生成图形用户界面，包括用户控件和用户菜单。

MATLAB 提供用户控件制作函数和用户菜单制作函数。

（1）用户控件制作函数 uicontrol

具体格式如下：

```
H=uicontrol( H_parent,'style',Sv, pName, pVariable,…)
```

其中，H 为该控件的句柄，H_parent 为控件父句柄，Sv 为控件类型，pName 和 pVariable 为一对值，用来确定控件的一个属性。

【例 9-8】使用函数生成一个文本框。

```
H0=caculator;
        H1=uicontrol(H0,'style','text',...
        'horizontalalignment','left',...
        'position',[0.65,0.05,0.8,0.05],...
        'units','normalized',...
        'string','Design by minnow');
```

（2）用户菜单制作函数 uimenu

uimenu 函数可以用于建立与窗口绑定的一级菜单项和子菜单项。

具体格式如下：

```
H=uimenu( H_parent, pName,pVariable,…)
```

其中，H_parent 为菜单父句柄，可以是窗口或上一级菜单，pName 和 pVariable 成对出现，用来设置菜单的一个属性。

在 MATLAB 中，可以使用 uicontextmenu 函数和图形对象的 UIContextMenu 属性来建立快捷菜单，具体步骤为：

①利用 uicontextmenu 函数建立快捷菜单；

②利用 uimenu 函数为快捷菜单建立菜单项；

③利用 set 函数将该快捷菜单和某图形对象联系起来。

具体格式如下：

```
Hm=uicontextmenu;
H=uimenu( Hm, pName, pVariable,…)
set( H_parent, 'uicontextmenu', Hm )
```

其中，H_parent 是与这个快捷菜单相关联的对象的句柄。

【例 9-9】使用函数制作用户菜单。

启动 M 文件编辑器，创建一个新的 M 文件 exp.m，具体内容如下：

```
p=peaks(30);
colors={'summer','hot','copper'};
H0=figure;
set(H0,'menubar','none');
surf(p);
%制作 color 菜单
H1=uimenu(H0,'label','&Colors');
H1_s=uimenu(H1,'label','&Summer','callback','i=1;colormap(colors{i});');
H1_h=uimenu(H1,'label','&Hot','callback','i=2;colormap(colors{i});');
H1_s=uimenu(H1,'label','&Copper','callback','i=3;colormap(colors{i});');
```

运行结果如图 9-32 所示。

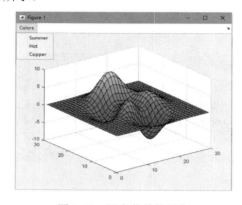

图 9-32　用户菜单的制作

9.8　思考问题

（1）GUI 文件与一般 M 文件的区别是什么？

（2）是否可以创建一个脱离 MATLAB 环境的 GUI 应用程序？

9.9　常见问题

（1）如果当前窗口中有多个坐标轴控件，如何改变当前坐标轴？

例如，窗体中包含两个坐标轴控件和两个按钮控件，希望每个按钮对应一个坐标轴显示。

答：利用 axes 选择坐标轴，然后绘图。

具体代码如下：

```
function pushbutton1_Callback(hObject, eventdata, handles)
axes(handles.axes2);
sphere;
axis off

function pushbutton2_Callback(hObject, eventdata, handles)
axes(handles.axes1);
membrane;
axis on
```

显示结果如图 9-33 所示。当用户单击上面的按钮时，sphere 图形显示在下面的坐标轴里；当用户单击下面的按钮时，membrane 图形显示在上面的坐标轴里。

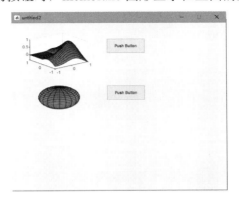

图 9-33　利用 axes 选择坐标轴

附录 H　可视化开发

可视化开发就是利用开发工具提供的图形用户界面，通过操作界面元素，如菜单、按钮、对话框、编辑框、单选框、复选框、列表框和滚动条等，由开发工具自动生成应用软件。功能丰富的可视化组件库为开发人员提供了功能完整并且简单易用的组件集合，用来构建极其丰富的用户界面。

可视化开发是 20 世纪 90 年代软件界两个最大的热点之一。随着图形用户界面的兴起，用户界面在软件系统中所占的比例也越来越高，有的甚至高达 60%～70%，但图形界面元素的生成并不方便。为此，Windows 操作系统提供了应用程序设计接口 API（Application Programming Interface），它包含了 600 多个函数，极大地方便了图形用户界面的开发。其中，大量的函数参数和常量的使用，使得基于 Windows API 的开发变得相当困难。为此，Borland C++推出了 Object Windows 编程。它将 API 的各部分用对象类进行封装，提供了大量预定义的类，并为这些类定义了许多成员函数。利用子类对父类的继承性，以及实例对类的函数的引用，应用程序的开发可以省却大量类、大量成员函数的定义或只需做少量修改来定义子类。

Object Windows 还提供了许多标准的默认处理，大大减少了应用程序开发的工作量。对于非专业人员来说，掌握它们仍是一个沉重的负担。因此人们利用 Windows API 或 Borland C++的 Object Windows 开发了一批可视化开发工具。这类应用软件的工作方式是事件驱动。对于每一事件，由系统产生相应的消息，再传递给相应的消息响应函数。这些消息响应函数是由可视化开发工具在生成软件时自动装入的。

目前，产生了一系列可视化开发环境，如 C#、Delphi、Java、Android、html5、Web、extjs 等，面向不同的应用开发需求。

第 10 章

MATLAB 工具箱

  MATLAB 提供卓越的计算能力、专业水平的符号计算、种类繁多的信号处理、可视化建模仿真和实时控制等功能。为了发挥其强大的功能，MATLAB 提供了扩展 MATLAB 功能的工具箱，用于在专业领域更有效地解决工程计算问题。

  本章的主要知识点体现在以下三个方面：

- 了解 MATLAB 工具箱的分类；
- 掌握 MATLAB 工具箱的使用方法；
- 掌握基于 MATLAB 的初步建模方法。

10.1 入门实例

  以 Simulink 工具箱为例，建立模型并进行分析。

  【例 10-1】 构建一组正弦信号及其积分运算的模型，并用示波器显示结果。

  为了实现信号分析，需要使用 Simulink 工具箱提供的模块，包括输入源模块（Sources）中的正弦波模块（Sine Wave）；接收器模块（Sink）中的示波器模块（Scope）；连续系统模块组（Continous）中的积分模块（Integrator）；信号路线模块组（Signal Routing）中的信号混路模块（Mux）。

  在 MATLAB 的命令窗口提示符下输入命令 simulink，弹出"Simulink Start Page"模块库开始界面，单击"Blank Model"按钮，弹出"untitled-Simulink"窗口，单击该窗口工具条中的 打开 Simulink 模块库浏览窗口（Simulink Library Browser），如图 10-1 所示。单击其工具栏中的"Blank Model"按钮，弹出模型编辑窗口，如图 10-2 所示。

  从信号源模块库中选取正弦信号模块。具体地，打开"Simulink"模块库浏览窗口中的"Sources"模块库，选择正弦波模块"Sine Wave"，如图 10-3 所示，按住鼠标左键并将其拖曳到模型窗口中进行处理。

  选择两个正弦信号，用一个正弦波模块表示。由于多个信号的参数用数组矩阵表示，所以两个信号的幅值和相位分别为[1 2]和[1 3]。双击模型编辑窗口中的正弦模块，进入模块的参数设置对话框，从而对模块进行参数设置，如图 10-4 所示。

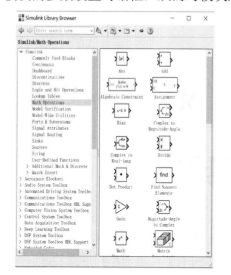

图 10-1　Simulink 模块库浏览窗口

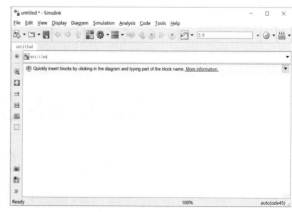

图 10-2　模型编辑窗口

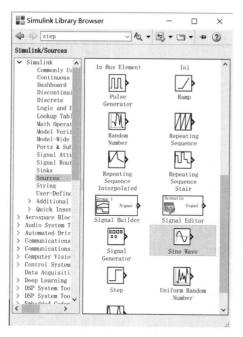

图 10-3　选取正弦波模块

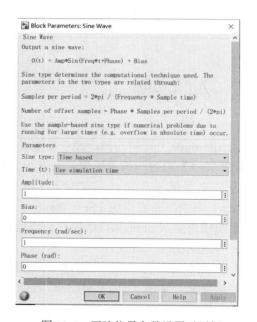

图 10-4　正弦信号参数设置对话框

　　设定好正弦信号模块后，再分别从连续模块库中选取积分模块（Integrator），从输出源模块库中选取示波器（Scope）。由于示波器需要表示两个信号波形，所以再从信号路径模块库中选取信号混路模块（Mux）。用鼠标在功能模块的输入与输出之间直接连接，对于输入线的分支，按住 Ctrl 键，并在要建立分支的地方用鼠标拉出即可。

　　考虑到正弦信号模块输出的是两个正弦信号，为向量输出，因此引出的线为粗线。

具体通过右击模型编辑窗口，在弹出窗口进行格式设置，包含正弦信号及其积分的 Simulink 模型图如图 10-5 所示。

选中连线，设定标签。只要在连线上双击鼠标左键，即可输入该线的说明标签。信号名称的定义如图 10-6 所示。

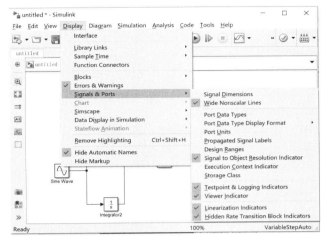

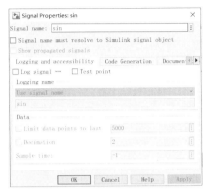

图 10-5　包含正弦信号及其积分的 Simulink 模型图　　　图 10-6　信号名称的定义

完成模型的建立后，采取默认的仿真参数进行仿真。具体地，用鼠标单击工具栏上的 ⏵ 按钮进行仿真，然后在 Scope 上右击弹出菜单，如图 10-7 所示。仿真后，两个正弦信号及其积分波形如图 10-8 所示。

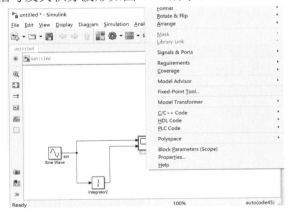

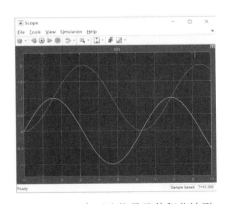

图 10-7　弹出菜单　　　　　　　　　图 10-8　两个正弦信号及其积分波形

10.2　工具箱分类

MATLAB 程序包括拥有数百个内部函数的主程序包和 30 多种工具箱扩展包。工具箱又可以分为功能型工具箱和学科型工具箱。功能型工具箱用来扩充 MATLAB 的符号计算、可视化建模仿真、文字处理及实时控制等功能。学科型工具箱是专业性比较强的工具箱，如控制系统工具箱（Control System Toolbox）、信号处理工具箱（Signal Processing Toolbox）、通信工具箱（Communications Toolbox）等。除内部函数外，所有 MATLAB 主程序包文件和各种工具箱扩展包都是可读可修改的文件，用户通过对源程序进行修改或加入自己编写的程序来构造新的专用工具箱。

MATLAB 工具箱所包含的主要内容如下：

（1）通信工具箱（Communications Toolbox）

可以研究信号编码、调制解调、滤波器和均衡器设计、通道模型、同步等，并且可以方便地由结构图直接生成可应用的 C 语言源代码。

（2）控制系统工具箱（Control System Toolbox）

支持连续和离散系统设计，可以研究状态空间和传递函数、模型转换、频域响应（Bode 图、Nyquist 图、Nichols 图）、时域响应（脉冲响应、阶跃响应、斜坡响应等）、根轨迹、极点配置、LQG 等。

（3）财政金融工具箱（Financial Toolbox）

可以研究成本利润及市场灵敏度分析、业务量分析及优化、偏差分析、资金流量估算、财务报表等。

（4）数据库工具箱（Database Toolbox）

提供了一些与关系和非关系数据库交换数据的函数和应用程序支持任何兼容 ODBC 或 JDBC 的关系数据库，对 Cassandra、MongoDB 和 Neo4j 的 NoSQL 支持。

（5）模糊逻辑工具箱（Fuzzy Logic Toolbox）

可以研究自适应神经—模糊学习、聚类及模糊推理，支持 Simulink 动态仿真，可以生成 C 语言源代码用于实时应用。

（6）全局优化工具箱（Global Optimization Toolbox）

可为包含多个极大值或极小值的问题搜索全局解。工具箱求解器包括替代、模式搜索、遗传算法、粒子群、模拟退火、多初始点和全局搜索。

（7）图像处理工具箱（Image Processing Toolbox）

可以研究二维滤波器设计和滤波、图像恢复增强、色彩集合及形态操作、二维变换、图像分析和统计等。

（8）并行计算工具箱（Parallel Computing Toolbox）

可以使用多核处理器、GPU 和计算机集群解决计算和数据密集型问题。

（9）模型预测控制工具箱（Model Predictive Control Toolbox）

可以研究建模辨识及验证、MISO 模型和 MIMO 模型 、阶跃响应和状态空间模型等。

（10）地图工具箱（Mapping Toolbox）

提供算法、功能和应用程序，用于分析地理数据和在 MATLAB 中创建地图显示，可以在地理空间工作流程中自动执行频繁的任务。

（11）深度学习工具箱（Deep Learning Toolbox）

提供了利用一些算法、预训练模型和应用程序来设计和实现深度神经网络的框架。可以使用卷积神经网络（ConvNet、CNN）和长短期记忆（LSTM）网络，对图像、时间序列和文本数据执行分类和回归。

（12）优化工具箱（Optimization Toolbox）

可以研究线性规划和二次规划、求函数的最大值和最小值、多目标优化、约束条件下的优化、非线性方程求解等。

（13）偏微分方程工具箱（Partial Differential Equation Toolbox）

可以研究二维偏微分方程的图形处理、几何表示、自适应曲面绘制、有限元方法等。

（14）鲁棒控制工具箱（Robust Control Toolbox）

可以研究 LQG/LTR 最优综合、H2 和 H 无穷大最优综合、奇异值模型降阶、谱分解和建模等。

（15）信号处理工具箱（Signal Processing Toolbox）

可以研究数字和模拟滤波器设计、应用及仿真，支持谱分析和估计，支持 FFT、DCT 等变换，支持参数化模型等。

（16）射频工具箱（RF Toolbox）

提供用于射频组件网络的设计、建模、分析和可视化的函数、对象和应用程序。

（17）统计和机器学习工具箱（Statistics and Machine Learning Toolbox）

可以研究概率分布、随机数生成及降维、描述性统计、k-均值聚类、线性回归、逻辑回归和判别分析的大数据算法。

（18）Vision HDL 工具箱（Vision HDL Toolbox）

为在 FPGA 和 ASIC 上进行视觉系统设计和实现提供了像素流处理算法。该工具箱提供一个设计架构，可支持各类接口类型、帧尺寸和帧率，包括高清（1080p）视频。

（19）系统辨识工具箱（System Identification Toolbox）

可以研究状态空间和传递函数模型、模型验证、基于模型的信号处理、谱分析、MA、AR、ARMA 等。

（20）小波工具箱（Wavelet Toolbox）

可以研究基于小波的分析和综合、图形界面和命令行接口、连续和离散小波变换及小波包、一维二维小波、自适应去噪和压缩等。

（21）动态仿真（Simulink）

可以研究动态系统建模、仿真和分析，它支持连续、离散及两者混合的线性和非线性系统，也支持具有多种采样频率的系统。

（22）WLAN 工具箱（WLAN Toolbox）

为设计、仿真、分析和测试无线局域网通信系统提供了符合标准的函数。

10.3　Simulink 工具箱

Simulink 工具箱是用于动态系统的建模、仿真和分析的一个软件包。其文件类型为.mdl，支持连续、离散及两者混合的线性和非线性系统仿真，也支持多速率系统仿真。

Simulink 提供了封装和模块化工具，提高了仿真的集成化和可视化程度，简化了设计过程，减轻了设计负担。此外，Simulink 能够用 M 语言或 C 语言、FORTRAN 语言，根据系统函数（即 S 函数）的标准格式，设计自定义的功能模块，扩充其功能。

其特点体现在以下两个方面：

（1）可视化的动态系统仿真

Simulink 作为 MATLAB 软件的扩展部分，是一个实现动态系统建模和仿真的软件包。它与 MATLAB 语言的主要区别在于与用户交互的接口采用基于 Windows 的模型化图形输入形式，帮助用户把更多的精力投入到系统模型的构建，而非编程语言的细节上。

（2）图形化建模手段

所谓图形化建模是指 Simulink 提供了一些按功能分类的基本的系统模块，用户只需知道这些模块的输入/输出及模块的功能，而不必考察模块内部是如何实现的，通过对这些基本模块的调用，再将它们连接起来就可以构成所需要的系统模型（以 .mdl 文件进行存取），进而进行仿真与分析。

10.3.1　Simulink 的启用方法

在 MATLAB 环境中，有四种方法可以实现 Simulink 的启用。

（1）在 MATLAB 命令窗口中输入"simulink"，弹出一个称为"Simulink Start Page"的模块库开始界面，单击"Blank Model"按钮，弹出一个称为"untitled-Simulink"的窗口，单击该窗口工具条中的▦图标，打开"Simulink Library Browser"（Simulink 模块库浏览）窗口，在这个窗口中列出了按功能分类的各种模块的名称，如图 10-9 所示。单击所需的模块，列表窗口的上方会显示所选模块的信息，也可以在模块库浏览窗口中"Search for sunsystems, blocks, and annotations"按钮左边的输入栏中直接输入模块名称并单击"Search for sunsystems, blocks, and annotations"按钮进行查询。

（2）在 MATLAB 命令窗口中输入"simulink3"，弹出一个用图标形式显示的 Library :Simulink3 的 Simulink 模块库窗口。

（3）通过单击 MATLAB 主窗口工具条上的 Simulink 图标▣打开。

（4）通过单击 MATLAB 主窗口菜单"主页"→"新建"→"Simulink Model"，弹出"Simulink Start Page"模块库开始界面，单击"Blank Model"按钮，弹出一个称为"untitled-Simulink"的窗口，单击该窗口工具条中的▦图标，打开 Simulink 模块库浏览窗口，如图 10-9 所示。

在 Simulink 模块库浏览窗口左侧的"Simulink"栏上单击鼠标右键，在弹出的快捷菜单中单击"Open the Simulink library"命令，打开 Simulink 基本模块库窗口，如图 10-10 所示，双击某个模块库的图标即可打开该模块库窗口。

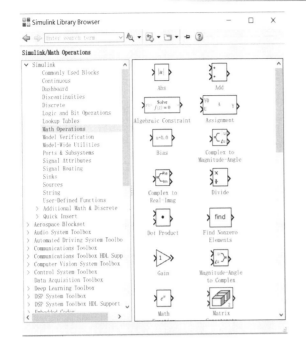

图 10-9　Simulink 模块库浏览窗口

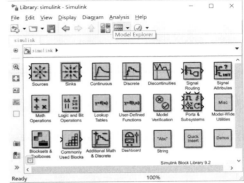

图 10-10　Simulink 基本模块库窗口

10.3.2　Simulink 模块库简介

Simulink 中提供了很多模块库，每个模块库中还包含下一级模块组，将各模块根据需要相互连接即可搭建出复杂的系统模型。以下列举出 Simulink 中主要的模块库，其他的模块库可以通过帮助文档进行查询。

（1）输入源模块库（Sources）

常用的输入源模块如表 10-1 所示。

表 10-1　常用的输入源模块

模　　块	功　　能
In1	输入端口
Ground	未连接的输入端口
Constant	常数信号
Signal Generator	信号发生器，产生任意波形
Step	阶跃信号
Ramp	斜坡信号
Sine Wave	正弦波信号
Repeating Sequence	重复序列线性信号
Pulse Generator	脉冲发生器

续表

模　块	功　能
Chirp Signal	频率不断变化的正弦信号
Clock	时钟信号
Digital Clock	数字仿真时钟，按指定速率输出
From File	从 M 文件读取数据
From Workspace	从工作空间读取数据
Random Number	满足高斯分布的随机信号
Uniform Random Number	满足平均分布的随机信号
Band-Limited White Noise	带限白噪声

（2）输出模块库（Sinks）

常用的输出模块如表 10-2 所示。

（3）连续系统模块库（Continuous）

常用的连续系统模块如表 10-3 所示。

表 10-2　常用的输出模块

模　块	功　能
Scope	示波器，显示信号曲线
Floating Scope	浮动示波器
XY Graph	显示二维 X-Y 图形
Display	显示数值
Out1	输出端口
To File	将输出写入数据文件
To Workspace	将输出写入 MATLAB 的工作空间
Stop Simulation	当输入不为 0 时停止仿真
Terminator	终止一个未连接的输出端口

表 10-3　常用的连续系统模块

模　块	功　能
Integrator	积分器
Derivative	对输入信号微分
State-Space	线性状态空间系统模型
Transfer Fcn	线性传递函数模型
Zero-Pole	以零极点表示的传递函数模型
Transport Delay	对输入信号延迟一个给定时间再输出
Variable Transport Delay	对输入信号延迟一个可变时间再输出
Memory	存储上一时刻的状态值

连续系统模块库中所有模块都是假设初始条件为 0，但在实际应用中有时要求模块初始条件非零，这时可以在"Simulink Library Browser"中双击"Simulink Extras"模块组，再双击其中的"Additional Linear"图标，打开图 10-11 所示的附加连续线性模块组，其中包含的模块均允许非零初始条件。

（4）离散系统模块库（Discrete）

常用的离散系统模块如表 10-4 所示。与连续系统模块类似，这些模块也都是表示零初始条件的模块；对初始条件非零的模块，可以在"Simulink Extras"模块组中的"Additional Discrete"（附加离散系统模块组）中查找。

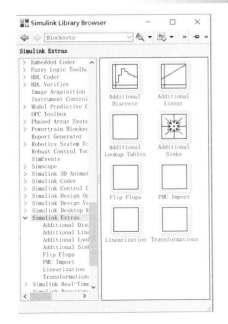

图 10-11　附加连续线性模块组

表 10-4　常用的离散系统模块

模　　块	功　　能
Unit Delay	一个采样周期的延时
Discrete-Time Integrator	离散时间积分器
Discrete Filter	离散滤波器
Discrete Transfer Fcn	离散传递函数模型
Discrete Zero-Pole	以零极点表示的离散传递函数模型
Discrete State-Space	离散状态空间系统模型
First-Order Hold	一阶采样保持器
Zero-Order Hold	零阶采样保持器

（5）数学运算模块库（Math Operations）

常用的数学运算模块如表 10-5 所示。

表 10-5　常用的数学运算模块

模　　块	功　　能	模　　块	功　　能
Sum	对输入求和	Rounding Function	取整运算
Product	对输出求积	Combinatorial Logic	建立真值表
Dot Product	点乘运算	Logical Operator	逻辑运算
Gain	常值增益	Relational Operator	关系运算
Slider Gain	滑动增益	Algebraic Constraint	强制输入信号为 0
Math Function	包括指数函数、对数函数、求平方等	Complex to Magnitude-Angle	由复数输入转为幅值和相角输出
Trigonometric Function	三角函数，包括正弦、余弦、正切等	Complex to Real-Imag	由复数输入转为实部和虚部输出
MinMax	最小值或最大值运算	Magnitude-Angle to Complex	由幅值和相角输入合成复数输出
Abs	求绝对值或求复数的模	Complex to Real-Imag	求复数的实部、虚部
Sign	取输入的符号函数	Real-Image to Complex	由实部和虚部输入合成复数输出

（6）非线性模块库（Discontinuties）

该模块库主要包括分段线性模块和非线性静态模块。虽然模块库的名称为 Discontinuties，但它还包含一些连续的模块，如饱和非线性模块等。常用的非线性模块如表 10-6 所示。

（7）查表模块库（Look-Up Tables）

查表模块库主要包括一维查表模块（Look-Up Table）、二维查表模块（Look-Up Table (2-D)）、n 维查表模块（Look Up Table (n-D)）。任意分段线性的非线性环节均可以由查表模块搭建起来，这样可以方便地对非线性控制系统进行仿真分析。常用的查表模块如表 10-7 所示。

表 10-6　常用的非线性模块

模　　块	功　　能
Rate Limit	变化速率限制
Saturation	饱和输出，让输出超过某值时能够饱和
Quantizer	离散化
Blacklash	滞环或间隙
Dead Zone	死区
Relay	滞环继电器
Switch	切换开关
Manual Switch	手动选择开关
Coulomb & Viscous Friction	库仑和黏滞摩擦

表 10-7　常用的查表模块

模　　块	功　　能
User-defined function	用户定义函数模块
Look-Up Table	建立输入信号的查询表（线性峰值匹配）
Look-Up Table(2-D)	建立两个输入信号的查询表（线性峰值匹配）
Fcn	利用自定义的函数（表达式）
MATLAB Fcn	利用 MATLAB 的现有函数
S-Function	调用自己编写的 S 函数的程序

（8）用户自定义函数模块库（User-Defined Functions）

在用户自定义函数模块库中，可以利用 Fcn 模块对 M 函数和 MATLAB 内部函数直接求值，对于用户自己编写的 MATLAB 复杂函数求解，还可以按照特定的格式编写系统函数（简称 S 函数），用以实现任意复杂度的功能。

（9）信号模块库（Signal Routing）

信号模块库包括将多路信号组成向量型信号的 Mux 模块、将向量型信号分解为若干单路信号的 Demux 模块、选路器模块 Selector、转移模块 Goto 和 From、支持各种开关的模块，如一般开关模块（Switch）、多路开关模块（Multiport Switch）、手动开关模块（Manual Switch）等。

（10）信号属性模块库（Signal Attributes）

信号属性模块库包括信号类型转换模块（DATA Type Conversion）、采样周期转换模块（Rate Transition）、初始条件设置模块（IC）、信号宽度检测模块（Width）等。

（11）其他工具箱模块库

Simulink 下有其他工具箱模块库，如图 10-12 所示。其中包括控制系统工具箱（Control System Toolbox）、系统辨识工具箱（System Identification Toolbox）、模糊逻辑工具箱（Fuzzy Logic Toolbox）、Simulink 控制设计（Simulink Control Design）、DSP 系统工具箱（DSP System Toolbox）、机器人系统工具箱（Robotics System Toolbox）等。

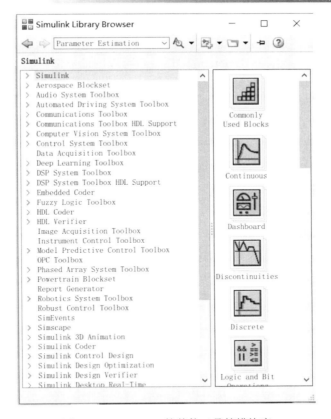

图 10-12　Simulink 的其他工具箱模块库

10.3.3　Simulink 建模与仿真

建立 Simulink 模型的方法如下：

（1）启动模型编辑窗口

在 MATLAB 主窗口"主页"菜单中，选择"新建"菜单项下的"Simulink Model"命令，弹出"Simulink Start Page"模块库开始界面，单击"Blank Model"按钮，弹出一个称为"untitled-Simulink"的窗口。另外，在启动 Simulink 模块库浏览窗口之后，单击其工具栏中的"Blank Model"按钮，也会弹出模型编辑窗口。

（2）建立 Simulink 模型

Simulink 模型通常包含三类模块：信源（Source）、系统（System）及信宿（Sink）。在 Simulink 模块库浏览窗口中打开所对应的模块库，选择模块，按住鼠标左键并将其拖曳到模型编辑窗口中进行处理。Simulink 模型是通过线将各种功能模块进行连接构成的。建立一个 Simulink 模型，包括对模块的操作和 Simulink 线的处理。

模块的操作包括模块的选取、模块的移动、复制、删除、转向、改变大小、模块命名、颜色设定、参数设定、属性设定、模块输入/输出信号等。

移动：选中模块，按住鼠标左键并将其拖曳至所需的位置即可。也可以按住 Shift 键，再进行拖曳。

复制：选中模块，然后按住鼠标右键进行拖曳，即可复制一个同样的功能模块。

删除：选中模块，按 Delete 键即可。若要删除多个模块，可以按住 Shift 键，同时用鼠标选中多个模块，然后按 Delete 键即可。也可以用鼠标选取区域，再按 Delete 键，就可以把该区域中的所有模块和线等全部删除。

转向：为了能够顺序连接功能模块的输入端和输出端，功能模块有时需要转向。在菜单栏"Diagram"中选择"Format"，选择"Rotate & Flip"中的"Flip Block"命令旋转 180°，选择"Clockwise"命令顺时针旋转 90°。或者直接按"Ctrl+I"组合键执行"Flip Block"命令，按"Ctrl+R"组合键执行"Rotate Block"命令。

改变大小：选中模块，对模块出现的 4 个白色标记进行拖曳即可。

模块命名：先单击需要更名的名称，然后直接更改。名称在功能模块上的位置也可以改变 180°，可以用"Diagram"中的"Format"，选择"Rotate & Flip"中的"Flip Block_Name"命令来实现，也可以直接通过鼠标进行拖曳。在菜单栏"Diagram"中选择"Format"，选择"Format"中"Show Block_Name"的"Off"可以隐藏模块名称。

颜色设定：在菜单栏"Diagram"中选择"Format"，"Format"中的"Foreground Color"命令可以改变模块的前景颜色，"Background Color"命令可以改变模块的背景颜色，而模块窗口的颜色可以通过"Canvas Color"命令来改变。

参数设定：双击模块，就可以进入模块的参数设定窗口，从而对模块进行参数设定。参数设定窗口包含了该模块的基本功能，为获得更详尽的帮助，可以单击右下方的"Help"按钮。通过模块进行参数设定，就可以获得需要的功能模块。

属性设定：选择模块，打开"Diagram"菜单的模块属性设置对话框可以对模块进行属性设定，包括 Description 属性、Priority 优先级属性、Tag 属性、Block Annotation 属性、Callbacks 属性。

模块的输入/输出信号：模块处理的信号包括标量信号和向量信号。标量信号是一种单一信号，而向量信号是一种复合信号，是多个信号的集合。在默认情况下，大多数模块的输出都是标量信号。对于输入信号，模块都具有一种"智能"的识别功能，能自动进行匹配。某些模块通过对参数的设定，可以使模块输出向量信号。

Simulink 线的处理包括改变粗细、设定标签、线的折弯、线的分支。

改变粗细：考虑到引出信号可以是标量信号或向量信号，所以线分为粗细。当选中"Display"菜单下的"Singal & Ports"选项中的"Wide Nonscalar Lines"时，线的粗细会根据线所引出的信号而改变。如果信号为标量，则为细线；如果信号为向量，则为粗线。选中"Vector Line Widths"选项则可以显示向量引出线的宽度，即向量信号由多少个单一信号合成。

设定标签：只要在线上双击鼠标左键，即可输入该线的说明标签。也可以通过选中线，然后打开"Diagram"菜单下的"Properties"对话框进行设定，其中"Signal name"属性表明信号的名称。当设置这个名称后，与该信号有关的端口相连的所有直线附近都会出现写有信号名称的标签。

线的折弯：按住 Shift 键，用鼠标在要折弯的线处单击，就会出现圆圈，表示折点，利用折点可以改变线的形状。

线的分支：按住鼠标右键，在需要分支的地方拉出即可。或者按住 Ctrl 键，在要建立分支的地方用鼠标拉出即可。

10.3.4　Simulink 建模实例

通过实例演示 Simulink 建模的一般步骤，并介绍仿真的方法。

【例 10-2】 针对初始状态为 0 的二阶微分方程 $x''+0.2x'+0.4x=0.2u(t)$，其中 $u(t)$ 是单位阶跃函数，建立系统模型并仿真。

首先，用积分器直接构造求解微分方程的模型。所以把原微分方程改写为

$$x'' = 0.2u(t) - 0.2x' - 0.4x$$

x'' 经积分作用得到 x'，x' 再经积分作用就得到 x，而 x' 和 x 经代数运算又得到 x''，然后用下面的步骤搭建此系统的仿真模型。

打开模型编辑窗口。在 MATLAB 主窗口"主页"菜单中选择"新建"菜单项下的"Simulink Model"命令，单击"Blank Model"，出现一个名为"untitled"的模型编辑窗口。

复制相关模块。将相关模块库中的模块拖曳到模型编辑窗口，双击各模块可以从弹出的对话框中修改各模块的参数。模型中各模块说明如下：

（1）u(t)输入模块：Sources 库中的 Step 模块，双击模块，将其 step time 设置为 0，双击模块下方名称 step，将其改为 u(t)。

（2）Gs 增益模块：将增益参数（Gain）设置为 0.2。

（3）Add 求和模块：Math 库中的加法器 Add，双击打开参数设置对话框，将其图标形状复选框（Icon shape）选择为"rectangular"，符号列表复选框（List of signs）设置为"+−"。

（4）Gs1 和 Gs2 增益模块：增益参数分别设置为 0.2 和 0.4，因为处于反馈回路，需要旋转其方向，右击该模块，在下拉菜单"Diagram"的"Rotate & Flip"中选择"Flip Block"命令。

（5）积分模块：参数不需要改变。

（6）Scope 示波器：在示波器参数设置窗口选择"View"的"Configuration Properties"选项卡，选择其中"Logging"的"Log data to workspace"。这将使送入示波器的数据同时被保存在 MATLAB 工作空间中默认名为"ScopeData"的结构矩阵或数组矩阵中。

将有关的模块直接连接起来，单击某模块的输出端，拖曳鼠标到另一模块的输入端处再释放，即将对应模块连接起来，双击信号线，输入对应信号的名称 x''、x'、x。完成模块连接后，得到如图 10-13 所示的求解微分方程的系统模型。

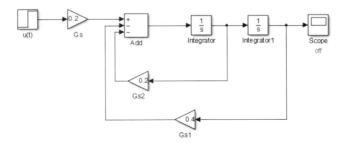

图 10-13　求解微分方程的系统模型

单击模型编辑窗口"Simulink"菜单中的"Model Configuration Parameters"选项，打开如图 10-14 所示仿真控制参数设置对话框，设置仿真参数。

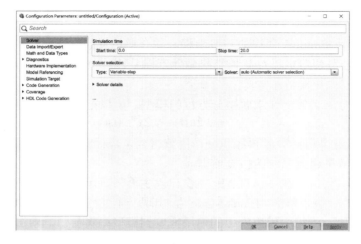

图 10-14　仿真控制参数设置对话框

（1）"Start time"和"Stop time"栏允许用户输入仿真的起始时间和结束时间，这里把结束时间设置为 20。

（2）"Solver selection"的"Type"栏有两个选项，允许用户选择定步长和变步长算法。为了保证仿真精度，一般情况下建议选择变步长算法。其后面的列表框中列出了不同的算法，如 ode45（Domand-Prince）算法、ode15（stiff/NDF）算法等。用户可以选择合适的算法进行仿真分析，离散系统采用定步长算法进行仿真。

（3）选项"Relative tolerance"（相对误差限）、"Absolute tolerance"（绝对误差限）等控制仿真精度，不同的算法将有不同的控制参数，其中相对误差限的默认值设置为 1e-3，即 1/1000 的误差。该值在实际仿真中显得偏大，建议选择 1e-6 和 1e-7。此外，由于采用变步长仿真算法，将误差限设置为这样小的值也不会增加太多的运算量。

（4）选定最大允许的步长和最小允许的步长，通过输入"Max step size"和"Min step size"的值来实现。如果选择变步长算法时，步长超过这个限制，将弹出警告对话框。

（5）一些警告信息和警告级别的设置可以通过其中的"Diagnostics"标签下的对话框来实现，此处不再赘述。

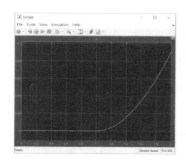

图 10-15　示波器的仿真曲线

设置完仿真参数后，就可以选择"Simulation Run"菜单或单击工具栏中的 ▶ 按钮来启动仿真，仿真结束后，会自动生成一个向量 tout 存放各个仿真时刻的值。若使用 Outport 模块，则其输出信号会自动赋给 yout 变量，用户就可以使用 plot(tout,yout) 命令来绘制仿真结果了。此处仿真结束后双击示波器，打开示波器窗口，可以看到仿真结果的变化曲线，如图 10-15 所示。

10.3.5　Simulink 建模仿真命令

Simulink 建模仿真命令函数包括 sim、simset、simget 和 set_param。

（1）sim 函数

具体调用格式如下：

```
[t,x,y]=sim(model,timespan,options,ut);
[t,x,y1,y2,···yn]=sim(model,timespan,options,ut);
```

model 表示 Simulink 模型文件名；timespan 为仿真起止时间，通常起始时间为 0，只需输入仿真结束时间；options 为仿真控制参数；ut 为输入信号，即输入端子 Input 构成的矩阵，从工作空间导入，如果模型中没有输入端子则不必输入。返回参数 t 为时间向量；x 为状态矩阵，其各列为各个状态变量；y 的各列为各个输出信号，即输出端子 Output 构成的矩阵。

（2）simset 函数

simset 函数是用来为 sim 函数建立、编辑仿真参数或规定算法，并把设置结果保存在一个结构变量中的函数。具体调用格式如下：

options=simset(property,value,···)：把 property 代表的参数赋值为 value，结果保存在结构 options 中。其中 property 为需要控制的参数名称，使用单括号，value 为具体数值。

options=simset (old_opstruct,property,value,···)：把已有的结果 old_opstruct（由 simset 产生）中的参数 property 重新赋值为 value，结果保存在新结果 options 中。

options=simset(old_opstruct,new_opstruct)：用结构 new_opstruct 的值代替已经存在的结构 old_opstruct 的值。

simset：显示所有的参数名和它们可能的值。

（3）simget 函数

simget 函数用来获得模型的参数设置值。如果参数值是用一个变量名定义的，simget 返回的也是该变量的值而不是变量名。如果该变量在工作空间中不存在（即变量未被赋值），则 Simulink 给出一个错误信息。具体调用格式如下：

struct=simget(modename)：返回由 modename 指定模型的参数设置的选项 options 结构。

value=simget(modename,property)：返回由 modename 指定模型的参数 property 的值。

value=simget(options,property)：获取 options 结构中的参数 property 的值。如果在该结构中未指定该参数，则返回一个空阵。

（4）set_param 函数

set_param 函数的功能很多，可以用来设置 Simulink 仿真参数及如何开始、暂停、终止仿真进程或更新显示一个仿真模型。

设置仿真参数的调用格式如下：

```
set_param(modename,property,value,···)
```

其中，modename 是设置的模型名，property 是要设置的参数，value 是设置值。控制仿真进程的调用格式如下：

```
set_param(modename, 'SimulationCommand', 'cmd')
```

其中，modename 是仿真模型名称，cmd 是控制仿真进程的各个命令，包括 start、stop、pause、continue 或 update。

注意：在使用这两个函数时，必须先把模型打开。

10.4 信号处理工具箱

MATLAB 信号处理工具箱中可进行一系列的数字信号处理操作，包括波形发生、滤波器设计和分析、参数建模和频谱分析等。信号处理工具箱包括图形用户界面工具 SPTool 和信号处理命令函数。

10.4.1 工具箱简介

MATLAB 信号处理工具箱提供了滤波器分析、滤波器实现、FIR 数字滤波器设计、IIR 数字滤波器设计、IIR 滤波器阶次设计、模拟低通滤波器原型设计、模拟滤波器变换、滤波器离散化、线性系统变换等方面的功能。

通过"help signal"命令可以知道工具箱的具体功能，如下所示：

```
Table of Contents
--------------------

Signal Generation and Preprocessing     - Create, resample, smooth, denoise, and detrend signals
Measurements and Feature Extraction      - Peaks, signal statistics, pulse and transition metrics, power, bandwidth, distortion
Correlation  and  Convolution    - Cross-correlation,  autocorrelation,  cross-covariance, autocovariance, linear and circular convolution
Digital and Analog Filters   - FIR and IIR, single-rate and multirate filter design, analysis, and implementation
Transforms   - Fourier, chirp-Z, DCT, Hilbert, cepstrum, Walsh-Hadamard
Spectral Analysis    - Power spectrum, spectral measurements, coherence, windows
Time-Frequency Analysis   - Spectrogram, Fourier synchrosqueezed transform, spectral kurtosis, spectral entropy
Signal  Modeling    -  Linear  prediction,  autoregressive  (AR)  models,  Yule-Walker, Levinson-Durbin
GPU Acceleration   - Transforms, filter implementations, and statistical signal processing
Signal Analyzer App    - Visualize and compare multiple signals in time and frequency domain
```

Vibration Analysis　- Rotating machinery analysis, modal analysis, fatigue analysis

Examples　- Signal Processing Toolbox examples

10.4.2　SPTool 工具

信号处理工具箱为用户提供了一个交互式的用户界面工具——SPTool，用来执行常见的信号处理任务。用户只需操纵鼠标就可以载入、观察、分析和打印数字信号，分析、实现和设计数字滤波器，以及进行谱分析。

在 MATLAB 命令窗口输入命令 sptool，打开 SPTool 的主窗口，如图 10-16 所示。

从主窗口中可以看出，SPTool 有 3 个列表框：Signals 列表框、Filters 列表框和 Spectra 列表框。对应于 4 个功能模块：

（1）信号浏览器：观察、分析时域信号的信息。

（2）滤波器设计器：创建任意阶数的低通、高通、带通或带阻的 FIR 和 IIR 滤波器。

（3）滤波器浏览器：分析滤波器的特性，包括幅频响应、相频响应、群延迟和脉冲响应等。

图 10-16　SPTool 的主窗口

（4）频谱浏览器：对采用各种 PSD 估计方法得到的频域数据以图形的方式进行分析研究。

SPTool 主窗口中包含 4 个菜单项：File（文件）菜单、Edit（编辑）菜单、窗口（Window）菜单和 Help（帮助）菜单。

（1）File 菜单

File 菜单中各项命令功能如下：

Open Session 命令：用于打开已保存的主窗口会话文件，SPTool 会话文件的扩展名为 spt，启动 SPTool 时，默认打开的文件是 start.spt。

Import 命令：用于从 MATLAB 工作空间或数据文件载入数据，对话框如图 10-17 所示。

首先在对话框坐标的"Source"选项组中选择是从工作空间中装入变量（From Workspace）还是从磁盘文件中装入变量（From Disk），然后从中间的"Workspace Contents"栏中选择需要装入的数据变量名称，再单击"OK"按钮就可以装入数据了。

Export 命令：用于输出数据到 MATLAB 工作空间或数据文件中，对话框如图 10-18 所示。

Save Session 和 Save Session As 命令：用于保存当前的会话文件。

Preferences 命令：用于设置参数。SPTool 通用参数设置对话框如图 10-19 所示，可以针对标识、颜色、信号浏览器、频谱浏览器、滤波器设计器、默认会话、输出组件、插件等实施具体设置。

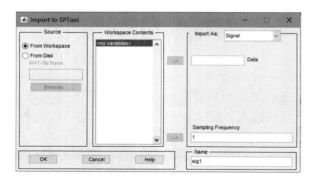

图 10-17 "Import to SPTool" 对话框   图 10-18 "Export from SPTool" 对话框

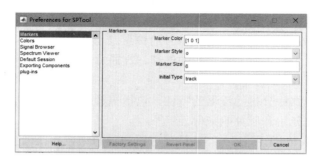

图 10-19 SPTool 通用参数设置对话框

（2）Edit 菜单

Edit 菜单中各项命令功能如下：

Duplicate 命令：用于复制信号、滤波器及功率谱等。

Clear 命令：用于删除信号、滤波器及功率谱等。

Name 命令：用于修改名称。

Sampling Frequency 命令：用于设置采样频率。

（3）窗口菜单

窗口菜单的功能是在 SPTool 程序的各个窗口及 MATLAB 的各个窗口之间进行切换，只要在此菜单中选择所需要的窗口名称，就能激活窗口。

（4）Help 菜单

Help 菜单中的各项命令用来获得相应的帮助内容，主要包括 SPTool 帮助、Signal Processing Toolbox 帮助，以及各个功能的具体演示等。

10.4.3 信号处理实例

以下通过实例来演示采用 SPTool 进行信号处理的一般步骤。

【例 10-3】基于 SPTool 进行信号处理。

根据不同的数据类型，数据载入可以分为信号数据载入、滤波器数据载入及功率谱数据载入。以来自 MATLAB 工作空间的数据为例，详细说明数据载入 SPTool 的方法。

（1）在 MATLAB 工作空间创建信号数据

使用 M 文件存储创建信号数据的命令，具体内容如下：

```
fs=1000;
t=0:1/fs:1;
x=sin(2*pi*10*t)+sin(2*pi*20*t);
xn=x+rand(size(t));
[b,a]=butter(10,0.6);
[pxx,w]=pburg(xn,18,1024,fs);
```

（2）将 MATLAB 工作空间中的信号数据载入 SPTool

载入数据的"Import to SPTool"对话框如图 10-20 所示。

图 10-20　载入数据的"Import to SPTool"对话框

选择对话框右上角"Import As"下拉列表框中的"Signal"选项，然后选择"Workspace Contents"列表框中的信息数据 xn，再单击与右边"Data"文本框一一对应的箭头按钮，则在"Data"文本框中出现了 xn 的名字。选择"Workspace Contents"列表框中的采样频率数据 fs，再单击与右边"Sampling Frequency"文本框一一对应的箭头按钮，则在"Sampling Frequency"文本框中出现了 fs 的名字。最后确定载入信号的名称，设为 sigxn，单击"OK"按钮，实现信号数据的载入。

此时，在 SPTool 主窗口的"Signals"列表框中单击"View"按钮，即可观察所载入数据信号的波形，如图 10-21 所示。

以同样的方式载入滤波器数据，选择载入数据对话框右上角"Import As"下拉列表框中的"Filter"选项，在该列表框的下面出现一个新的下拉列表框"Form"，里面含有 4 种不同类型的滤波器表达方式：Transfer Function（传递函数形式）、State Space（状态空间形式）、Zero Poles Gain（零极点增益形式）、2nd Order Section（二次分式）。然后选择"Workspace Contents"列表框中的数据 a，再单击与右边"Denominator"文本框一一对应的箭头按钮，则在"Denominator"文本框中出现 a 的名字。同样选择"Workspace Contents"列表框中的数据 b，再单击与右边"Numerator"文本框一一对应的箭头按钮，则在"Numerator"文本框中出现 b 的名字。再选择"Workspace Contents"列表框中的采样频率数据 fs，单击与右边"Sampling Frequency"文本框一一对应的箭头按钮，则在"Sampling Frequency"文本框中出现 fs 的名字。最后确定载入滤波器的名称，设为 burgfilt，单击"OK"按钮，就实现了滤波器数据的载入。此时，在 SPTool 主窗口的"Filters"列表框中单击"View"按钮，即可观察所载入的滤波器数据的波形，如图 10-22 所示。

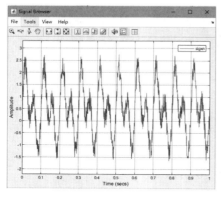 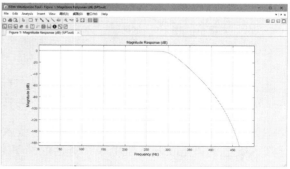

图 10-21　载入的数据信号 sigxn 的波形　　图 10-22　载入的滤波器数据 burgfilt 的波形

　　以同样的方式载入功率谱数据。选择载入数据对话框右上角"Import As"下拉列表框中的"Spectrum"选项，在该下拉列表框的下面出现两个字段：PSD 和 Preq.Vector。选择"Workspace Contents"列表框中的功率谱数据 pxx，再单击与右边"PSD"文本框一一对应的箭头按钮，则在"PSD"文本框中会出现 pxx 的名字。选择载入数据框中间"Freq.Vector"文本框中的信号数据 w，再单击与右边"Freq.Vector"文本框一一对应的箭头按钮，则在"Freq.Vector"文本框中就会出现 w 的名字。最后确定功率谱的名称，设为 xnspectrum，单击"OK"按钮，在 SPTool 主窗口的"Spectra"列表框中单击"View"按钮，即可观察所载入的功率谱数据的波形，如图 10-23 所示。

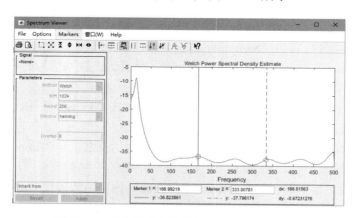

图 10-23　载入的功率谱数据 xnspectrum 的波形

（3）采用信号浏览器进行分析处理

　　图 10-21～图 10-23 所示分别为信号浏览器、滤波器浏览器和频谱浏览器。在 SPTool 主窗口的"Signals"列表中选择已经载入到 SPTool 中的所需信号，然后单击该列表框下

面对应的"View"按钮，就进入调用该信号的信号浏览器。信号浏览器窗口如图 10-24 所示。通过信号浏览器，可以查看数据信号，放大信号的局部，进一步查看更细致的信号细节，获取信号的特征量，打印信号数据等。

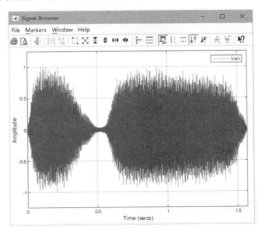

图 10-24　信号浏览器窗口

信号浏览器窗口中包含 4 个菜单项：File 菜单、Markers 菜单、Window 菜单和 Help 菜单，其中 File 和 Markers 是主要的菜单项。

①File 菜单中各命令功能如下：

Page Setup 命令：页面设置，设置打印输出的方向、尺寸、位置及颜色等。

Print Preview 命令：打印预览。

Print 命令：打印信号输出数据。

Close 命令：关闭信号浏览器窗口。

②Markers 菜单中各命令功能如下：

Markers 命令：选择是否对数据图线进行各种标识，即控制本菜单的开启或禁止。

Vertical 命令：垂直标尺，只显示横坐标的值。

Horizontal 命令：水平标尺，只显示纵坐标的值。

Track 命令：点的轨迹，同时是垂直标尺，只显示横坐标的值。

Slope 命令：在显示横、纵坐标的同时还显示两点连线的斜率。

Peaks 命令：在曲线上显示波峰。

Valleys 命令：在曲线上显示波谷。

Export 命令：把数据输出到 MATLAB 工作空间或数据文件中。

信号浏览器窗口中的工具栏如图 10-25 所示，主要按钮控件见表 10-8。

图 10-25　信号浏览器窗口中的工具栏

表 10-8　信号浏览器工具栏主要按钮控件

图　例	功 能 说 明	图　例	功 能 说 明
	用声音播放所选的信号		线型属性
	为选中的信号设定一个列索引向量		Markers 菜单的开启或禁止
	显示目前运行信号的性质，实数信号或复数信号		垂直标尺
	对图线进行局部放大		水平标尺
	恢复显示整条曲线		用点的轨迹进行垂直标尺
	沿 Y 方向缩小		用点的轨迹和斜率进行垂直标尺
	沿 Y 方向放大		显示波峰
	沿 X 方向缩小		显示波谷
	沿 X 方向放大		帮助按钮
	显示目前运行信号图形点的轨迹形式		

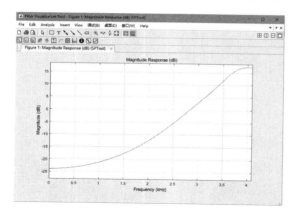

图 10-26　滤波器浏览器窗口

（4）采用滤波器浏览器进行分析处理

在 SPTool 主窗口的"Filters"列表中选择一个示例滤波器（如 PZlp），然后单击该列表框下面对应的"View"按钮，打开滤波器浏览器，窗口如图 10-26 所示。

通过滤波器浏览器，可以完成特定滤波器的特征性能分析，如幅值响应、相位响应、群延迟、相位延迟、零极点、脉冲响应、阶跃响应等，还可以进一步通过放大图形来查看滤波器的信号细节，也可以通过修改参数来获取滤波器响应特征量。

（5）采用频谱浏览器进行分析处理

在 SPTool 主窗口的"Spectra"列表中选择一个示例信号，然后单击该列表框下面对应的"View"按钮，就可以打开相应的频谱浏览器窗口。

"View"按钮：查看信号频谱。

"Create"按钮：创建信号频谱。

"Update"按钮：更新信号频谱。

频谱浏览器窗口如图 10-27 所示。

通过频谱浏览器可以查看和比较频谱图形，采取多种方法进行谱估计，输出频谱参数后进行估计，再输出打印频谱数据。

频谱浏览器窗口分为左右两大部分，左侧主要为 Parameters 选项组，右侧主要为显示频谱。在 Parameters 选项组内，可以设置谱估计的方法和相对应的参数，如图 10-28

所示。根据所选择的谱估计方法，采取不同的方式设置参数。

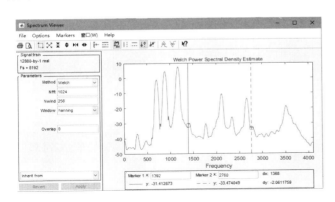

图 10-27　频谱浏览器窗口　　　　图 10-28　频谱浏览器 Parameters 选项组

（6）采用滤波器设计器创建或编辑一个滤波器

在 SPTool 主窗口的"Filters"列表框中选择一个示例信号，然后单击列表框下的"View"按钮或"Edit"按钮，分别创建或编辑一个滤波器。

滤波器设计窗口如图 10-29 所示。它提供的功能包括：具有标准频率带宽结构的 IIR 滤波器的设计；具有标准频率带宽结构的 FIR 滤波器的设计；通过零极点编辑器实现具有任意频率带宽结构的 IIR 和 FIR 滤波器；通过调整传递函数零极点的图形位置，实现滤波器的再设计；在滤波器幅值响应图中添加频谱。

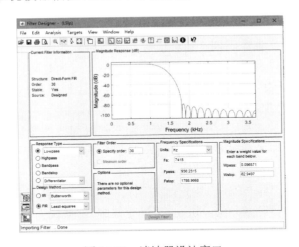

图 10-29　滤波器设计窗口

通过在各下拉列表框、复选框、文本框中进行选取，可对 Specifications 面板进行设置，即可设计符合要求的滤波器。

10.4.4　信号处理命令函数

MATLAB 信号处理工具箱提供了一系列的信号处理命令函数，包括基本信号的表示函数、离散时间信号的表示函数、滤波函数、傅里叶变换函数、IIR 数字滤波器的函数等。

（1）基本信号的表示

MATLAB 提供了分别用于产生三角波、方波、sinc 函数、Dirichlet 函数等的函数。

①sawtooth 函数用于产生锯齿波或三角波信号，具体格式如下：

x=sawtooth(t)：产生周期为 2π，幅值为-1～1 的锯齿波。在 2π 的整数倍处值为-1 或 1，这一段波形的斜率为 $1/\pi$。

sawtooth(t,width)：产生三角波，width 在 0～1 之间。

②square 函数用于产生方波信号，具体格式如下：

x=square(t)：产生周期为 2π，幅值为-1～1 的方波。

x=square(t,duty)：产生指定周期的方波，duty 为正半周期的比例。

③sinc 用于产生 sinc 函数波形，即

$$\mathrm{sinc}(t)=\begin{cases} 1 & t=0 \\ \dfrac{\sin(\pi t)}{\pi t} & t\neq 0 \end{cases}$$

具体格式如下：

> y=sinc(x)

注意： sinc 函数十分重要，其傅里叶变换正好是幅值为 1 的矩阵脉冲。

④rectpuls 函数用于产生非周期方波信号，具体格式如下：

y=rectpuls(t)：产生非周期方波信号，方波的宽度为时间轴的一半。

y=rectpuls(t,w)：产生指定宽度为 w 的非周期方波。

⑤tripuls 函数用于产生非周期三角波信号，具体格式如下：

y=tripuls(T)：产生非周期三角波信号，三角波的宽度为时间轴的一半。

y=tripuls(T,w,s)：产生指定宽度为 w 的非周期方波，斜率为 s（$-1<s<1$）。

⑥chirp 函数用于产生线性调频扫频信号，具体格式如下：

y=chirp（t,f0,t1,f1)：产生一个线性扫频（频率随时间线性变化）信号，其时间轴的设置由数组 t 定义。时刻 0 的瞬时频率为 f_0，时刻 t_1 的瞬时频率为 f_1。默认情况下，f_0= 0Hz，$t_1=1$，$f_1=100$Hz。

y=chirp（t,f0,t1,f1,'method'）：指定改变调频的方法。可用的方法有 linear（线性调频）、quadratic（二次调频）和 logarithmic（对数调频），默认为 linear。对于对数扫频，$f_1>f_0$。

y=chirp（t,f0,t1,f1,'method',phi）：指定信号的初始相位为 phi（单位为度），默认时 phi=0。

⑦pulstran 函数用于产生冲激串信号，具体格式如下：

y=pulstran(t,d,'func')：在指定的时间范围 t，对连续函数 func，按向量 d 提供的平移量进行平移后抽样生成冲激信号 $y=\mathrm{func}(t-d(1))+\mathrm{func}(t-d(2))+\cdots$。其中函数 func 必须是 t 的函数，且可用函数句柄形式调用，即 $y=\mathrm{pulstran}(t,d,@\mathrm{func})$。

⑧diric 函数用于产生 Dirichlet 信号，具体格式如下：

y=diric(x,n)：用于产生 x 的 dirichlet 函数，即

$$\text{dirichlet}(x)\begin{cases}(-1)^{k(n-1)} & x=2\pi k, k=0, \pm1, \pm2, \cdots \\ \dfrac{\sin(nx/2)}{n\sin(x/2)} & \text{其他}\end{cases}$$

⑨gauspuls 函数用于高斯正弦脉冲信号，具体格式如下：

yi=gauspuls(t,fc,bw,bwr)：返回持续时间为 t、中心频率为 f_c（Hz）、带宽为 bw、幅度为 1 的高斯正弦脉冲（RF）信号的抽样。脉冲宽度为信号幅度下降（相对于信号包络峰值）到 bwr（dB）时所对应宽度的 $100\times$ bw %，bw>0，bwr<0，默认时 f_c=1000Hz，bw=0.5，bwr=-6dB。

tc=gauspuls ('cutoff',fc,bw,bwr,tpe)：返回按参数 tpe（dB）计算所对应的截断时间 t_c。参数 tpe（tpe<0）是脉冲拖尾幅度相对于包络最大幅度的下降大小。默认时 tpe=-60dB。

⑩gmonopuls 函数用于产生高斯单脉冲信号，具体格式如下：

y=gmonopuls(t,fc)：产生最大幅值为 1 的高斯单脉冲信号，时间数组由 t 给定，f_c 为中心频率（Hz）。默认情况下，f_c=1000Hz。

tc=gmonopuls ('cutoff',fc)：返回信号的最大值和最小值之间持续的时间。

⑪vco 是电压控制振荡函数，具体格式如下：

y=vco(x,fc,fs)：产生一个采样频率为 f_s 的振荡信号。其振荡频率由输入向量或数组 x 指定。f_c 为载波或参考频率，如果 x=0，则 y 是一个采样频率为 f_s（Hz）、幅值为 1、频率为 f_c（Hz）的余弦信号。x 的取值范围为$-1\sim1$，如果 x=-1，输出 y 的频率为 0；如果 x=0，输出 y 的频率为 f_c；如果 x=1，输出 y 的频率为 $2f_c$。输出 y 和 x 的维数一样。默认情况下，f_s=1，f_c=f_s/4。如果 x 是一个矩阵，vco 函数按列产生一个振荡信号矩阵，它与 x 对应。

y=vco(x,[fmin fmax],fs)：可调整频率调制的范围，使得 x=-1 时产生频率为 f_{min}（Hz）的振荡信号；x=1 时产生频率为 f_{max}（Hz）的振荡信号。为了得到最好的结果，f_{min} 和 f_{max} 取值范围应该在 $0\sim f_s/2$ 之间。

（2）离散时间信号的表示

常用离散信号，如单位脉冲序列、单位阶跃序列、实指数序列、复指数序列、正（余）弦序列，可以由 MATLAB 语句实现。设序列 x 的起始点用 ns 表示，终止点用 nf 表示，因此序列的长度 length(x)可写为：

　　n=[ns:nf]或 n=[ns:ns+length(x)-1]

对于单位脉冲序列，

$$\delta(n-n_0)=\begin{cases}1 & n=n_0 \\ 0 & n\neq n_0\end{cases}$$

实现语句为：

　　z=zeros(1,N);　x(1,n0)=1;
　　或者 n=[ns:nf];　x=[(n-n0)==0]

对于单位阶跃序列，

$$\delta(n-n_0) = \begin{cases} 1 & n = n_0 \\ 0 & n \neq n_0 \end{cases}$$

实现语句为：

```
n=[ns:nf];   x=[(n-n0)>=0]
```

对于实指数序列，

$$x(n) = a^n, \forall n, a \in R$$

实现语句为：

```
n=[ns:nf];   x=a.^n;
```

对于复指数序列，

$$x(n) = e^{(\delta + j\omega)}, \forall n$$

实现语句为：

```
n=[ns:nf];   x=exp((sigema+jw)*n);
```

对于正（余）弦序列，

$$x(n) = \cos(\omega n + \theta), \forall n$$

实现语句为：

```
n=[ns:nf];   x=cos(w*n+sita);
```

（3）滤波函数

filter 函数是 MATLAB 信号处理工具箱中一种主要的滤波函数，具体格式如下：

```
y=filter(B,A,x)
```

对向量 **x** 中的数据进行滤波，即求解差分方程 $a(1)*\boldsymbol{y}(n)=b(1)*\boldsymbol{x}(n)+b(2)*\boldsymbol{x}(n-1)+\cdots+b(nb+1)*\boldsymbol{x}(n-nb)-a(2)*\boldsymbol{y}(n-1)-\cdots-a(na+1)*\boldsymbol{y}(n-na)$，产生输出序列向量 **y**。**B** 和 **A** 分别为数字滤波器系统函数 $H(z)$ 的分子和分母多项式系数向量。要求 $a(1)=1$，否则就应归一化。

【例 10-4】设系统差分方程为

$$y(n) - 0.8y(n-1) = x(n)$$

求该系统对信号 $x(n) = 0.8^n R_{32}(n)$ 的响应。

MATLAB 程序如下：

```
B=1;A=[1,-0.8];
n=0:31;x=0.8.^n;
y=filter(B,A,x);
subplot(2,1,1);stem(x)
subplot(2,1,2);stem(y)
```

程序运行结果如图 10-30 所示。

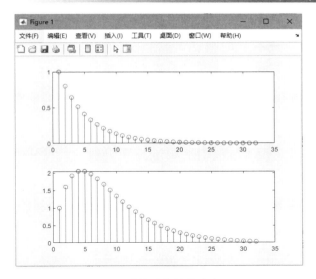

图 10-30　系统对信号的响应

（4）傅里叶变换函数

主要包括一维和二维傅里叶变换函数。

一维快速正傅里叶变换函数 fft，具体格式如下：

　　　X=fft(x,N)

采用 FFT 算法计算列向量 x 的 N 点 DFT 变换。当 N 省略时，fft 函数自动按 x 的长度计算 DFT。当 N 为 2 的整数次幂时，fft 按基 2 算法计算，否则用混合算法。

一维快速逆傅里叶变换函数 ifft，具体格式如下：

　　　x=ifft(X,N)

采用 FFT 算法计算列向量 X 的 N 点 IDFT 变换。

二维快速正傅里叶变换函数 fft2，具体格式如下：

　　　X=fft2(x)

返回矩阵 X 的二维 DFT 变换。

二维快速逆傅里叶变换函数 ifft2，具体格式如下：

　　　X=ifft2(x)

返回矩阵 X 的二维 IDFT 变换。

线性调频 z 变换函数 czt，具体格式如下：

　　　y=czt(x,m,.w,a)

计算由 $z=a*w.\^(-(0:m-1))$ 定义的 z 平面螺线上各点的 z 变换。其中，a 规定了起点，w 规定了相邻点的比例，m 规定了变换长度。三个变量默认值是 $a=1$，$w=\exp(j*2*pi/m)$，

m=length(x)。

注意： y=czt(x)就等同于 y=fft(x)。

正离散余弦变换函数 dct，具体格式如下：

> y=dct(x,N)

完成如下的变换，N 的默认值为 length(x)。

$$y(k) = \text{DCT}[x(n)] = \sum_{n=1}^{N} 2x(n)\cos\left\{\left[\frac{\pi}{2N}k(2n+1)\right]\right\}$$

逆离散余弦变换函数 idct 的调用格式与 dct 相仿。

将零频分量移至频谱中心的函数 fftshift，具体格式如下：

> Y=fftshift(X)

用来重新排列 X=fft(x)的输出，当 **X** 为向量时，它把 **X** 的左右两半进行交换，从而将零频分量移至频谱中心；如果 X 是二维傅里叶变换的结果，它同时把 X 左右和上下进行交换。

基于 FFT 重叠相加法 FIR 滤波器实现函数 fftfilt，具体格式如下：

> 格式一： y=fftfilt(b,x)

采用重叠相加法 FFT 实现对信号向量 **x** 快速滤波，得到输出序列向量 **y**，向量 **b** 为 FIR 滤波器的单位脉冲响应列，$h(n)$=**b**$(n+1)$，n=0,1,2,$\cdots$,length(**b**)-1。

> 格式二： y=fftfilt(b,x.N)

自动选取 FFT 长度 NF=2^nextpow2(N)，输入数据 **x** 的分段长度 M=NP$-$length(**b**)+1。其中 nextpow2(N)函数求一个整数，满足

$$2\text{^(nextpow2}(N)\text{)-1} < N \leqslant 2\text{^nextpow2}(N)$$

当 N 默认时，fftfilt 自动选择合适的 FFT 长度 NF 和对 **x** 的分段长度 M。

【例 10-5】 利用 FFT 计算下面两个序列的卷积，并测试直接卷积和快速卷积的时间。

$$x(n) = \sin(0.4n)R_N(n)$$

$$h(n) = 0.9^n R_M(n)$$

首先利用 DFT 将时域卷积转换为频域相乘，然后再进行 IFFT 得到时域卷积。

MATLAB 程序如下：

```
%  线性卷积
xn=sin(0.4*[1:15]);            %  对序列 x(n)赋值，M=15
hn=0.9.^(1:20);               %  对序列 h(n)赋值，N=20
tic
yn=conv(xn,hn);              %直接调用函数 conv 计算卷积
toc
M=length(xn);N=length(hn)
nx=1:M;nh=1:N
%  圆周卷积
```

```
L=pow2(nextpow2(M+N-1));
Xk=fft(xn,L);
Hk=fft(hn,L);
Yk=Xk.*Hk;
yn=ifft(Yk,L);
toc
subplot(2,2,1),stem(nx,xn,'.');ylabel('x(n)');
subplot(2,2,2),stem(nh,hn,'.');ylabel('h(n)');
subplot(2,1,2),ny=1:L;stem(ny,rea(yn),'.');ylabel('h(n)');
```

程序运行结果如图 10-31 所示。

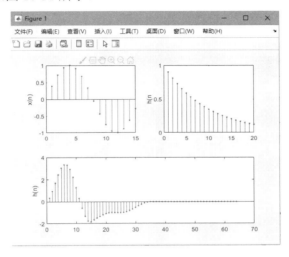

图 10-31　$x(n)$和 $h(n)$及其线性卷积波形

（5）IIR 数字滤波器的函数

MATLAB 信号处理工具箱中提供了大量与 IIR 数字滤波器设计相关的函数，分别如表 10-9～表 10-11 所示。

表 10-9　IIR 滤波器阶次估计函数

函　数　名	功　　能
buttord	计算 Butterworth 滤波器的阶次和机制频率
cheblord	计算 Chebyshev Ⅰ型滤波器的阶次
Cheb2ord	计算 Chebyshev Ⅱ型滤波器的阶次
ellipord	计算椭圆滤波器的最小阶次

表 10-10　模拟低通滤波器原型设计函数

函　数　名	功　　能
besselap	Bessel 模拟低通滤波器原型设计
buttap	Butterworth 模拟低通滤波器原型设计
Cheb1ap	Chebyshev Ⅰ型模拟低通滤波器原型设计

续表

函　数　名	功　　能
Cheb2ap	Chebyshev Ⅱ型模拟低通滤波器原型设计
ellipap	椭圆模拟低通滤波器原型设计

表 10-11　模拟低通滤波器变换函数

函　数　名	功　　能
lp2bp	把低通模拟滤波器转换为带通滤波器
lp2bs	把低通模拟滤波器转换为带阻滤波器
lp2hp	把低通模拟滤波器转换为高通滤波器
lp2	改变低通滤波器的截止频率

10.5　通信工具箱

MATLAB 通信工具箱中提供了许多仿真函数和模块，用于对通信系统进行仿真和分析。通信工具箱包括两部分内容：通信命令函数和 Simulink 的 Communications System Toolbox（通信系统模块集）仿真模块。用户既可以在 MATLAB 的工作空间中直接调用工具箱中的函数，也可以使用 Simulink 平台构造自己的仿真模块，以扩充工具箱的内容。

10.5.1　工具箱简介

通信工具箱中的函数存在 Comm 子目录下，在 MATLAB 命令窗口中输入命令"help comm"，就可以显示通信工具箱中的函数名称和内容列表，详见表 10-12。其内容包含了 Channels（信道函数）、Converters（转换器）、Equalizers（均衡器）、Error Detection and Correction（误差检测与校正）、Filters（滤波器）、Galois Field Computations（有限域估计函数）、Interleavers（交织器）、MIMO（多输入多输出函数）、Modulation（调制函数）、Performance Evaluation（性能评价函数）、RF Impairments（射频损伤）、RF Impairments Correction（射频损伤校正）、Sequence Operations（序列操作函数）、Sinks（输入）、Sources（信源）、Source Coding（信源编码函数）、Synchronization（同步函数）、Waveform Generation（波形生成函数）、GPU Implementations（GPU 实现函数）、Examples（通信工作箱示例）及 Simulink Functionality（仿真功能函数）。

表 10-12　通信工具箱函数

类　　别	函 数 名 称	功 能 说 明
Channels（信道函数）	comm.AWGNChannel	在输入信号中加入高斯白噪声
	comm.RayleighChannel	通过多径 Rayleigh 衰减 SISO 信道对输入进行滤波
	comm.RicianChannel	通过多径 Rician 衰减 SISO 信道对输入进行滤波

续表

类　别	函 数 名 称	功 能 说 明
Channels（信道函数）	comm.MIMOChannel	通过多径衰减 MIMO 信道对输入进行滤波
	awgn	对信号添加高斯白噪声
	bsc	对二进制对称信道建模
	stdchan	从一组标准化的通信模型构造信道对象
Converters（转换器）	bi2de	将二进制向量转换为十进制数
	bin2gray	将正整数转换为相应的灰色编码整数
	comm.BitToIntegert	将位向量转换为整数向量
	comm.IntegerToBit	将整数向量转换为位向量
	de2bi	将十进制数转换为二进制数
	gray2bin	将灰色编码的正整数转换为相应的灰色解码整数
	hex2poly	将十六进制多项式转换为等效的二进制向量
	oct2dec	将八进制数转换为十进制数
	oct2poly	将八进制多项式转换为等效的二进制向量
	vec2mat	将向量转换为矩阵
Equalizers（均衡器）	comm.MLSEEqualizer	使用最大似然序列估计均衡
	lms	构造一个最小均方 LMS 自适应算法对象
	signlms	构造一个带符号的 LMS 自适应算法对象
	normlms	构造一个标准化的 LMS 自适应算法对象
	varlms	构造一个变步长的 LMS 自适应算法对象
	rls	构造递归最小二乘 LMS 自适应算法对象
	cma	构造一个常模算法（CMA）对象
	lineareq	构造一个线性均衡器对象
	dfe	构造一个决策反馈均衡器对象
	equalize	用均衡器对象均衡信号
	reset	重置均衡器对象
Error Detection and Correction（误差检测与校正）	bchdec	BCH 解码器
	bchenc	BCH 编码器
	bchgenpoly	生成多项式的 BCH 代码
	bchnumerr	BCH 代码可纠正错误的数量
	comm.RSDecoder	使用 Reed-Solomon 解码器解码数据
	comm.RSEncoder	使用 Reed-Solomon 编码器对数据进行编码
	comm.HDLRSEncoder	使用 Reed-Solomon 编码器对数据编码，对 HDL 进行优化
	comm.HDLRSDecoder	使用 Reed-Solomon 解码器解码数据，对 HDL 进行优化
	cyclgen	为循环代码生成校验和生成矩阵
	cyclpoly	为循环代码生成多项式
	decode	译码
	dvbs2ldpc	利用 DVB-S.2 标准生成 LDPC 的校验码矩阵
	encode	分组码编码
	gen2par	在对偶校验和生成器矩阵之间进行转换
	gfweight	计算线性分组码的最小距离

续表

类　　别	函 数 名 称	功 能 说 明
Error Detection and Correction（误差检测与校正）	hammgen	为汉明代码生成校验和生成矩阵
	rsdec	Reed-Solomon 译码器
	rsenc	Reed-Solomon 编码器
	rsgenpoly	生成 Reed-Solomon 多项式
	syndtable	生成综合译码表
	tpcenc	使用 Turbo 产品代码（TPC）编码二进制数据
	tpcdec	Turbo 产品代码（TPC）解码
	comm.APPDecoder	使用后验概率方法解码卷积码
	comm.ConvolutionalEncoder	卷积编码二进制数据
	comm.TurboDecoder	使用 Turbo 解码器解码输入
	comm.TurboEncoder	使用 Turbo 编码器编码二进制数据
	comm.ViterbiDecoder	使用 Viterbi 算法解码卷积编码的数据
	convenc	卷积编码二进制数据
	distspec	计算卷积码的距离谱
	iscatastrophic	确定卷积代码是否具有灾难性
	istrellis	检查输入是否为有效的格状结构
	poly2trellis	将卷积码多项式转换为格状描述
	vitdec	使用 Viterbi 算法对二进制数据进行卷积编码
	comm.CRCDetector	使用 CRC 检测输入数据中的错误
	comm.CRCGenerator	生成 CRC 代码位并附加到输入数据
	comm.HDLCRCGenerator	生成 CRC 代码位并附加到输入数据，对 HDC 进行优化
	comm.HDLCRCDetector	使用 CRC 检测输入数据中的错误，对 HDC 进行优化
	comm.RaisedCosineTransmitFilter	使用上升余弦滤波器插值
	comm.RaisedCosineReceiveFilter	使用上升余弦滤波器抽取
	comm.IntegrateAndDumpFilter	将离散时间信号与周期重置进行积分
	intdump	集成与存储
Filters（滤波器）	rectpulse	矩形脉冲整形
	rcosdesign	余弦 FIR 滤波器的设计
	gf	创建一个 Galois 数组
	gfhelp	提供与 Galois 数组兼容的操作符列表
	convmtx	Galois 场向量的卷积矩阵
	cosets	为 Galois 域生成分圆陪集
Galois Field Computations（有限域估计函数）	dftmtx	Galois 域中的离散傅里叶变换矩阵
	gftable	生成一个文件来加速 Galois 字段计算
	isprimitive	检查 Galois 域中的多项式是否为基元
	minpol	求 Galois 元素的最小多项式
	primpoly	为 Galois 域找到基本多项式

类　　别	函 数 名 称	功 能 说 明
Galois Field Computations （有限域估计函数）	algdeintrlv	利用代数派生排列表恢复符号序列
	algintrlv	利用代数派生排列表重排符号序列
	deintrlv	恢复符号序列
	helscandeintrlv	用螺旋模型恢复符号序列
Interleavers （交织器）	helscanintrlv	用螺旋模型排列符号序列
	intrlv	重排符号序列
	matdeintrlv	用矩阵按列填充、按行消减方法恢复符号序列
	matintrlv	用矩阵按列填充、按行消减方法重排符号序列
	randdeintrlv	使用随机排列恢复符号序列
	randintrlv	使用随机排列重排符号序列
	convdeintrlv	使用移动寄存器恢复符号序列
	convintrlv	使用移动寄存器排列符号序列
	heldeintrlv	恢复使用 helintrlv 方法排列的符号序列
	helintrlv	使用 helintrlv 方法排列符号序列
	muxdeintrlv	按指定的移动寄存器恢复符号序列
	muxintrlv	按指定的移动寄存器排列符号序列
	comm.MIMOChannel	通过多径衰减 MIMO 信道过滤输入
	comm.OSTBCCombiner	使用正交空–时分组码组合输入
	comm.OSTBCEncoder	使用正交空–时分组码编码输入
	comm.SphereDecoder	使用球面解码器解码输入
MIMO （多输入多输出函数）	amdemod	模拟幅度解调
	ammod	模拟幅度调制
	fmmod	模拟频率调制
	fmdemod	模拟频率解调
Modulation （调制函数）	pmmod	模拟相位调制
	pmdemod	模拟相位解调
	ssbmod	模拟单边幅度调制
	ssbdemod	模拟单边幅度解调
	dpskmod	差分移相键控调制
	dpskdemod	差分移相键控解调
	fskmod	频移键控调制
	fskdemod	频移键控解调
	genqammod	普通正交幅度调制
	genqamdemod	普通正交幅度解调
	modnorm	调制输出比例因素
	mskmod	MSK 调制
	mskdemod	MSK 解调
	oqpskmod	OQPSK 调制
	oqpskdemod	OQPSK 解调

类　别	函数名称	功能说明
Modulation （调制函数）	qammod	QAM 调制
	qamdemod	QAM 解调
	pskmod	PSK 调制
	pskdemod	PSK 解调
	berawgn	计算未编码的高斯白噪声信道误码率
	bercoding	计算编码高斯白噪声信道误码率
	berconfint	计算比特率和蒙特卡洛模拟的置信区间
	berfading	计算未编码的瑞利衰落信道误码率
Performance Evaluation （性能评价函数）	berfit	绘制误码率的曲线
	bersync	计算不理想同步下的未编码高斯白噪声
	biterr	计算（二进制）误码数和误码率
	distspec	计算卷积码的距离谱
	eyediagram	生成眼图
	noisebw	计算数字低通滤波器的等价噪声带宽
	scatterplot	生成散布图
	semianalytic	使用半解析技术计算信道误码率
	symerr	计算符号误差数和符号误差率
	arithdeco	对二进制编码进行算术译码
	arithenco	对一符号序列进行算术编码
	compand	计算 μ 率或 A 率压扩
	dpcmdeco	差分脉码调制译码
Source Coding （信源编码函数）	dpcmenco	差分脉码调制编码
	dpcmopt	采用优化脉冲编码调制进行参数估计
	huffmandeco	霍夫曼译码器
	huffmandict	使用已知概率模型产生信源的霍夫曼编码字典
	huffmanenco	霍夫曼编码器
	lloyds	采用训练序列和 Lloyd 算法优化标量算法
	quantiz	生成量化序列和量化值

　　用户需要实现系统的某种功能时，可以先到上述函数集中寻找相应的函数，然后从 help 文档查询该函数的详细内容（包括函数功能说明、调用方式和可选择的方式等）。

10.5.2　通信命令函数

　　从信源编/译码、差错控制编/译码、调制与解调三个方面介绍通信命令函数。
　　（1）信源编/译码
　　在 MATLAB 通信工具中提供了两种信源编/译码方法：标量量化和预测量化。标量量化就是给每个落入某一特定范围的输入信号分配一个单独值的过程，并且落入不同范围内的信号所分配的值也各不相同。MATLAB 通信工具箱中提供了 compand、quantiz、lloyds 等函数。预测量化根据以往发送的信号来估计将要发送的信号。MATLAB 通信工具箱中提供了 dpcmenco、dpcmdeco、dpcmopt 等函数。

（2）差错控制编/译码

差错控制也称为纠错编码，主要有分组码和卷积码两种类型。在分组码中，编码算法作用于将要传输的连续为 K 的信息码元，形成 N 位分组码。分组码一般可以用符号 (N,K) 表示。卷积码中没有相互独立的组。编码过程可以看成一个宽度为 K 的滑动窗口，该窗口以步长 K 在信元上滑动，随着窗口的每次滑动，编码过程都需要一个 N 位的信号。

纠错编码的译码有代数译码和概率译码两种方法。代数译码基于代数和有限域的数学特征，通常用于分组码中。MATLAB 通信工具箱提供了一系列函数用于有限域计算。概率译码中最常用的是 Viterbi 译码，用于卷积码译码。常用的纠错编码方法包括线性分组码、Hamming 码、循环码、BCH 码、R-S 码和卷积码。

在 MATLAB 通信工具箱中，所有这些编/译码运算都提供了纠错编码函数 encode 及译码函数 decode。

（3）调制与解调

调制分为模拟调制和数字调制。模拟调制的输入信号为连续变化的模拟量，数字调制的输入信号是离散的数字量。在利用 MATLAB 进行调制/仿真时，既可以采用自定义函数进行调制/仿真，也可以调用 MATLAB 所提供的函数进行仿真。MATLAB 通信工具箱中的调制和解调函数包括：带通模拟调制函数 ammod 和解调函数 amdemod、模拟频率调制函数 fmmod 和解调函数 fmdemod、相位调制函数 pmmod 和解调函数 pmdemod、模拟单边带幅度调制函数 ssbmod 和解调函数 ssbdemod，以及数字调制和解调函数 fskmod、fskdemod、modnorm。

10.5.3　通信系统模块集

Simulink 模块库中提供了通信系统模块集（Communications System Toolbox），如图 10-32 所示。

各模块组的作用说明如下：

（1）通信信源模块组（Comm Sources）：包含各种通信信号输入模块和 I/O 演示模块。

（2）通信输入模块组（Comm Sinks）：包含触发写模块、眼图和散射图模块、误码率计算模块及其相应的演示模块。

（3）信源编码组（Source Coding）：包含标量量化编码/译码模块、DPCM 编码/译码模块、规则压缩/解压模块，以及相应的演示模块。

（4）信道组（Channels）：包含加零均值高斯白噪声信道模块、加二进制误差信道模块、Rayleigh 衰减信道模块、Rician 噪声信道模块及其相应的演示模块。

（5）调制组（Modulation）：包含数字模拟调制模块。

（6）同步组（Synchronization）：包含锁相环 PLL 模块、基带 PLL 模块、演示模块、线性化基带 PLL 模块等。

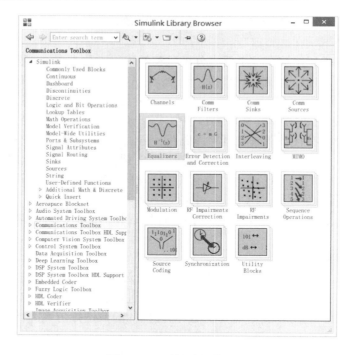

图 10-32　通信系统模块集

【例 10-6】图 10-33 所示为一个简单的通信系统 Simulink 模块图，构造模型及仿真步骤如下：

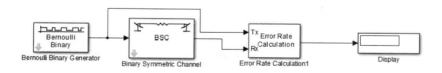

图 10-33　通信系统 Simulink 模块图

（1）在 MATLAB 命令窗口输入"commstartup"，设置仿真参数。这将关闭通信模块集不支持的 Simulink 中的 Boolean 数据类型，同时优化仿真参数。然后打开 Simulink 模块库浏览器，建立一个 Model 文件，从 Communications Toolbox 中的 Comm Sources 模块组的 Random Data Sources 子模块组中选择 Bernoulli Binary Generator 模块，从 Channels 模块组中单击 Binary Symmetric Channel 模块，从 Comm Sinks 子模块组中选取 Error Rate Calculation 模块，从 Simulink 的 Sinks 模块组中选取 Display 模块，拖曳到新建的 Model 文件中。

（2）设置参数。信号源为 Bernoulli Binary Generator 模块，产生二进制随机信号序列。该模块采用默认设置。Binary Symmetric Channel 模块仿真一个噪声信道，给信号叠加一个随机误差。误码率计算（Error Rate Calculation）模块计算信道的误码率，模块有两个输入端口，Tx 为发射信号，Rx 为接收信号，模块比较两个信号并计算出误差，模块输出为三列向量：误码率、误差码符、发射信号码符数。

双击 Binary Symmetric Channel 模块，弹出如图 10-34 所示对话框。设置误差概率（Error probability）为 0.01，取消选中 Output error vector 复选框，设置初始种群（Initial seed）参数为 2137。Bernoulli Binary Generator 模块和 Binary Symmetric Channel 模块都使用了一个随机信号发生器产生随机二进制信号序列，设置 Initial seed 参数初始化随机序列。

双击 Error Rate Calculation 模块，在弹出的对话框中设置参数，如图 10-35 所示。设置输出数据（Output data）送至 Port，选择 Stop simulation，设置 Target number of errors 为 100，当误差码符数达到 100 或最大码符数超过 100 时停止仿真。

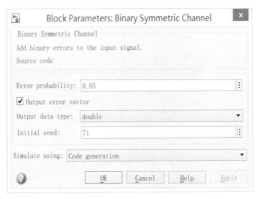

图 10-34　Binary Symmetric Channel 模块参数设置对话框

（3）连线，仿真。仿真参数设置对话框如图 10-36 所示。从 Display 模块中可以观察到输出数据：误码率、误差码符、发射信号码符数。如果将输出数据送入示波器，仿真模块图如图 10-37 所示，则仿真输出波形如图 10-38 所示。

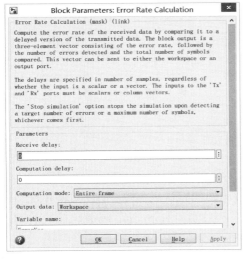

图 10-35　Error Rate Calculation 模块参数设置对话框　　　图 10-36　仿真参数设置对话框

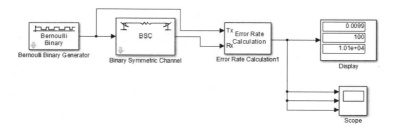

图 10-37　仿真模块图

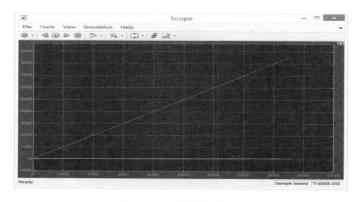

图 10-38　仿真输出波形

【例 10-7】添加 Hamming 码减小误码率。

从误差监测和纠正模块组（Detection and Correction Library）的子模块组（Block Sublibrary）中选取 Hamming 编码模块和 Hamming 译码模块，将其加入图 10-37 中，Hamming 码纠错模块图如图 10-39 所示。

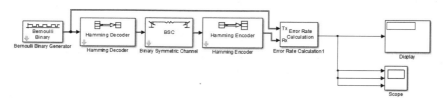

图 10-39　Hamming 码纠错模块图

双击 Bernoulli Binary Generator 模块，其对话框如图 10-40 所示。设置每帧采样数（Samples per frame）为 4，因为 Hamming 码编码块的默认码为[7，4]，即将 4 维帧转换为 7 维帧。Bernoulli Binary Generator 模块的输出必须和 Hamming 码编码模块的输入相匹配。

很多通信模块，如 Hamming 码编码模块，要求输入为一个特定维数的向量。如果与一个信号源模块相连，如 Bernoulli Binary Generator 模块，必须在该信号源模块参数设置对话框中选择基准帧输出（Frame-based output）复选框，并设置每帧采样数（Samples per frame）为必需的数值。

仿真得到 Hamming 码纠错仿真波形如图 10-41 所示。

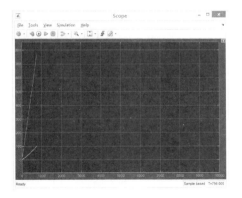

图 10-40 信号源模块参数设置对话框 图 10-41 Hamming 码纠错仿真波形

验证仿真结果的正确性，可以通过比较译码后信号与发送信号的一致性来完成。从 Simulink 逻辑与关系操作子模块组（Logic and Bit Operations Library）选取关系运算模块（Relational Operator Block），从信号处理模块集的信号子模块组（Signal Processing Blockset Signal Management Library）中选择两个 Unbuffer 模块，加入图 10-39 中。双击二进制对称信道模块（Binary Symmetric Channel Block）打开对话框，选择"Output Error Vector"，创建第二个输出端口传输误差向量。双击示波器模块，单击工具栏上的参数按钮" 🖹 "，设置轴的数目（Number of axes）为 2，然后单击"OK"按钮。连线，得到仿真模块图如图 10-42 所示。

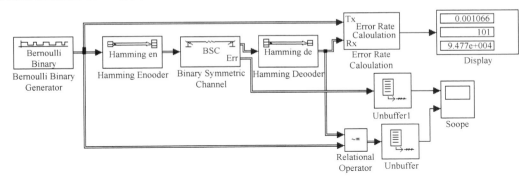

图 10-42 添加关系比较模块的仿真模块图

双击打开示波器模块，单击工具栏上的参数按钮 🖹，设置时间范围为（Time range）为 5000，单击历史数据（Data history），在最终数据点限制数目栏（Limit data points to last）输入 30000，单击"OK"按钮。示波器窗口如图 10-43 所示。

对上下两个示波器，分别右击左边的纵轴，在背景菜单中选择"Axes properties"，在 Y-min 栏输入 −1，在 Y-max 栏输入 2，单击"OK"按钮。

在关系运算操作（Relational Operator）模块的设

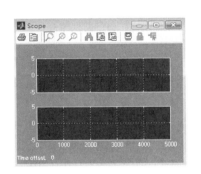

图 10-43 示波器窗口

置对话框中将其设定为"~="，该模块比较从 Bernoulli Random Generator 模块来的发送信号和从 Hamming Decoder 模块来的译码信号，当两信号相同时输出 0，相异时输出 1。

通过仿真，可以从示波器窗口看出信道误差数和未纠正误差数。

10.5.4　通信系统性能仿真

通信系统误码率的大小可以衡量通信系统性能的好坏。BERTool 是 Simulink 提供的一个用于分析误码率的交互式图形用户界面工具。在 MATLAB 命令窗中输入命令：

```
>>bertool
```

即可打开一个图形用户界面窗口——误码率分析界面，如图 10-44 所示。

误码率分析界面上方为数据浏览器，打开时为空，用户建立的误码率数据显示在数据浏览器窗口中。窗口的下方为一些选项卡："Theoretical"、"Semianalytic" 和 "Monte Carlo"，分别对应比特误码率产生数据的方法。

【例 10-8】利用 BERTool 仿真 M 文件或 Simulink 模块图文件。

（1）打开误码率分析界面，选择 "Monte Carlo" 选项卡（BER 变量名称只适用于 Simulink 模块图），如图 10-45 所示。

图 10-44　误码率分析界面

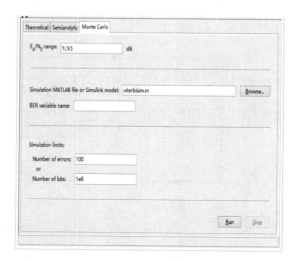

图 10-45　"Monte Carlo" 选项卡

（2）选择参数，这里选择仿真 commgraycode.mdl 文件，commgraycode.mdl 文件必须为用户预先建立好的文件或 MATLAB 自带文件。

（3）单击 "Run" 按钮，BERTool 按特定 E_b/N_0 和 BER 数据运行仿真函数，数据浏览器显示其创建的数据，如图 10-46 所示。BERTool 绘制数据曲线，BER 图形窗口如图 10-47 所示。

（4）改变 E_b/N_0 为[0:2:6]，单击 "Run" 按钮，BERTool 仿真返回数据到数据浏览器，如图 10-48 所示，并绘制 BER 数据曲线，如图 10-49 所示。

Confidence Level	Fit	Plot	BER Data Set	E_b/N_0 (dB)	BER	# of Bits
off	☐	☑	simulation0	0:3:12	[0.1233 0.068 ...	[900 1500 480...

图 10-46 数据浏览器窗口的数据显示

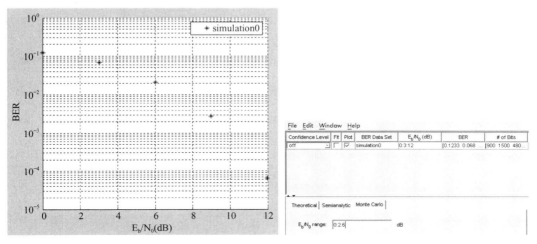

图 10-47 BER 图形窗口   图 10-48 数据浏览器窗口数据显示

【例 10-9】利用 "Theoretical" 选项卡，叠加高斯白噪声，按不同规则调制，比较正交幅度调制信号的性能。

打开误码率分析界面，选择 "Theoretical" 选项卡，如图 10-50 所示。

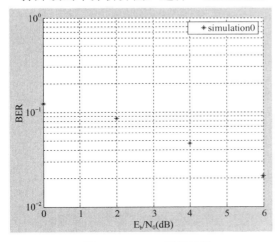

图 10-49 BER 数据曲线   图 10-50 "Theoretical" 选项卡

（1）设置参数，分别设置 Modulation order 为 4、16、64，单击 "Plot" 按钮，分别将数据添加到数据浏览器窗口，如图 10-51 所示，并绘制 BER 数据曲线，如图 10-52 所示。

Confidence Level	Fit	Plot	BER Data Set	E_b/N_0 (dB)	BER	# of Bits
off	☐	☑	simulation0	0:3:12	[0.1233 0.068 ...	[900 1500 480...
off	☐	☑	simulation1	0:2:6	[0.1233 0.0853 ...	[900 1500 240...
		☑	theoretical0	0:18	[0.0755 0.0546 ...	
		☑	theoretical1	0:18	[0.1452 0.1339 ...	
		☑	theoretical2	0:18	[0.1441 0.1414 ...	

图 10-51 数据浏览器窗口

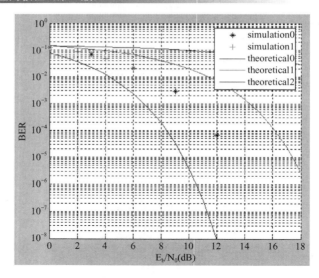

图 10-52　BER 数据曲线

【例 10-10】运用半分析方法（Semianalytic Technique），使用 BERTool 产生和分析 BER 数据。

打开误码率分析界面，选择"Semianalytic"选项卡，如图 10-53 所示。

采用 16 元正交幅度调制（16-QAM），设置发送和接收数据。与图 10-50 所示界面中设置参数类似，如图 10-54 所示进行参数设置。

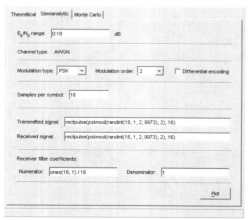

图 10-53　"Semianalytic"选项卡

图 10-54　参数设置

单击"Plot"按钮，BERTool 创建数据浏览器窗口，如图 10-55 所示，绘制 BER 数据曲线，如图 10-56 所示。

Confidence Level	Fit	Plot	BER Data Set	E_b/N_0 (dB)	BER	# of Bits
off		✓	semianalytic0	0:16	[0.1104 0.1008 ...]	[16]

图 10-55　数据浏览器窗口

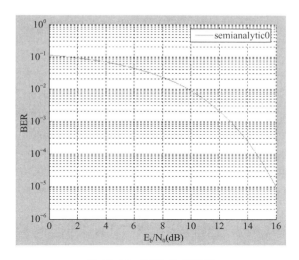

图 10-56　BER 数据曲线

10.6　神经网络工具箱

MATLAB 提供了深度学习工具箱，其中包括神经网络工具箱。MATLAB 的深度学习工具箱提供了许多有关神经网络设计、训练及仿真的函数，用于实现神经网络的设计与分析。用户只需调用相关程序，免除了编写复杂而庞大算法程序的困扰。

10.6.1　工具箱简介

深度学习工具箱包含在 nnet 目录中，输入"help nnet"可得到帮助主题。工具箱包含了许多示例。每一个例子讲述了一个问题，展示了用来解决问题的网络并给出了最后的结果。

```
>> help nnet
    Deep Learning Toolbox
    Version 12.0 (R2018b) 24-Jul-2018


    Training for Deep Learning
      assembleNetwork              - Assemble a neural network from pretrained layers
      augmentedImageDatastore      - Generate batches of augmented image data
      imageDataAugmenter           - Configure image data augmentation
      trainNetwork                 - Train a neural network
      trainingOptions              - Options for training a neural network
```

Layers for Deep Learning
    additionLayer   - Addition layer
    averagePooling2dLayer   - Average pooling layer
    batchNormalizationLayer   - Batch normalization layer
    bilstmLayer   - Bidirectional long short-term memory (biLSTM) layer
    classificationLayer   - Classification output layer for a neural network
    clippedReluLayer   - Clipped rectified linear unit (ReLU) layer
    convolution2dLayer   - 2-D convolution layer for Convolutional Neural Networks
    crossChannelNormalizationLayer - Local response normalization along channels
    depthConcatenationLayer   - Depth concatenation layer
    dropoutLayer   - Dropout layer
    fullyConnectedLayer   - Fully connected layer
    imageInputLayer   - Image input layer
    leakyReluLayer   - Leaky rectified linear unit (ReLU) layer
    lstmLayer   - Long short-term memory (LSTM) layer
    maxPooling2dLayer   - Max pooling layer
    maxUnpooling2dLayer   - Max unpooling layer
    regressionLayer   - Regression output layer for a neural network
    reluLayer   - Rectified linear unit (ReLU) layer
    sequenceInputLayer   - Sequence input layer
    softmaxLayer   - Softmax layer
    transposedConv2dLayer   - 2-D transposed convolution layer

Custom Layers for Deep Learning
    checkLayer   - Check layer validity

Apps for Deep Learning
    analyzeNetwork   - Analyze deep learning networks
    deepNetworkDesigner   - Design and edit deep learning networks

Extract and Visualize Features, Predict Outcomes for Deep Learning
    deepDreamImage   - Visualize network features using Deep Dream
    layerGraph   - Create a layer graph
    confusionmat   - Confusion matrix for classification algorithms
    confusionchart   - Plot a confusion matrix

Using Pretrained Networks for Deep Learning
    alexnet   - Pretrained AlexNet convolutional neural network
    googlenet   - Pretrained GoogLeNet convolutional neural network
    inceptionv3   - Pretrained Inception-v3 convolutional neural network
    inceptionresnetv2   - Pretrained Inception-ResNet-v2 convolutional neural network

resnet50	- Pretrained ResNet-50 convolutional neural network
resnet101	- Pretrained ResNet-101 convolutional neural network
squeezenet	- Pretrained SqueezeNet convolutional neural network
vgg16	- Pretrained VGG-16 convolutional neural network
vgg19	- Pretrained VGG-19 convolutional neural network
importCaffeLayers	-Import Convolutional Neural Network Layers from Caffe
importCaffeNetwork	-Import Convolutional Neural Network Models from Caffe
importKerasLayers	-Import Convolutional Neural Network Layers from Keras
importKerasNetwork	-Import Convolutional Neural Network Models from Keras

Graphical User Interface Functions for Shallow Neural Networks

nnstart	- Neural Network Start GUI
nctool	- Neural Classification app
nftool	- Neural Fitting app
nntraintool	- Neural Network Training Tool
nprtool	- Neural Pattern Recognition app
ntstool	- Neural Time Series app
nntool	- Neural Network/Data Manager window
view	- View a neural network.

Shallow Neural Network Creation Functions

cascadeforwardnet	- Cascade-forward neural network.
competlayer	- Competitive neural layer.
distdelaynet	- Distributed delay neural network.
elmannet	- Elman neural network.
feedforwardnet	- Feed-forward neural network.
fitnet	- Function fitting neural network.
layrecnet	- Layered recurrent neural network.
linearlayer	- Linear neural layer.
lvqnet	- Learning vector quantization (LVQ) neural network.
narnet	- Nonlinear auto-associative time-series network.
narxnet	- Nonlinear auto-associative time-series network with external input.
newgrnn	- Design a generalized regression neural network.
newhop	- Create a Hopfield recurrent network.
newlind	- Design a linear layer.
newpnn	- Design a probabilistic neural network.
newrb	- Design a radial basis network.
newrbe	- Design an exact radial basis network.
patternnet	- Pattern recognition neural network.
perceptron	- Perceptron.
selforgmap	- Self-organizing map.
timedelaynet	- Time-delay neural network.

Using Shallow Neural Networks

    network   - Create a custom neural network.

    sim   - Simulate a neural network.

    init   - Initialize a neural network.

    adapt   - Allow a neural network to adapt.

    train   - Train a neural network.

    disp   - Display a neural network's properties.

    display   - Display the name and properties of a neural network

    adddelay   - Add a delay to a neural network's response.

    closeloop   - Convert neural network open feedback to closed feedback loops.

    formwb   - Form bias and weights into single vector.

    getwb   - Get all network weight and bias values as a single vector.

    noloop   - Remove neural network open and closed feedback loops.

    openloop   - Convert neural network closed feedback to open feedback loops.

    removedelay - Remove a delay to a neural network's response.

    separatewb   - Separate biases and weights from a weight/bias vector.

    setwb   - Set all network weight and bias values with a single vector.

Simulink Support for Shallow Neural Networks

    gensim   - Generate a Simulink block to simulate a neural network.

    setsiminit - Set neural network Simulink block initial conditions

    getsiminit - Get neural network Simulink block initial conditions

    neural   - Neural network Simulink blockset.

Training Functions for Shallow Neural Networks

    trainb   - Batch training with weight & bias learning rules.

    trainbfg   - BFGS quasi-Newton backpropagation.

    trainbr   - Bayesian Regulation backpropagation.

    trainbu   - Unsupervised batch training with weight & bias learning rules.

    trainbuwb - Unsupervised batch training with weight & bias learning rules.

    trainc   - Cyclical order weight/bias training.

    traincgb   - Conjugate gradient backpropagation with Powell-Beale restarts.

    traincgf   - Conjugate gradient backpropagation with Fletcher-Reeves updates.

    traincgp   - Conjugate gradient backpropagation with Polak-Ribiere updates.

    traingd   - Gradient descent backpropagation.

    traingda   - Gradient descent with adaptive lr backpropagation.

    traingdm   - Gradient descent with momentum.

    traingdx   - Gradient descent w/momentum & adaptive lr backpropagation.

    trainlm   - Levenberg-Marquardt backpropagation.

    trainoss   - One step secant backpropagation.

    trainr   - Random order weight/bias training.

```
    trainrp     - RPROP backpropagation.
    trainru     - Unsupervised random order weight/bias training.
    trains      - Sequential order weight/bias training.
    trainscg    - Scaled conjugate gradient backpropagation.


Plotting Functions for Shallow Neural Networks
    plotconfusion   - Plot classification confusion matrix.
    ploterrcorr     - Plot autocorrelation of error time series.
    ploterrhist     - Plot error histogram.
    plotfit         - Plot function fit.
    plotinerrcorr   - Plot input to error time series cross-correlation.
    plotperform     - Plot network performance.
    plotregression  - Plot linear regression.
    plotresponse    - Plot dynamic network time-series response.
    plotroc         - Plot receiver operating characteristic.
    plotsomhits     - Plot self-organizing map sample hits.
    plotsomnc       - Plot Self-organizing map neighbor connections.
    plotsomnd       - Plot Self-organizing map neighbor distances.
    plotsomplanes   - Plot self-organizing map weight planes.
    plotsompos      - Plot self-organizing map weight positions.
    plotsomtop      - Plot self-organizing map topology.
    plottrainstate  - Plot training state values.
    plotwb          - Plot Hinton diagrams of weight and bias values.


List of other Shallow Neural Network Implementation Functions
    nnadapt         - Adapt functions.
    nnderivative    - Derivative functions.
    nndistance      - Distance functions.
    nndivision      - Division functions.
    nninitlayer     - Initialize layer functions.
    nninitnetwork   - Initialize network functions.
    nninitweight    - Initialize weight functions.
    nnlearn         - Learning functions.
    nnnetinput      - Net input functions.
    nnperformance   - Performance functions.
    nnprocess       - Processing functions.
    nnsearch        - Line search functions.
    nntopology      - Topology functions.
    nntransfer      - Transfer functions.
    nnweight        - Weight functions.
```

要讨论的神经网络例子和应用代码，可以通过输入"help nndemos"找到。安装深度学习工具箱的指令可以在 MATLAB 文档中找到："the Installation Guide for MS-Windows and Macintosh"或"the Installation Guide for UNIX"。

10.6.2 神经网络工具

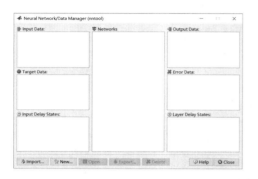

图 10-57 Neural Network/Data Manager （nntool）的主窗口

深度学习工具箱为用户提供了一个交互式的用户界面工具——nntool，用来执行常见的建模任务。用户只需操纵鼠标就可以载入、观察、分析和建模。

在 MATLAB 命令窗口输入命令"nntool"，再按 enter 键，会自动弹出 Neural Network/Data Manager（nntool）的主窗口，如图 10-57 所示。

Neural Network/Data Manager（nntool）共分为三个数据区：一般数据、Networks and Data 数据和 Networks only 数据。

一般数据内容如表 10-13 所示。

Networks and Data 数据内容如表 10-14 所示。

表 10-13　一般数据

参　　数	含　　义
Input Data	输入值
Target Data	目标输出值
Input Delay States	输入值延迟的时间
Networks	已构建的网络
Output Data	输出值
Error Data	误差值
Layer Delay States	输出值延迟的时间

表 10-14　Networks and Data 数据

参　　数	含　　义
Help	关于工具箱各个按钮的说明
New Network/Data	建立新网络的类型、训练函数、学习函数、隐藏层层数等新网络所需输入值、目标值、误差、延迟
Import	导入数据或网络
Export	导出数据或网络
View	开启所选取的数据或网络
Delete	删除所选取的数据或网络

在导入输入值、目标值和设置参数后，单击"Open"按钮可得到 Networks only 数据，内容如表 10-15 所示。

为了解决实际建模问题，nntool 使用方法包括以下步骤：

①将原始数据导入 MATLAB；

②将 Workspace 中的变量导入 nntool；

③建立网络；

④初始化网络；

⑤训练网络；

⑥模拟网络；

⑦输出模拟结果；

表 10-15　Networks only 数据

参　　数	含　　义
View	查看网络结构
Train	训练所选取的网络
Simulate	模拟仿真所选取的网络
Adapt	适应训练所选取的网络
Reinitialize Weights	初始化所选取的网络
View/Edit Weights	权重值设定

⑧存储模拟结果；

⑨将先前模拟过的网络导入 nntool 中。

另外，在 MATLAB 命令窗口输入命令 "nndtoc"，再按 enter 键，会自动弹出 Neural Network Design 的主窗口，如图 10-58 所示。该工具介绍了许多类神经网络的结构和流程及神经网络相关的知识，通过图形的方式帮助用户了解神经网络的设计原理。

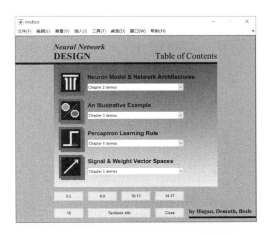

图 10-58　Neural Network Design 的主窗口

10.6.3　神经网络应用实例

本节通过实例演示采用 nntool 进行建模的一般步骤。

【例 10-11】构建神经网络的目标是要根据 21 种光谱波长的测量值来预测 3 种不同血浆胆固醇（ldl、hdl 和 vldl）的浓度。

根据例题要求，神经网络输入层的个数为 21，输出层的个数为 3，隐藏层的个数设置为 15，因此神经网络的架构层次为 21-15-3，它在隐藏层中具有 tansig 神经元，输出层具有线性神经元。

采用 nntool 进行建模的具体步骤如下：

（1）将原始数据导入 MATLAB

在 MATLAB 命令窗口输入 "load choles_all" 将实验数据载入，接着再输入 "who" 可以查看目前 MATLAB 工作区中所有的变量名称，如图 10-59 所示。点选工作区中的变量 p，可以看到变量 p 是一个 21×264 的矩阵，表示有 21 个输入、264 组数据；变量 t 是一个 3×264 的矩阵，表示有 3 个输出、264 组数据。使用鼠标右键菜单 "打开所选内容" 可查看变量的所有信息，如图 10-60 和图 10-61 所示。

（2）将工作区中的变量导入 nntool

启动 nntool，单击 Neural Network/Data Manager（nntool）窗口中的 "Import" 按钮，开启如图 10-62 所示的窗口，在此窗口中点选变量 p，将其设定为网络的 Input Data，接着单击 "Import" 按钮；再点选变量 t，将其设定为网络的 Target Data，接着单击 "Import"

按钮。完成上述步骤后，在 Neural Network/Data Manager 窗口中可看到 p 位于"Input Data"栏内，t 位于"Target Data"栏内，如图 10-63 所示。

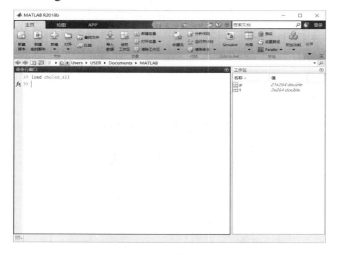

图 10-59　载入实验数据

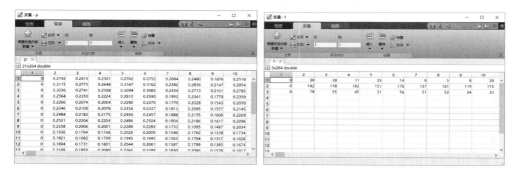

图 10-60　变量 p　　　　　　　　　　　　　　　　图 10-61　变量 t

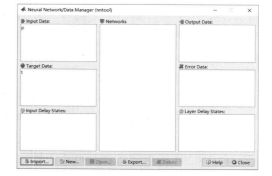

图 10-62　选取 p 作为网络的输入　　　　　　　图 10-63　将 p 与 t 导入 nntool

（3）建立网络

单击 Neural Network/Data Manager（nntool）窗口中的"New Network"按钮，进入建立网络的窗口，如图 10-64 和图 10-65 所示。

图 10-64　建立网络的窗口　　　　图 10-65　设定隐藏层 2 的性质

建立网络的参数设置如表 10-16 所示。

表 10-16　建立网络的参数设置

参　　数	含　　义
Network Name	默认网络名称，如 network1
Network Type	网络类型，如 Feed-forward backprop 表示前馈反向传播
Input data	输入数据，由下拉选项选取
Target data	目标数据，由下拉选项选取
Training function	训练函数，如 TRAINLM 表示 LM 训练算法
Adaption learning function	适应性学习函数，如 LEARNGDM 表示梯度下降动量学习
Performance function	性能函数，如 MSE 表示均方误差
Number of layers	隐藏层的层数
Properties for layers	由下拉式选项选取进行设定的隐藏层，如 Layer 1
Number of neurons	隐藏层中神经元的数目，如 15
Transfer Function	隐藏层所使用的转移函数类型，如 TANSIG

设定完成后单击"Create"按钮建立网络，在 Neural Network/Data Manager（nntool）窗口中的"Networks"栏内会出现 network1 的网络名称（设定网络时可自定义名称），如图 10-66 所示。

选中 network1，单击 Neural Network/Data Manager（nntool）窗口中的"Open"按钮可查看网络结构图，如图 10-67 所示。

图 10-66　网络建立完成后的界面

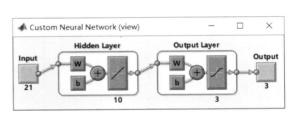

图 10-67　网络结构图

图 10-68　网络初始化窗口

（4）网络初始化

单击 Neural Network/Data Manager（nntool）窗口中的"Open"按钮，即进入网络初始化窗口，如图 10-68 所示。在"Input Ranges"栏中，可以看到每个输入值的范围（即输入数据的最小值与最大值），在此可变更输入范围。另外，如图 10-69 所示，在"View/Edit Weights"选项卡显示网络的所有权重值及偏置值，可以变更设置。目前，图 10-69 所示的权重值及偏置值都是网络建立后自动产生的初始值，它是利用网络建立的其中一个指令 newff 内定的一个初始函数 initnw 计算出来的。

（5）训练网络

选择"Train"选项卡，设定训练的输入为 p，训练的目标输出为 t，如图 10-70 所示。

图 10-69　网络权重值及偏置值设定

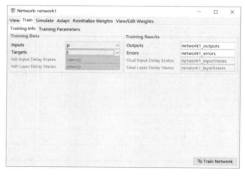

图 10-70　网络训练参数的设定

在训练网络之前，首先要进行训练参数的设定，设定界面如图 10-71 所示，具体网络训练参数如表 10-17 所示。

图 10-71　网络训练参数的设定界面

表 10-17　网络训练参数

参　　数	含　　义
epochs	训练的最大循环次数
goal	性能目标
max_fail	最大验证数据失败的次数
min_grad	最小性能梯度
mu	动量的初始值
mu_dec	动量减小系数
mu_inc	动量增加系数
mu_max	动量最大值
show	每隔多少训练循环次数会显示训练过程
time	最大的训练所需时间，单位为秒

设定完毕后单击"Train Network"按钮，开始训练网络，此时会自动跳出训练过程界面，如图 10-72 所示。待训练完毕后，同样可在如图 10-73 所示的"View/Edit Weights"选项卡中查看训练后的权重值。

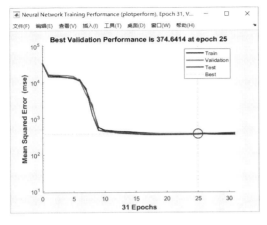

图 10-72　训练过程界面

图 10-73　查看训练后的权重值

（6）模拟网络

首先设定模拟的输入值和模拟输出的变量名称，如图 10-74 所示。设定完毕后单击"Simulate Network"按钮执行模拟。完成模拟后，Neural Network/Data Manager（nntool）窗口中的"Output Data"栏及"Error Data"栏会出现输出值的变量名称，如图 10-75 所示。

图 10-74　网络模拟设置

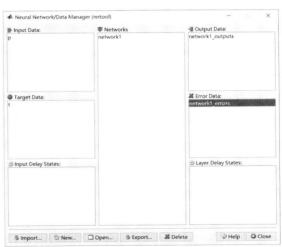

图 10-75　网络模拟后的变量输出

（7）输出模拟结果

单击 Neural Network/Data Manager（nntool）窗口中的"Export"按钮，则输出目前网络的信息，可以选取任何一个或全部的变量来输出。这里先点选"network1_outputs"，再单击"Export"按钮，在 MATLAB 的工作区会出现 network1_outputs 变量。点选"network1_outputs"变量再选择鼠标右键菜单"打开所选内容"可查看变量的所有信息，如图 10-76 和图 10-77 所示。

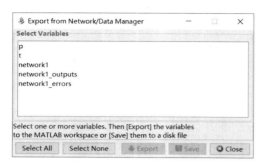

图 10-76　输出网络变量

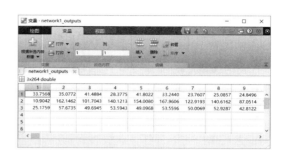

图 10-77　模拟后输出值的内容

为了比较网络输出值与目标输出值，编写 M 文件 exp.m，计算第一组数据值的比较，具体内容如下：

```
x=1:264;
y1=network1_outputs(1,:);
y2=t(1,:);
plot(x, y1, 'r+-', x, y2, 'k*:')
```

同理，可以计算第二组数据值和第三组数据值的比较。

网络输出值与目标输出值一同输出的结果如图 10-78～图 10-80 所示。

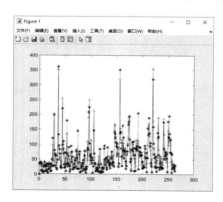

图 10-78　网络输出值（第一组数据）
与目标输出值（第一组数据）比较

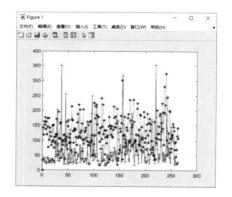

图 10-79　网络输出值（第二组数据）与目标输
出值（第二组数据）比较

为了计算网络输出值与目标输出值的误差，在命令窗口执行如下命令：

```
>> res=network1_outputs-t;
```

在工作区中生成变量 res，如图 10-81 所示，单击工具栏上的绘图图标，可以绘制曲线。输出值相减之后所得误差分别如图 10-82～图 10-84 所示。

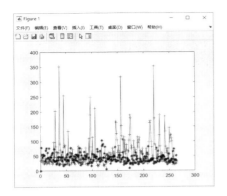

图 10-80　网络输出值（第三组数据）与目标
输出值（第三组数据）比较

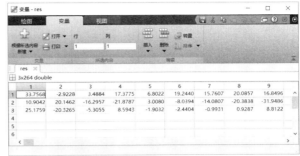

图 10-81　变量 res

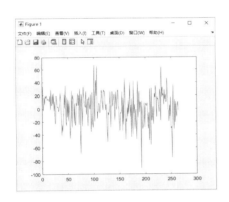

图 10-82　第一组数据的误差

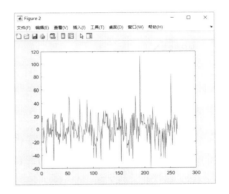

图 10-83　第二组数据的误差

单击 Neural Network/Data Manager（nntool）窗口中的"Export"按钮输出 network1_errors 后，在 MATLAB 的工作区会出现 network1_errors 变量，该结果与图 10-82～图 10-84 表示的网络输出值与目标输出值的误差一致。

（8）存储模拟结果

在图 10-76 中，选取网络的所有变量，如图 10-85 所示，单击"Save"按钮，会开启如图 10-86 所示的窗口，我们将结果及整个网络结构存储成 MAT 文档，保存在 network1_nntool.mat 中，如图 10-86 所示。

（9）将先前模拟过的网络导入 nntool

可以将步骤（8）所存储的网络在下次重新启动 MATLAB 时载入使用。首先在 MATLAB 命令窗口输入"nntool"再按 enter 键，单击 Neural Network/Data Manager（nntool）窗口中的"Import"按钮，在打开的对话框中勾选"Load from disk file"，再单击"Browse"按钮寻找将要载入的文件，找到文件后在"Select a Variable"栏中会出现网络的名称及网络的所有变量，如图 10-87 所示。单击网络名称 network1，勾选"Network"，最后单击"Load"按钮完成网络的载入。

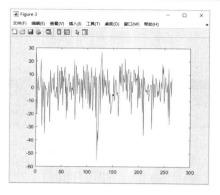

图 10-84　第三组数据的误差

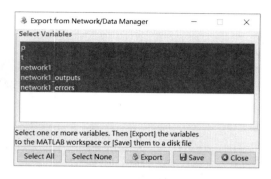

图 10-85　选取网络的所有变量

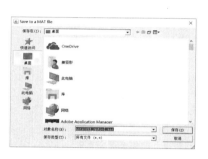

图 10-86　存储文件

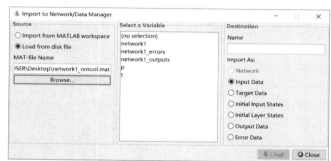

图 10-87　载入网络

　　在存储网络时，所有的变量都转换为单元阵列的形式储存，所以无法直接载入 nntool，必须先将这些变量以指令 cell2mat 转换为矩阵的形式才能载入 nntool 中。转换完毕后采用上述动作进行载入。

10.6.4　神经网络命令函数

　　MATLAB 提供了一系列的神经网络命令函数，具体如下：
　　（1）网络创建函数，如表 10-18 所示。

表 10-18　网络创建函数

函　　数	功　　能	函　　数	功　　能
network	创建一个自定义神经网络	newrbe	设计一个严格的径向基网络
newlind	设计一个线性层	newgrnn	设计一个广义回归神经网络
linearlayer	线性神经层	newpnn	设计一个概率神经网络
lvqnet	学习向量量化（LVQ）神经网络	competlayer	创建一个竞争层
narnet	非线性自联想时序网络	newsom	创建一个自组织特征映射
narxnet	有外部输入的非线性自联想时序网络	newhop	创建一个 Hopfield 递归网络
newrb	设计一个径向基网络	elmannet	Elman 神经网络

（2）网络应用函数，如表 10-19 所示。

表 10-19　网络应用函数

函　数	功　能	函　数	功　能
sim	仿真一个神经网络	adapt	神经网络的自适应化
init	初始化一个神经网络	train	训练一个神经网络

（3）权函数，如表 10-20 所示。

表 10-20　权函数

函　数	功　能	函　数	功　能
dotprod	权函数的点积	negdist	Negative 距离权函数
convwf	权函数的卷积	mandist	Manhattan 距离权函数
dist	Euclidean 距离权函数	linkdist	Link 距离权函数
normprod	规范点积权函数		

（4）网络输入函数，如表 10-21 所示。

表 10-21　网络输入函数

函　数	功　能	函　数	功　能
netsum	网络输入函数的求和	netprod	创建网络输入函数

（5）传递函数，如表 10-22 所示。

表 10-22　传递函数

函　数	功　能	函　数	功　能
hardlim	硬限幅传递函数	poslin	正线性传递函数
hardlims	对称硬限幅传递函数	tribas	三角基传递函数
purelin	线性传递函数	compet	竞争传递函数
tansig	正切 S 型传递函数	radbas	径向基传递函数
logsig	对数 S 型传递函数	satlins	对称饱和线性传递函数
netinv	逆传递函数		

（6）初始化函数，如表 10-23 所示。

表 10-23　初始化函数

函　数	功　能	函　数	功　能
initlay	层与层之间的网络初始化	initnw	Nguyen_Widrow 层的初始化
initwb	阈值与权值的初始化	initcon	Conscience 阈值的初始化
initzero	零权/阈值的初始化	midpoint	中点权值初始化

（7）性能分析函数，如表 10-24 所示。

表 10-24　性能分析函数

函　数	功　能	函　数	功　能
mae	均值绝对误差性能分析	sae	绝对误差性能和函数
mse	均方差性能分析	sse	误差平方和性能函数
msereg	具有 L2 权值和稀疏正则化器的均方误差性能函数		

（8）学习函数，如表 10-25 所示。

表 10-25　学习函数

函　数	功　能	函　数	功　能
learnp	感知器学习函数	learngdm	带动量项的 BP 学习规则
learnpn	标准感知器学习函数	learnk	权学习函数
learnwh	Widrow_Hoff 学习规则	learncon	Conscience 阈值学习函数
learngd	BP 学习规则	learnsom	自组织映射权学习函数

（9）自适应函数。

adaptwb 是用于网络权与阈值的自适应函数。

（10）训练函数，如表 10-26 所示。

表 10-26　训练函数

函　数	功　能	函　数	功　能
trainbfg	准牛顿反向传播训练函数	traingdx	梯度下降 w/动量和自适应 lr 的 BP 算法训练函数
traingd	梯度下降的 BP 算法训练函数	trainlm	Levenberg_Marquardt 的 BP 算法训练函数
traingdm	梯度下降 w/动量的 BP 算法训练函数	trainwbl	每个训练周期用一个权值矢量或偏差矢量的训练函数
traingda	梯度下降 w/自适应 lr 的 BP 算法训练函数		

（11）分析函数，如表 10-27 所示。

表 10-27　分析函数

函　数	功　能	函　数	功　能
maxlinlr	计算线性学习层的最大学习率	errsurf	计算误差曲面

（12）绘图函数，如表 10-28 所示。

表 10-28　绘图函数

函　数	功　能	函　数	功　能
ploterrhist	绘制误差直方图	Plotsomtop	绘制自组织映射拓扑
plotwb	绘制权重和偏差值的 Hinton 图		

（13）符号变换函数，如表 10-29 所示。

表 10-29 符号变换函数

函　　数	功　　能	函　　数	功　　能
ind2vec	转换索引成为矢量	vec2ind	转换矢量成为索引

（14）拓扑函数，如表 10-30 所示。

表 10-30 拓扑函数

函　　数	功　　能	函　　数	功　　能
gridtop	网络层拓扑函数	randtop	随机层拓扑函数
hextop	六角层拓扑函数		

根据应用网络种类的不同，各阶段的神经网络重要函数如表 10-31 所示。

表 10-31 神经网络的重要函数

网　络　种　类	各阶段的重要函数				
	初始化	设计	训练	仿真	学习规则
感知器神经网络	initp		trainp	simup	learnp
线性神经网络	initlin	solvelin	trainwh adaptwh	simulin	learnwh
BP 网络	initff		trainbp trainbpx trainlm	simuff	learnbp
自组织网络	initsm		trainc trainsm kohonen	simuc	
反馈网络，即 Hopfield 网络		solvehop		simuhop	

前面介绍了神经网络的图形操作界面，在实际应用中，经常使用 M 文件编写神经网络的应用程序。

下面介绍基于函数的神经网络应用。

【例 10-12】首先由下面的语句生成一组数据 x 和 y，再用神经网络模型进行数据拟合。

选择函数 $y = 0.12e^{-0.213x} + 0.54e^{-0.17x}\sin(1.23x)$。

编写 M 文件，具体内容如下：

```
x=0:.1:10;
y=0.12*exp(-0.213*x)+0.54*exp(-0.17*x).*sin(1.23*x);
net=newff([0,10],[5,1],{'tansig','tansig'});
net.trainParam.epochs=1000;
net=train(net,x,y);
x0=0:.1:10;
```

```
figure(1)
y1=sim(net,x0);
plot(x,y,'o', x0,y1,'r')
```

程序运行结果如图 10-88 所示。

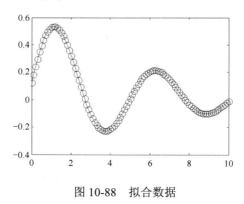

图 10-88　拟合数据

10.7　大数据处理工具箱

MATLAB 提供了统计和机器学习工具箱，其中包括大数据处理工具箱。MATLAB 中使用 datastore 函数创建数据存储库，存储因数据过大而无法存入内存的数据。利用 datastore 函数，磁盘、远程位置或数据库中存储的多个文件中的数据可作为单个实体进行读取和处理。如果数据太大而无法载入内存，可以对数据的增量导入进行管理，创建 Tall 数组（Tall Arrays）来处理数据，或者将存储的数据作为 MapReduce 的输入，使用 MapReduce 进一步处理。

10.7.1　工具箱简介

统计和机器学习工具箱主要运用统计与机器学习分析数据及建模，提供用来描述、分析数据和对数据建模的函数和应用程序。

该工具箱可以使用描述性统计和绘图，使用概率分布拟合数据，生成用于蒙特卡洛仿真的随机数及执行假设检验。回归和分类算法用于依据数据执行推理并构建预测模型。对于多维数据分析，提供特征选择、逐步回归、主成分分析、正则化和其他降维方法，从而确定影响模型的变量或特征。

该工具箱也提供有监督和无监督机器学习算法，包括支持向量机、促进式（boosted）和袋装（bagged）决策树、k-最近邻、k-均值、k-中心点、分层聚类、高斯混合模型和隐马尔可夫模型。许多统计和机器学习算法可以用于大到无法在内存中存储的数据集的计算。

10.7.2　大数据存储

MATLAB 提供了一系列的数据存储函数，常用函数如表 10-32 所示。

表 10-32　数据存储常用函数

函　数	功　能
datastore	为大型数据集合创建数据存储
tabularTextDatastore	表格文本文件的数据存储
spreadsheetDatastore	用于电子表格文件的数据存储
imageDatastore	图像数据的数据存储
fileDatastore	具有自定义文件读取器的数据存储
KeyValueDatastore	用于 MapReduce 的键值对组的数据存储
TallDatastore	用于存放 Tall 数组的检查点的数据存储
read	读取数据存储中的数据
readall	读取数据存储中的所有数据
preview	数据存储中的数据子集
partition	划分数据存储
numpartitions	数据存储分区数
hasdata	确定是否有数据可读取
reset	将数据存储重置为初始状态
matlab.io.Datastore	基础数据存储类
matlab.io.datastore.Partitionable	为数据存储添加并行支持
matlab.io.datastore.HadoopFileBased	为数据存储添加 Hadoop 文件支持
matlab.io.datastore.DsFileSet	数据存储中文件集合的文件集对象
matlab.io.datastore.DsFileReader	数据存储中的文件读取器对象

下面介绍大数据处理的应用。

【例 10-13】从一组图像中读取文件，并找到具有最大平均色调、饱和度和亮度（HSV）的图像。

代码如下：

```
%识别两个目录
%在这些目录中创建一个包含扩展名为.jpg、.tif 和.png 的图像的数据存储
>>location1 = fullfile(matlabroot,'toolbox','matlab','demos');
>> location2 = fullfile(matlabroot,'toolbox','matlab','imagesci');
>>ds = datastore({location1,location2},'Type','image',...
                    'FileExtensions',{'.jpg','.tif','.png'});
%初始化最大平均 HSV 值和相应的图像数据
>> maxAvgH = 0;
>>maxAvgS = 0;
>>maxAvgV = 0;
>>dataH = 0;
```

```
>>dataS = 0;
>>dataV = 0;
%对于集合中的每个图像，读取图像文件并计算所有图像像素的平均 HSV 值
%如果平均值大于先前图像的平均值，则将其记录为新的最大值（maxAvgH、maxAvgS 或
maxAvgV）
%并记录相应的图像数据（dataH、dataS 或 dataV）
>> for i = 1:length(ds.Files)
        data = readimage(ds,i);
        if ~ismatrix(data)
            hsv = rgb2hsv(data);
            h = hsv(:,:,1);
            s = hsv(:,:,2);
            v = hsv(:,:,3);
            avgH = mean(h(:));
            avgS = mean(s(:));
            avgV = mean(v(:));
            if avgH > maxAvgH
                maxAvgH = avgH;
                dataH = data;
            end
            if avgV > maxAvgV
                maxAvgV = avgV;
                dataV = data;
            end
        end
end
```

在 MATLAB 中输入命令查看结果。查看平均色调值最大的图像：

```
>> imshow(dataH,'InitialMagnification','fit');
>> title('Maximum Average Hue')
```

程序运行结果如图 10-89 所示。

输入命令查看饱和度最大图像：

```
>> figure
>> imshow(dataS,'InitialMagnification','fit');
>> title('Maximum Average Saturation');
```

程序运行结果如图 10-90 所示。

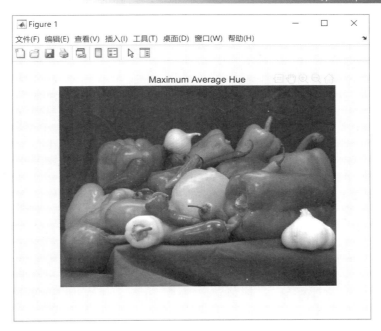

图 10-89　平均色调值最大的图像

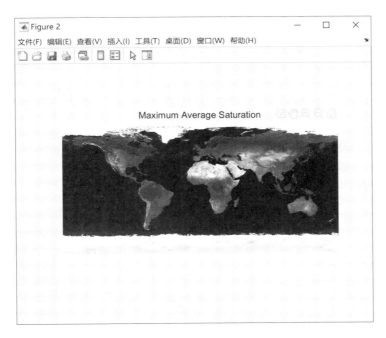

图 10-90　饱和度最大图像

输入命令查看亮度最大图像：

```
>> figure
>> imshow(dataV,'InitialMagnification','fit');
>> title('Maximum Average Brightness');
```

程序运行结果如图 10-91 所示。

图 10-91　亮度最大图像

10.7.3　Tall 数组

Tall 数组能够处理数据存储中数百万行或者数十亿行的数据。用户可以创建 Tall 数值数组、字符串、日期时间等多种数据类型，而且在 Tall 表或者 Tall 时间表中可以使用上述任一类型作为变量。许多运算、函数使用和处理 Tall 数组的方式与 MATLAB 数组相同。但是，大多数结果只有使用 gather 函数才可以得到。

创建 Tall 数组常用函数如表 10-33 所示。

表 10-33　创建 Tall 数组常用函数

函　　数	功　　能
tall	创建 Tall 数组
datastore	为大型数据集合创建数据存储
gather	执行排队的运算后，将 Tall 数组收集到内存中
write	将 Tall 数组写入本地和远程位置以设置检查点
mapreducer	为 MapReduce 或 Tall 数组定义执行环境
tallrng	控制 Tall 数组的随机数生成
istall	确定输入是否为 Tall 数组
classUnderlying	Tall 数组中基础数据的类
isaUnderlying	确定 Tall 数组数据是否属于指定的类
matlab.tall.transform	通过将函数句柄应用于数据块来转换数组
matlab.tall.reduce	通过对数据块应用归约算法来减少数组

【例 10-14】使用直方图来分析和可视化 Tall 数组中的数据。

绘制一个 ArrDelay 变量的直方图来检查到达延迟的频率分布，具体代码如下：

```
%使用 airlinesmall.csv 数据集创建数据存储
%将"NA"值视为丢失的数据，以便用 NaN 值替换它们
%选择要处理的变量的子集。将数据存储转换为 Tall 数据表
>> varnames = {'ArrDelay', 'DepDelay', 'Year', 'Month'};
>> ds = datastore('airlinesmall.csv', 'TreatAsMissing', 'NA', ....
                  'SelectedVariableNames', varnames);
>> T = tall(ds)
%绘制一个 ArrDelay 变量的直方图来检查到达延迟的频率分布
>> h = histogram(T.ArrDelay)
>> title('Flight arrival delays, 1987 - 2008')
>> xlabel('Arrival Delay (minutes)')
>> ylabel('Frequency')
```

程序运行结果如图 10-92 所示。

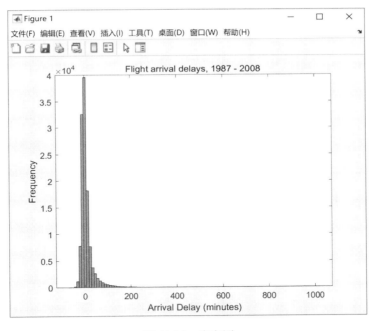

图 10-92　直方图

使用 histogram 从 Tall 数组中的原始数据重建直方图，具体代码如下：

```
>> figure
>> histogram(T.ArrDelay,'BinLimits',[-50,150])
>> title('Flight arrival delays between -50 and 150 minutes, 1987 - 2008')
>> xlabel('Arrival Delay (minutes)')
```

>> ylabel('Probability')

程序运行结果如图 10-93 所示。

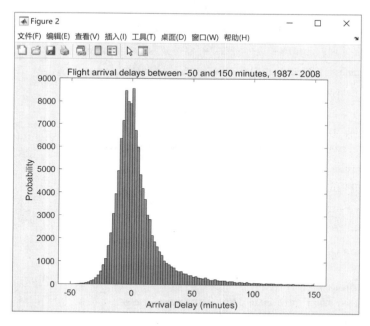

图 10-93　重建直方图

按月绘制一个到达延迟为 60min 或更长时间的二元直方图，具体代码如下：

```
%使用 idx 检索与每个选择的 bin 关联的值
%将 bin 值相加，除以样本总数，再乘以 100，
%以确定延迟大于或等于 1h 的总体概率
>> idx = h.BinEdges >= 60;
>> idx(end) = [];
>>N = numel(T.ArrDelay);\
>> P = gather(sum(h.Values(idx))*100/N);
%按月绘制一个到达延迟为 60min 或更长时间的二元直方图
>> figure
>> h2 = histogram2(T.Month,T.ArrDelay,[12 50],'YBinLimits',[60 1100],...
        'Normalization','probability','FaceColor','flat');
>> title('Probability of arrival delays 1 hour or greater (by month)')
>>xlabel('Month (1-12)')
>> ylabel('Arrival Delay (minutes)')
>> zlabel('Probability')
>> xticks(1:12)
>> view(-126,23)
```

程序运行结果如图 10-94 所示。

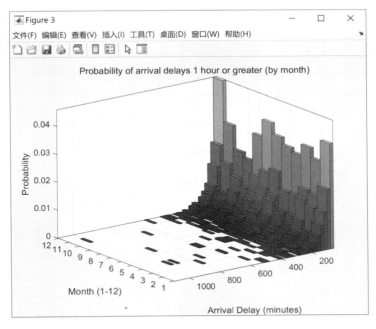

图 10-94　二元直方图

10.7.4　MapReduce

MapReduce 是适用于分析无法以其他方法载入计算机内存的大型数据集计算的一种编程方法。该方法使用 datastore 函数以小分块的形式处理数据，可以分为 Map 阶段（对数据进行预先处理）和 Reduce 阶段（对 Map 阶段的结果进行整合）。

MapReduce 常用函数如表 10-34 所示。

表 10-34　MapReduce 常用函数

函　　数	功　　能
mapreduce	用于分析无法载入内存的数据集的编程方法
datastore	为大型数据集合创建数据存储
add	向 KeyValueStore 中添加单个键值对组
addmulti	向 KeyValueStore 中添加多个键值对组
hasnext	确定 ValueIterator 是否具有一个或多个可用值
getnext	从 ValueIterator 获取下一个值
mapreducer	为 MapReduce 或 Tall 数组定义执行环境
gcmr	获取当前的 mapreducer 配置
KeyValueStore	存储用于 MapReduce 的键值对组
ValueIterator	用于 MapReduce 的中间值迭代器

【例 10-15】在一个图像集合中查找具有最大色调值、饱和度值和亮度值的图像。
代码如下：

```
%使用 toolbox/matlab/demo 和 toolbox/matlab/imagesci 中的图像创建数据存储
%所选图像的扩展名为.jpg、.tif 和.png
>> demoFolder = fullfile(matlabroot, 'toolbox', 'matlab', 'demos');
>> imsciFolder = fullfile(matlabroot, 'toolbox', 'matlab', 'imagesci');
%使用文件夹路径创建数据存储
%并使用 FileExtensions 名称-值对筛选数据存储中包含哪些图像
>> ds = imageDatastore({demoFolder, imsciFolder}, ....
       'FileExtensions', {'.jpg', '.tif', '.png'});
%运行 MapReduce
>> maxHSV = mapreduce(ds, @hueSaturationValueMapper, @hueSaturationValueReducer);
%读取并显示输出数据存储 maxHSV 的最终结果
%使用 find 和 strcmp 从 Files 属性中查找文件索引
>> tbl = readall(maxHSV);
>> for i = 1:height(tbl)
       figure
       idx = find(strcmp(ds.Files, tbl.Value{i}));
       imshow(readimage(ds, idx), 'InitialMagnification', 'fit');
       title(tbl.Key{i});
end
```

程序运行结果如图 10-95～图 10-97 所示。

图 10-95　最大亮度值图像

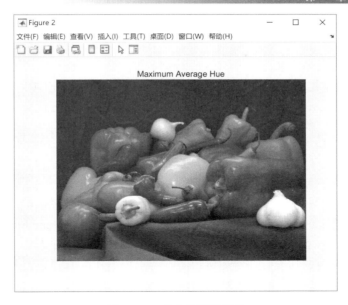

图 10-96　最大色调值图像

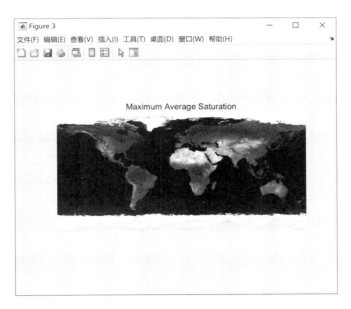

图 10-97　最大饱和度值图像

10.8　拓展知识

　　Simulink 为用户提供了许多内置的基本库模块，通过这些模块进行连接构成系统的模型。对于那些经常使用的模块进行组合并封装可以构建出可重复使用的新模块，但它依然基于 Simulink 原来提供的内置模块。

Simulink s-function 是一种对模块库进行扩展的新工具。它是一个动态系统的计算机语言描述，在 MATLAB 里，用户可以选择用 M 文件编写，也可以用 C 或 MEX 文件编写。s-function 提供了扩展 Simulink 模块库的有力工具，主要用于定制用户自己的 Simulink 模块。它采用一种特定的调用语法，使函数和 Simulink 解释器进行交互。它的形式十分通用，能够支持连续系统、离散系统和混合系统。

下面介绍建立 M 文件 s-function 的方法。

（1）使用模板文件：sfuntmp1.m

该模板文件位于 MATLAB 根目录 toolbox/simulink/blocks 下。模板文件里 s-function 的结构十分简单，它只为不同的 flag 值指定相应调用的 M 文件子函数。例如，当 flag=3，即模块处于计算输出这个仿真阶段时，相应调用的子函数为 sys=mdloutputs (t,x,u)。

模板文件使用 switch 语句来完成这种指定，当然这种结构并不唯一。用户也可以使用 if 语句来完成同样的功能。在实际运用时，可以根据实际需要来去掉某些值，因为并不是每个模块都需要经过所有的子函数调用。

模板文件只是 Simulink 为方便用户而提供的一种参考格式，并不是编写 s-function 的语法要求，用户完全可以改变子函数的名称，或者直接把代码写在主函数里，但使用模板文件的好处是方便而且条理清晰。

使用模板编写 s-function，用户只需把 s-函数名换成期望的函数名称，如果需要额外的输入参量，还需在输入参数列表的后面增加这些参数，因为前面的 4 个参数是 Simulink 调用 s-function 时自动传入的。对于输出参数，最好不做修改。接下来的工作就是根据所编 s-function 要完成的任务，用相应的代码去替代模板里各个子函数的代码。

Simulink 在每个仿真阶段都会对 s-function 进行调用，在调用时，Simulink 会根据所处的仿真阶段为 flag 传入不同的值，而且还会为 sys 这个返回参数指定不同的角色，也就是说尽管是相同的 sys 变量，在不同的仿真阶段其意义却不相同，这种变化由 Simulink 自动完成。

M 文件 s-function 可用的子函数有：①mdlInitializeSizes：定义 s-function 模块的基本特性，包括采样时间、连续或者离散状态的初始条件和 sizes 数组；②mdlDerivatives：计算连续状态变量的微分方程；③mdlUpdate：更新离散状态、采样时间和主时间步的要求；④mdlOutputs：计算 s-function 的输出；⑤mdlGetTimeOfNextVarHit：计算下一个采样点的绝对时间，这个方法仅仅是用户在 mdlInitializeSizes 里说明了一个可变的离散采样时间；⑥mdlTerminate：实现仿真任务必需的结束。

总之，建立 s-function 可以分成两个分离的任务：①初始化模块特性，包括输入/输出信号的宽度、离散连续状态的初始条件和采样时间；②将算法放到合适的 s-function 子函数中去。

（2）定义 s-function 的初始信息

为了让 Simulink 识别出一个 M 文件 s-function，用户必须在 s-函数里提供有关 s-函数的说明信息，包括采样时间、连续或者离散状态个数等初始条件。这一部分主要是在 mdlInitializeSizes 子函数里完成。

Sizes 数组是 s-function 函数信息的载体，它内部的字段意义为：①NumContStates：连续状态的个数（状态向量连续部分的宽度）；②NumDiscStates：离散状态的个数（状态向量离散部分的宽度）；③NumOutputs： 输出变量的个数（输出向量的宽度）；
④NumInputs：输入变量的个数（输入向量的宽度）；⑤DirFeedthrough：有无直接馈入；
⑥NumSampleTimes：采样时间的个数，如果字段代表的向量宽度为动态可变，则可以将
它们赋值为-1。

注意：DirFeedthrough 是一个布尔变量，它的取值只有 0 和 1 两种。0 表示没有直接
馈入，用户在编写 mdlOutputs 子函数时就要确保子函数的代码里不出现输入变量 u；1
表示有直接馈入。NumSampleTimes 表示采样时间的个数，也就是变量 ts 的行数，与用
户对 ts 的定义有关。

注意：由于 s-function 会忽略端口，所以当有多个输入变量或多个输出变量时，必
须用 mux 模块或 demux 模块将多个单一输入合成为一个复合输入向量或将一个复合输出
向量分解为多个单一输出。

（3）输入和输出参量说明

s-function 默认的 4 个输入参数为 t、x、u 和 flag，它们的次序不能变动，代表的意
义如表 10-35 所示。

表 10-35　输入参数

参　数	含　义
t	代表当前的仿真时间，通常用于决定下一个采样时刻，或者在多采样速率系统中，用来区分不同的采样时刻点，并据此进行不同的处理
x	表示状态向量，该参数是必需的，即使在系统中不存在状态时也要使用
u	表示输入向量
flag	用于控制在每一个仿真阶段调用哪一个子函数的参数，由 Simulink 在调用时自动取值

s-function 默认的 4 个返回参数为 sys、x0、str 和 ts，它们的次序不能变动，代表的
意义分别如表 10-36 所示。

表 10-36　返回参数

参　数	含　义
sys	通用的返回参数，所返回值的意义取决于 flag 的值
x0	初始的状态值（没有状态时是一个空矩阵[]），该参数只在 flag 值为 0 时才有效，其他时候都会被忽略
str	该参数没有实质意义，M 文件 s-function 必须把它设为空矩阵
ts	是一个 $m \times 2$ 的矩阵，它的两列分别表示采样时间间隔和偏移

10.9　思考问题

在使用工具箱时，如何选择图形化工具和命令函数来进行建模分析？

10.10　常见问题

（1）命令行如何运行 Simulink 外部模式 build 和 start？

答：使用 sim 函数。

该函数的调用格式为[t,x,y]=sim(f1,tspan,options,ut)，其中，f1 为 Simulink 的模型名；tspan 为仿真时间控制变量；参数 options 为模型控制参数；ut 为外部输入向量。

（2）关于 MATLAB 中的仿真模块，有源程序吗？

答：对于基本模块，没有源代码，而对于很多由 subsystem 组成的模块，可以用"look under mask"（鼠标右键菜单）查看子模块的连接方式，对于由 s 函数写成的 Simulink 模块，直接输入"edit sfunname"（s 函数的名字）就可以查看源代码。

应用篇

第 11 章　图像处理方面的应用

第 12 章　GUI 设计方面的应用

第 13 章　神经网络方面的应用

第 14 章　信号处理方面的应用

第 15 章　大数据处理方面的应用

第 **11** 章

图像处理方面的应用

11.1　典型问题

Hough 变换是从图像中识别几何形状的基本方法之一，广泛应用在图像处理中，并且存在着很多的改进算法。最基本的 Hough 变换是从黑白图像中检测直线。如何采用 Hough 变换对图像曲线的参数进行提取是一个很实际的图像处理问题。

11.2　主要思路

（1）学习图像的基础知识
● 了解图像文件的基本格式。
（2）学习图像处理的基础知识
● 了解 Hough 变换的基本原理；
● 了解边缘检测算子的原理；
● 利用边缘算子对图像进行检测。

11.3　图像处理预备知识

Hough 变换是图像处理中从图像中识别几何形状的基本方法之一。Hough 变换的基本原理是利用点与线的对偶性，将原始图像空间中给定的曲线通过曲线表达形式变为参数空间的一个点。这样就把原始图像中给定曲线的检测问题转化为寻找参数空间中的峰值问题，即把检测整体特性转化为检测局部特性，可以检测直线、椭圆、圆、弧线等。

11.4 MATLAB 函数

MATLAB 数字图像处理工具箱包括以下几类函数：①图像文件输入/输出函数；②图像显示函数；③图像几何操作函数；④图像像素值及统计函数；⑤图像分析函数；⑥图像增强函数；⑦线性滤波函数；⑧二维线性滤波器设计函数；⑨图像变换函数；⑩图像邻域及块操作函数；⑪二值图像操作函数；⑫基于区域的图像处理函数；⑬颜色图操作函数；⑭颜色空间转换函数；⑮图像类型和类型转换函数。

图像读取的函数如下：

A = imread(filename,fmt)

[X,map] = imread(filename,fmt)

load filename (对于索引图，*.mat 格式的数据等)

图像显示函数如表 11-1 所示。

表 11-1　图像显示函数

函 数 名	功 能	函 数 名	功 能
image	创建一个图像对象	montage	显示多帧图像
immovie	显示多帧图像	truesize	调整显示的尺寸
imshow	在 MATLAB 图像窗口中显示图像	colorbar	颜色条
imview	在浏览器窗口中显示图像		

MATLAB 提供了一个主要的边缘检测函数 edge，可以采用多种算子进行边缘检测，函数的主要使用形式如下：

BW1=edge(I,'sobel');　　%用 Sobel 算子进行边缘检测

BW2=edge(I,'roberts');　　%用 Roberts 算子进行边缘检测

BW3=edge(I,'prewitt');　　%用 Prewitt 算子进行边缘检测

BW4=edge(I,'log');　　%用 Log 算子进行边缘检测

BW5=edge(I,'canny');　　%用 Canny 算子进行边缘检测

11.5 MATLAB 的实现方式

（1）实验用图像文件：原始图像（houghorg.bmp）、加高斯噪声后图像（houghgau.bmp）和加椒盐噪声后图像（houghsalt.bmp）。原始图像如图 11-1 所示。

图 11-1　原始图像

（2）在含有噪声的背景下，先对图像进行中值滤波，再进行边缘检测。

（3）将目标的边界提取出来。边缘检测算子可利用 MATLAB 函数 edge 来实现，使用 Roberts、Sobel 和 Laplacian 算子。

（4）利用 Hough 变换提取的参数绘制曲线，并叠加在噪声图像上。

（5）完整程序如下：

```
I=imread('houghorg.bmp');
I=rgb2gray(I);
BW=edge(I,'roberts');
axes(handles.axes1);
imshow(BW)


% --- Executes on button press in pushbutton2.
function pushbutton2_Callback(hObject, eventdata, handles)
I=imread('houghorg.bmp');
I=rgb2gray(I);
BW=edge(I,'sobel');
axes(handles.axes1);
imshow(BW)


% --- Executes on button press in pushbutton3.
function pushbutton3_Callback(hObject, eventdata, handles)
I=imread('houghorg.bmp');
I=rgb2gray(I);
BW=edge(I,'log');
axes(handles.axes1);
imshow(BW)


% --- Executes on button press in pushbutton4.
function pushbutton4_Callback(hObject, eventdata, handles)
axes(handles.axes1);
imshow('houghorg.bmp')


% --- Executes on button press in pushbutton5.
function pushbutton5_Callback(hObject, eventdata, handles)
I=imread('houghorg.bmp');
I=rgb2gray(I);
I=imnoise(I,'gaussian');
axes(handles.axes1);
imshow(I)
imwrite(I,'houghgau.bmp');
```

```
% --- Executes on button press in pushbutton6.
function pushbutton6_Callback(hObject, eventdata, handles)
I=imread('houghorg.bmp');
I=rgb2gray(I);
I=imnoise(I,'salt & pepper');
axes(handles.axes1);
imshow(I)
imwrite(I,'houghsalt.bmp');

% --- Executes on button press in pushbutton7.
function pushbutton7_Callback(hObject, eventdata, handles)
I=imread('houghorg.bmp');
I=rgb2gray(I);

BW=edge(I,'sobel');
r_max=100;
r_min=40;
step_r=1;
step_angle=pi/20;
p=0.5;
[m,n] = size(BW);
size_r = round((r_max-r_min)/step_r)+1;
size_angle = round(2*pi/step_angle);
hough_space = zeros(m,n,size_r);
[rows,cols] = find(BW);
ecount = size(rows);

for i=1:ecount
    for r=1:size_r
        for k=1:size_angle
            a = round(rows(i)-(r_min+(r-1)*step_r)*cos(k*step_angle));
            b = round(cols(i)-(r_min+(r-1)*step_r)*sin(k*step_angle));
            if(a>0&a<=m&b>0&b<=n)
                hough_space(a,b,r) = hough_space(a,b,r)+1;
            end
        end
    end
end

max_para = max(max(max(hough_space)));
index = find(hough_space>=max_para*p);
length = size(index);
```

```
hough_circle = false(m,n);
for i=1:ecount
    for k=1:length
        par3 = floor(index(k)/(m*n))+1;
        par2 = floor((index(k)-(par3-1)*(m*n))/m)+1;
        par1 = index(k)-(par3-1)*(m*n)-(par2-1)*m;
        if((rows(i)-par1)^2+(cols(i)-par2)^2<(r_min+(par3-1)*step_r)^2+5&...
                (rows(i)-par1)^2+(cols(i)-par2)^2>(r_min+(par3-1)*step_r)^2-5)
            hough_circle(rows(i),cols(i)) = true;
        end
    end
end

for k=1:length
    par3 = floor(index(k)/(m*n))+1;
    par2 = floor((index(k)-(par3-1)*(m*n))/m)+1;
    par1 = index(k)-(par3-1)*(m*n)-(par2-1)*m;
    par3 = r_min+(par3-1)*step_r;
    fprintf(1,'Center %d %d radius %d\n',par1,par2,par3);
    para(:,k) = [par1,par2,par3];
end

axes(handles.axes1);
imshow(I), hold on
viscircles([par2 par1],par3);

% --- Executes during object creation, after setting all properties.
function axes1_CreateFcn(hObject, eventdata, handles)
set(hObject,'xTick',[]);
set(hObject,'ytick',[]);
set(hObject,'box','on');

% --- Executes on button press in pushbutton13.
function pushbutton13_Callback(hObject, eventdata, handles)
I=imread('houghsalt.bmp');
J=medfilt2(I,[9 9]);
BW2=edge(J,'roberts');
axes(handles.axes1);
imshow(BW2)

% --- Executes on button press in pushbutton11.
function pushbutton14_Callback(hObject, eventdata, handles)
```

```
I=imread('houghsalt.bmp');
J=medfilt2(I,[9 9]);
BW2=edge(J,'sobel');
axes(handles.axes1);
imshow(BW2)


% --- Executes on button press in pushbutton15.
function pushbutton15_Callback(hObject, eventdata, handles)
I=imread('houghsalt.bmp');
J=medfilt2(I,[9 9]);
BW2=edge(J,'log');
axes(handles.axes1);
imshow(BW2)


% --- Executes on button press in pushbutton16.
function pushbutton16_Callback(hObject, eventdata, handles)
r_max=100;
r_min=40;
step_r=1;
step_angle=pi/20;
p=0.5;
I=imread('houghsalt.bmp');
J=medfilt2(I,[9 9]);
BW=edge(J,'sobel');

[m,n] = size(BW);
size_r = round((r_max-r_min)/step_r)+1;
size_angle = round(2*pi/step_angle);
hough_space = zeros(m,n,size_r);
[rows,cols] = find(BW);
ecount = size(rows);

for i=1:ecount
    for r=1:size_r
        for k=1:size_angle
            a = round(rows(i)-(r_min+(r-1)*step_r)*cos(k*step_angle));
            b = round(cols(i)-(r_min+(r-1)*step_r)*sin(k*step_angle));
            if(a>0&a<=m&b>0&b<=n)
                hough_space(a,b,r) = hough_space(a,b,r)+1;
            end
        end
    end
end
```

```
            end

    max_para = max(max(max(hough_space)));
    index = find(hough_space>=max_para*p);
    length = size(index);
    hough_circle = false(m,n);
    for i=1:ecount
        for k=1:length
            par3 = floor(index(k)/(m*n))+1;
            par2 = floor((index(k)-(par3-1)*(m*n))/m)+1;
            par1 = index(k)-(par3-1)*(m*n)-(par2-1)*m;
            if((rows(i)-par1)^2+(cols(i)-par2)^2<(r_min+(par3-1)*step_r)^2+5&...
                    (rows(i)-par1)^2+(cols(i)-par2)^2>(r_min+(par3-1)*step_r)^2-5)
                hough_circle(rows(i),cols(i)) = true;
            end
        end
    end

    for k=1:length
        par3 = floor(index(k)/(m*n))+1;
        par2 = floor((index(k)-(par3-1)*(m*n))/m)+1;
        par1 = index(k)-(par3-1)*(m*n)-(par2-1)*m;
        par3 = r_min+(par3-1)*step_r;
        fprintf(1,'Center %d %d radius %d\n',par1,par2,par3);
        para(:,k) = [par1,par2,par3];
    end

    axes(handles.axes1);
    imshow(I), hold on
    viscircles([par2 par1],par3);


    % --- Executes on button press in pushbutton9.
    function pushbutton9_Callback(hObject, eventdata, handles)
    I=imread('houghgau.bmp');
    J=medfilt2(I,[9 9]);
    BW2=edge(J,'roberts');
    axes(handles.axes1);
    imshow(BW2)


    % --- Executes on button press in pushbutton10.
    function pushbutton10_Callback(hObject, eventdata, handles)
    I=imread('houghgau.bmp');
```

```
J=medfilt2(I,[9 9]);
BW2=edge(J,'sobel');
axes(handles.axes1);
imshow(BW2)

% --- Executes on button press in pushbutton11.
function pushbutton11_Callback(hObject, eventdata, handles)
I=imread('houghgau.bmp');
J=medfilt2(I,[9 9]);
BW2=edge(J,'log');
axes(handles.axes1);
imshow(BW2)

% --- Executes on button press in pushbutton12.
function pushbutton12_Callback(hObject, eventdata, handles)
I=imread('houghgau.bmp');
r_max=100;
r_min=40;
step_r=1;
step_angle=pi/20;
p=0.5;
I=medfilt2(I,[9 9]);
BW=edge(I,'roberts');
[m,n] = size(BW);
size_r = round((r_max-r_min)/step_r)+1;
size_angle = round(2*pi/step_angle);
hough_space = zeros(m,n,size_r);
[rows,cols] = find(BW);
ecount = size(rows);

for i=1:ecount
    for r=1:size_r
        for k=1:size_angle
            a = round(rows(i)-(r_min+(r-1)*step_r)*cos(k*step_angle));
            b = round(cols(i)-(r_min+(r-1)*step_r)*sin(k*step_angle));
            if(a>0&a<=m&b>0&b<=n)
                hough_space(a,b,r) = hough_space(a,b,r)+1;
            end
        end
    end
end
```

```
max_para = max(max(max(hough_space)));
index = find(hough_space>=max_para*p);
length = size(index);
hough_circle = false(m,n);
for i=1:ecount
    for k=1:length
        par3 = floor(index(k)/(m*n))+1;
        par2 = floor((index(k)-(par3-1)*(m*n))/m)+1;
        par1 = index(k)-(par3-1)*(m*n)-(par2-1)*m;
        if((rows(i)-par1)^2+(cols(i)-par2)^2<(r_min+(par3-1)*step_r)^2+5&...
                (rows(i)-par1)^2+(cols(i)-par2)^2>(r_min+(par3-1)*step_r)^2-5)
            hough_circle(rows(i),cols(i)) = true;
        end
    end
end

for k=1:length
    par3 = floor(index(k)/(m*n))+1;
    par2 = floor((index(k)-(par3-1)*(m*n))/m)+1;
    par1 = index(k)-(par3-1)*(m*n)-(par2-1)*m;
    par3 = r_min+(par3-1)*step_r;
    fprintf(1,'Center %d %d radius %d\n',par1,par2,par3);
    para(:,k) = [par1,par2,par3];
end

axes(handles.axes1);
imshow(I), hold on
viscircles([par2 par1],par3);
```

运行结果如图 11-2～图 11-6 所示。

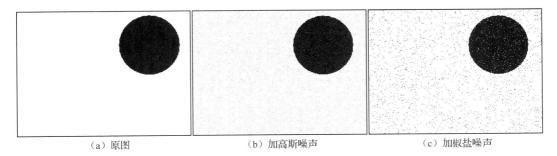

（a）原图　　　　　　　　（b）加高斯噪声　　　　　　　　（c）加椒盐噪声

图 11-2　原图及噪声

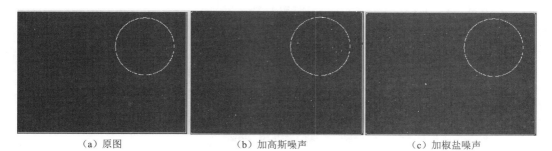

（a）原图　　　　　　　　　（b）加高斯噪声　　　　　　　　　（c）加椒盐噪声

图 11-3　基于 Roberts 算子的提取

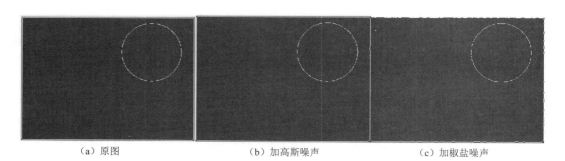

（a）原图　　　　　　　　　（b）加高斯噪声　　　　　　　　　（c）加椒盐噪声

图 11-4　基于 Sobel 算子的提取

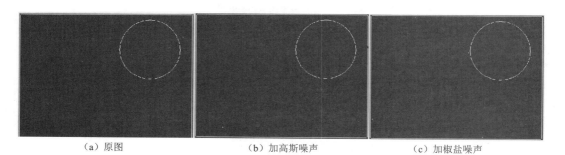

（a）原图　　　　　　　　　（b）加高斯噪声　　　　　　　　　（c）加椒盐噪声

图 11-5　基于 Laplacian 算子的提取

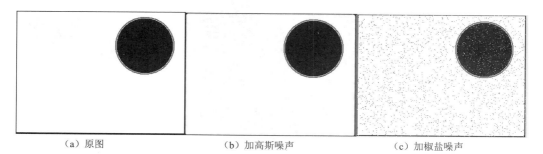

（a）原图　　　　　　　　　（b）加高斯噪声　　　　　　　　　（c）加椒盐噪声

图 11-6　基于 Hough 变换的提取

11.6　思考

　　使用不同的算子对原图、增加了高斯噪声的图像、增加了椒盐噪声的图像进行边缘检测，比较这些方法的不同之处，再分别做出原图的 Hough 变换、加高斯噪声图的 Hough 变换、加椒盐噪声图的 Hough 变换，加深对 Hough 变换原理的理解。关于边缘检测，如椭圆、正方形、长方形、圆弧等，这些方法大都类似，关键就是需要熟悉这些几何形状的数学性质。事实上，Hough 变换能够查找任意的曲线，它在检测已知形状的目标方面具有受曲线间断影响小和不受图形旋转影响的优点，即使目标有稍许缺损或污染也能被正确识别。

第 *12* 章

GUI 设计方面的应用

12.1　典型问题

　　扫雷游戏是 Windows 操作系统自带的一款经典小游戏，主要用于帮助系统用户提高鼠标使用水平。尽管 Windows 操作系统历经数次换代更新，变得越来越庞大、复杂，但是扫雷这款小游戏依然保持原来的容貌。利用 MATLAB 的图形用户界面（Graphics User Interface，GUI），完全可以来编写一个与其功能相仿的扫雷游戏。

12.2　主要思路

　　（1）学习 GUI 设计工具的知识
- 了解 GUI 的基本概念、特点、启动模式；
- 了解 GUI 提供的各种控件；
- 了解并掌握页面设计工具集。

　　（2）学习 GUI 向导设计的知识
- 实现多种控制对象的设计；
- 掌握 GUI 的设计原则和一般步骤。

　　（3）学习 GUI 程序设计的知识
- 掌握图形窗口的建立与控制；
- 掌握用户界面菜单的设计；
- 掌握用户界面控件的设计。

12.3　游戏设计预备知识

虽然扫雷游戏简单，但它也必须符合一般游戏的设计要求，主要工作包括制定游戏规则、设计游戏交互环节，以及实现程序代码等。

MATLAB 的 GUI 设计采用了面向对象的技术，具有强大、丰富的内置函数和工具箱，可以实现简洁、快捷与直观的界面设计。

为了实现扫雷游戏，必须结合 GUI 开发技术和游戏规则。

12.4　MATLAB 函数

（1）用户控件制作函数

```
H=uicontrol( H_parent, 'style',Sv, pName, pVariable,…)
```

其中，H 为该控件的句柄，H_parent 为控件父句柄，Sv 为控件类型，pName 和 pVariable 为一对值，用来确定控件的一个属性。

例如，使用 uicontrol 函数制作一个文本框控件，具体代码如下：

```
H0=caculator;
    H1=uicontrol(H0, 'style', 'text', …
        'horizontalalignment', 'left',…
        'position',[0.65,0.05,0.8,0.05],…
        'units', 'normalized',…
        'string', 'Design by minnow');
```

对于坐标轴对象，可以直接利用 axes 函数生成：

```
H1=axes('position,[0.1, 0.1, 0.5, 0.5]')
```

（2）用户菜单制作函数

```
H=uimenu( H_parent, pName,pVariable,…)
```

其中，H_parent 为菜单父句柄，可以是窗口或上一级菜单，pName 和 pVariable 成对出现，用来设置菜单的一个属性。

例如，使用 uimenu 函数制作一个现场菜单，即右键菜单，具体代码如下：

```
Hm=uicontextmenu;
H=uimenu( Hm, pName, pVariable,… )
set( H_parent, 'uicontextmenu', Hm )
```

其中，H_parent 是与这个现场菜单相关联的对象的句柄。

结合 uimenu 和 set 函数可以查看菜单的属性列表。

12.5　MATLAB 的实现方式

（1）需求分析

该游戏的界面窗口大小通常不能改变，扫雷区域由许多的按钮组成，雷区的大小固定为 10×10，地雷数量为 30 个。在雷区的上方有"游戏"和"帮助"两个菜单，"游戏"菜单包括游戏背景选择，"帮助"菜单包括游戏规则和制作信息。

游戏开始后，在单击雷区的按钮时，按钮上可能会出现数字，也有可能出现空白区。其中，数字代表以该按钮为中心的周围 8 个按钮的雷数，空白区代表其周围 8 个按钮中没有地雷。玩家可以根据周围的信息，来判断哪个按钮可能是雷，并在其上面通过右击做上红色标识。当玩家单击到地雷时即代表输了，伴有音乐提示，并且有语音提示"您输了！请再接再厉！"；同样，赢了后也会有语音提示。

（2）窗体设计

游戏界面的主窗口如图 12-1 所示。

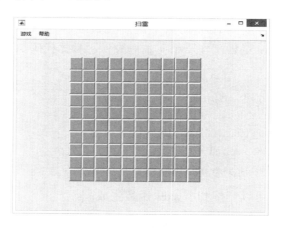

图 12-1　游戏界面的主窗口

（3）单击鼠标左键事件

● 单击按钮，出现数字。

当单击鼠标左键时，首先会对所点按钮周围的 8 个按钮进行判断，计算其周围的地雷数。如果有地雷，将会把周围的地雷数显示在所点的按钮上，如图 12-2 所示。

● 单击按钮，出现空白。

对所点按钮周围的按钮数进行一次判断后，如果周围没有地雷，将会在所点的按钮上显示一个空白区，如图 12-3 所示。

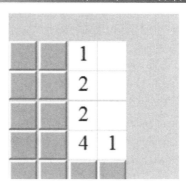

图 12-2　地雷数的显示　　　　　　　　图 12-3　空白的显示

● 单击按钮，出现地雷。

当所单击的按钮是地雷时，将会有提示音乐响起，随后有语音和方框提示，如图 12-4 所示。

（4）单击鼠标右键事件

● 单击按钮，出现红色标识。

当认为一个按钮是雷时，需要通过单击鼠标右键在该按钮上进行红色标识，如图 12-5 所示。一旦做出标识，再单击该按钮时将无任何反应，只有再次右击才能将红色标识去掉。

图 12-4　踩中地雷的显示　　　　　　　图 12-5　单击鼠标右键进行标识后的显示

（5）完整代码

① 主程序。

```
clear all;
row=10;
col=10;
num=30;
jieshu=0;
%global flag;
flag=zeros(row,col);
%生成 0 矩阵
flag1=ones(row,col);
```

```
        %生成 1 矩阵
        minenum=zeros(row,col);
        %生成 0 矩阵
        minefield=rand(row,col);
        %生成随机矩阵
        [temp,index]=sort(minefield(:));
        minefield=(minefield<=minefield(index(num)));
        %生成地雷矩阵
        count=0;
        for i=1:row
            for j=1:col
                x1=i-1;y1=j-1;
                x2=i-1;y2=j;
                x3=i-1;y3=j+1;
                x4=i;   y4=j-1;
                x5=i;   y5=j+1;
                x6=i+1;y6=j-1;
                x7=i+1;y7=j;
                x8=i+1;y8=j+1;
        %对周围 8 个方格进行坐标表示
                if x1>0&&y1>0
                    if minefield(x1,y1)==1
                        count=count+1;
                    end
                end
                if x2>0
                    if minefield(x2,y2)==1
                        count=count+1;
                    end
                end
                if x3>0&&y3<11
                    if minefield(x3,y3)==1
                        count=count+1;
                    end
                end
                if y4>0
                    if minefield(x4,y4)==1
                        count=count+1;
                    end
                end
```

```
        if y5<11
            if minefield(x5,y5)==1
                count=count+1;
            end
        end
        if x6<11&&y6>0
            if minefield(x6,y6)==1
                count=count+1;
            end
        end
        if x7<11
            if minefield(x7,y7)==1
                count=count+1;
            end
        end
        if x8<11&&y8<11
            if minefield(x8,y8)==1
                count=count+1;
            end
        end
        minenum(i,j)=count;
        count=0;
        end
    end
end
%对整个 10×10 的方格的边界情况进行分类处理
hf=figure('NumberTitle','off','Name','扫雷','menubar','none');
uh1=uimenu('label','游戏');
uimenu(uh1,'label','背景颜色选择','callback','c=uisetcolor([0 0 1],"选择颜色");set(hf,"color",c);');
uh2=uimenu('label','帮助');
uimenu(uh2,'label','游戏规则','callback',['text(-0.05,0,"与 Windows 自带的扫雷不同的是：雷用黑
色标记，右击用红色代表小红旗", "fontsize", 12, "fontname", "ËÎ å"), ', …'hold on; text(-0.12,-0.07,"
输了后会有音乐和语言提示，赢了后，会有语音提示!","fontsize",12,"fontname","宋体") ; axis off ']);
uimenu(uh2,'label','制作信息','callback','msgbox("copyright:Aining   ")');
%菜单设计和背景颜色设计
for m=1:row;
    for n=1:col;
        h(m,n)=uicontrol(gcf,'style','push',…
                'foregroundColor',0.7*[1,1,1],…
                'string',strcat(num2str(m),num2str(n)),…
'unit','normalized','position',[0.16+0.053*n,0.9-0.073*m,0.05,0.07],…
                'BackgroundColor',0.7*[1,1,1],'fontsize',17, …
```

```
                    'fontname','times new roman',…
                    'ButtonDownFcn',['if isequal(get(gcf,"SelectionType"),"alt")',…
                    ' if ~get(gco,"Value") if isequal(get(gco,"Tag"),"y") ',…
                    'set(gco,"style","push","string","","backgroundcolor",0.7*[1 1 1]);',…
                    'set(gco,"Tag","n");  else  set(gco,"style","text","string","","backgroundcolor",[1  0
0]);',…
                    'set(gco,"Tag","y");end;end;end'],…
            'Callback',['h1=gcbo;[mf,nf]=find(h==h1);search(mf,nf,minenum,h,minefield,flag,jieshu);'…
                    'for i=1:10 for j=1:10 hcomp(i,j)=get(h(i,j),"value");…end;end;comp=(~hcomp==
minefield);', …
                    'if   all(comp(:))   mh=msgbox("你好厉害哦!!","提示");sp=actxserver("SAPI.
SpVoice"); sp.Speak("你好厉害哦!!"); end;']);
        end
    end
    %对鼠标操作进行控制与反应
```

② search 函数。

```
            function search(mf,nf,minenum,h,minefield,flag,jieshu)
            if flag==minefield
                mh=msgbox('你好厉害哦!!','提示');
            %所有地雷均用旗帜标识出来后进行提示
            end
            if minefield(mf,nf)==1
                set(gco,'style','text','string','','backgroundcolor',[0 0 0]);
                load handel;
                sound(y,Fs)
                pause(2);
                mh=msgbox('您输了!请再接再厉!','提示');
                sp=actxserver('SAPI.SpVoice');
                sp.Speak('您输了!请再接再厉!')
                pause(2)
                close all;
                delete(hf);
            %当踩中地雷时，即 minefield(mf,nf)==1，进行提示
            else
            if minenum(mf,nf)==0
                flag(mf,nf)=1;
                set(h(mf,nf),'string','');
                set(h(mf,nf),'value',1);
                mf1=mf-1;nf1=nf-1;
                mf2=mf-1;nf2=nf;
                mf3=mf-1;nf3=nf+1;
                mf4=mf;   nf4=nf-1;
```

```
        mf5=mf;    nf5=nf+1;
        mf6=mf+1;nf6=nf-1;
        mf7=mf+1;nf7=nf;
        mf8=mf+1;nf8=nf+1;
    %当没踩中地雷时，显示出周围8个方格中地雷的个数
    if mf1>0&&nf1>0 && flag(mf1,nf1)==0
        flag(mf1,nf1)=1;
        if minenum(mf1,nf1)==0
            set(h(mf1,nf1),'style','text','string','','backgroundcolor',[0 0 0]);
        else
        set(h(mf1,nf1),'string',num2str(minenum(mf1,nf1)));
        set(h(mf1,nf1), 'foregroundColor',0.1*[1,1,1]);
        set(h(mf1,nf1),'style','text','backgroundcolor',[1 1 1]);
        end
        if minenum(mf1,nf1)==0
            search(mf1,nf1,minenum,h,minefield,flag,jieshu);


        end
        set(h(mf1,nf1),'value',1);
    end
    if mf2>0 && flag(mf2,nf2)==0
        flag(mf2,nf2)=1;
        if minenum(mf2,nf2)==0
            set(h(mf2,nf2),'style','text','string','','backgroundcolor',[0 0 0]);
        else
        set(h(mf2,nf2),'string',num2str(minenum(mf2,nf2)));
        end
        set(h(mf2,nf2), 'foregroundColor',0.1*[1,1,1]);
        set(h(mf2,nf2),'style','text','backgroundcolor',[1 1 1]);

        if minenum(mf2,nf2)==0
            search(mf2,nf2,minenum,h,minefield,flag,jieshu);
        end
        set(h(mf2,nf2),'value',1);
    end
    if mf3>0&&nf3<11 && flag(mf3,nf3)==0
        flag(mf3,nf3)=1;
        if minenum(mf3,nf3)==0
            set(h(mf3,nf3),'style','text','string','','backgroundcolor',[0 0 0]);
        else
        set(h(mf3,nf3),'string',num2str(minenum(mf3,nf3)));
        end
```

```matlab
        set(h(mf3,nf3), 'foregroundColor',0.1*[1,1,1]);
        set(h(mf3,nf3),'style','text','backgroundcolor',[1 1 1]);

        if minenum(mf3,nf3)==0
            search(mf3,nf3,minenum,h,minefield,flag,jieshu);
        end
        set(h(mf3,nf3),'value',1);
    end
    if nf4>0 && flag(mf4,nf4)==0
        flag(mf4,nf4)=1;
        if minenum(mf4,nf4)==0
            set(h(mf4,nf4),'style','text','string','','backgroundcolor',[0 0 0]);
        else
        set(h(mf4,nf4),'string',num2str(minenum(mf4,nf4)));
        end
        set(h(mf4,nf4), 'foregroundColor',0.1*[1,1,1]);
        set(h(mf4,nf4),'style','text','backgroundcolor',[1 1 1]);

        if minenum(mf4,nf4)==0
            search(mf4,nf4,minenum,h,minefield,flag,jieshu);
        end
        set(h(mf4,nf4),'value',1);
    end
    if nf5<11 && flag(mf5,nf5)==0
        flag(mf5,nf5)=1;
        if minenum(mf5,nf5)==0
            set(h(mf5,nf5),'style','text','string','','backgroundcolor',[0 0 0]);
        else
        set(h(mf5,nf5),'string',num2str(minenum(mf5,nf5)));
        end
        set(h(mf5,nf5), 'foregroundColor',0.1*[1,1,1]);
        set(h(mf5,nf5),'style','text','backgroundcolor',[1 1 1]);

        if minenum(mf5,nf5)==0
            search(mf5,nf5,minenum,h,minefield,flag,jieshu);
        end
        set(h(mf5,nf5),'value',1);
    end
    if mf6<11&&nf6>0 && flag(mf6,nf6)==0
        flag(mf6,nf6)=1;
        if minenum(mf6,nf6)==0
            set(h(mf6,nf6),'style','text','string','','backgroundcolor',[0 0 0]);
```

```
        else
            set(h(mf6,nf6),'string',num2str(minenum(mf6,nf6)));
        end
        set(h(mf6,nf6), 'foregroundColor',0.1*[1,1,1]);
        set(h(mf6,nf6),'style','text','backgroundcolor',[1 1 1]);

        if minenum(mf6,nf6)==0
            search(mf6,nf6,minenum,h,minefield,flag,jieshu);
        end
        set(h(mf6,nf6),'value',1);
    end
    if mf7<11 && flag(mf7,nf7)==0
        flag(mf7,nf7)=1;
        if minenum(mf7,nf7)==0
            set(h(mf7,nf7),'style','text','string','','backgroundcolor',[0 0 0]);
        else
            set(h(mf7,nf7),'string',num2str(minenum(mf7,nf7)));
        end
        set(h(mf7,nf7), 'foregroundColor',0.1*[1,1,1]);
        set(h(mf7,nf7),'style','text','backgroundcolor',[1 1 1]);
        if minenum(mf7,nf7)==0
            search(mf7,nf7,minenum,h,minefield,flag,jieshu);
        end
        set(h(mf7,nf7),'value',1);
    end
    if mf8<11&&nf8<11 && flag(mf8,nf8)==0
        flag(mf8,nf8)=1;
        if minenum(mf8,nf8)==0
            set(h(mf8,nf8),'style','text','string','','backgroundcolor',[0 0 0]);
        else
            set(h(mf8,nf8),'string',num2str(minenum(mf8,nf8)));
        end
        set(h(mf8,nf8), 'foregroundColor',0.1*[1,1,1]);
        set(h(mf8,nf8),'style','text','backgroundcolor',[1 1 1]);
        if minenum(mf8,nf8)==0
            search(mf8,nf8,minenum,h,minefield,flag,jieshu);
        end
        set(h(mf8,nf8),'value',1);
    end
        else
        set(h(mf,nf),'string',num2str(minenum(mf,nf)));
    end
end
```

```
        set(h(mf,nf), 'foregroundColor',0.1*[1,1,1]);
        set(h(mf,nf),'style','text','backgroundcolor',[1 1 1]);
    end
  end
  %分情况进行处理
```

12.6　思考

　　扫雷游戏作为一款经典的 Windows 游戏，虽然看起来很简单，但实现起来并不容易，涉及方方面面的知识，尤其是一些比较复杂的人工智能算法。正所谓"麻雀虽小，五脏俱全"，一个扫雷游戏帮助我们了解了关于 GUI 和游戏设计的一些基础内容，同时也知晓市场上流行的大型游戏肯定更为复杂，需要深入学习和总结。

第 *13* 章

神经网络方面的应用

13.1　典型问题

近年来随着我国经济的发展，对汽车的需求量不断增加，与此同时，全国每年的车祸次数也逐渐增加。通过已知的全国历年车祸次数，利用 BP 神经网络模型可以对当年车祸次数进行预测。预测结果有利于对交通事故的发生进行预警。

13.2　主要思路

（1）学习神经网络基本理论
- 了解神经网络理论的发展和现状。
- 了解神经网络的主要特点和优越性：具有自学习功能；具有联想存储功能；具有高速寻找最优解的能力。

（2）学习感知器的相关知识
- 了解感知器神经元模型和感知器的网络结构。
- 了解感知器神经网络的学习规则和训练。
- 了解重要的感知器神经网络函数的使用方法，包括初始化函数 init、训练函数 trainp、仿真函数 sim。

（3）学习线性神经网络的知识
- 了解线性神经元模型和线性网络结构。
- 了解线性神经网络的学习规则和训练。
- 了解重要的线性神经网络函数的使用方法，包括初始化函数 initlin、设计函数 solvelin、训练函数 trainwh 和 adaptwh、仿真函数 simulin。

（4）学习 BP 神经网络的知识

- 了解 BP 网络结构，这是一种多层前馈神经网络。
- 了解 BP 网络的学习规则和训练。
- 了解重要的 BP 网络函数的使用方法，包括初始化函数 initff、训练函数 trainbp、仿真函数 simuff。

13.3　神经网络预备知识

人工神经网络（Artificial Neural Network，ANN）是对人类大脑系统的一种仿真。简单地讲，它是一个数学模型，可以用电子线路来实现，也可以用计算机程序来模拟，是人工智能研究的一种方法。

实际上，ANN 是由大量的、功能比较简单的形式神经元互相连接而构成的复杂网络系统，用来模拟大脑的许多基本功能和简单的思维方式。尽管它还不是完美无缺的模型，但它可以通过学习来获取外部的知识并存储在网络内，解决很多计算机不易处理的难题，特别是语音和图像的识别、理解、知识的处理、组合优化计算和智能控制等一系列本质上是非计算的问题。

（1）生物神经元模型

生物神经元模型就是一个简单的信号处理器。图 13-1 所示为生物神经元模型。树突是神经元的信号输入通道，接收来自其他神经元的信息。轴突是神经元的信号输出通道。

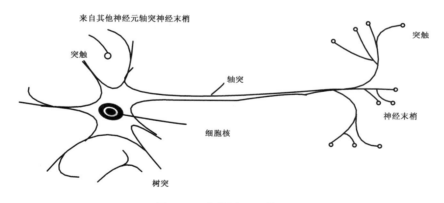

图 13-1　生物神经元模型

信息的处理与传递主要发生在突触附近。神经元细胞体通过树突接收脉冲信号，通过轴突传到突触前膜。当脉冲幅度达到一定强度，即超过其阈值电位后，突触前膜将向突触间隙释放神经传递的化学物质（乙酰胆碱），使位于突触后膜的离子通道（Ion Channel）开放，产生离子流，从而在突触后膜产生正的或负的电位，称为突触后电位。

突触有两种：兴奋性突触和抑制性突触。前者产生正突触后电位，后者产生负突触后电位。一个神经元的各树突和细胞体往往通过突触和大量的其他神经元相连接。这些突触后电位的变化，将对该神经元产生综合作用，即当这些突触后电位的总和超过某一阈值电位时，该神经元便被激活，并产生脉冲，而且产生的脉冲数与该电位总和值的大小有关。脉冲沿轴突向其他神经元传送，从而实现了神经元之间信息的传递。

（2）人工神经元模型

人工神经元模型的三要素如下：

- 连接权：ω_i。
- 求和单元：Σ。

$$u = \sum_{i=1}^{n} \omega_i x_i$$

$$v = \sum_{i=1}^{n} \omega_i x_i - \theta$$

- 激励函数（响应函数）：$\varphi(\cdot)$，如图 13-2 所示。

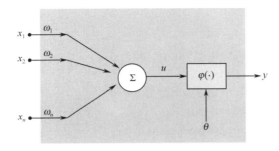

图 13-2　激励函数

13.4　MATLAB 函数

（1）BP 网络初始化函数 initff。

（2）训练函数 trainbp。

（3）仿真函数 simuff。

13.5　MATLAB 的实现方式

（1）实验数据

1998—2009 年数据来源于中国汽车工业信息网，网址如下：

http://www.autoinfo.gov.cn/autoinfo_cn/cszh/gljt/qt/webinfo/2006/05/1246501820021204.htm

2010 年数据来源于公安部交通管理局，网址如下：

http://www.mps.gov.cn/n16/n85753/n85870/2758752.html

交通事故发生数据如表 13-1 所示。

表 13-1　交通事故发生数据

年　份	事故次数（次）	年　份	事故次数（次）
1998	346129	2005	450254
1999	412860	2006	378781
2000	616971	2007	327209
2001	754919	2008	265204
2002	773137	2009	238351
2003	667507	2010	219521
2004	567753		

（2）基于 M 文件的编程实现

① 对输入数据和输出数据进行归一化处理
并绘制出实际输入与实际输出图，如图 13-3 所示。
具体代码如下：

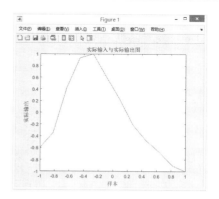

图 13-3　实际输入与实际输出图

```
        p=[1998 1999 2000 2001 2002 2003 2004 2005
2006 2007 2008 2009];
        t=[346129 412860 616971 754919 773137 667507
567753 450254 378781 327209 265204 238351];
        [pn,minp,maxp,tn,mint,maxt]=premnmx(p,t);
        %数据归一化处理
        figure(1);
        plot(pn,tn,'-');
        title('实际输入与实际输出图','fontsize',12)
        ylabel('实际输出','fontsize',12)
        xlabel('样本','fontsize',12)
        %绘制实际输入与实际输出图
```

② 应用函数 newff 构造 BP 网络结构，并设定相关参数，如最大训练次数、训练要
求精度、学习率等。其中 BP 神经网络模型网络层数为 2，隐藏层神经元数目为 10，选
择隐藏层和输出层神经元函数分别为 tansig 函数和 purelin 函数，网络训练方法采用了梯
度下降法。仿真界面如图 13-4 所示。

具体代码如下：

```
        net=newff(minmax(pn),[10,1],{'tansig' 'purelin'},'traingd');
        %构造 BP 网络
        net.trainParam.epochs=50000;
        %网络训练时间设置为 50000
        net.trainParam.goal=0.00001;
```

```
%网络训练精度设置为 0.00001
net.trainParam.lr=0.01;
%网络训练速率为 0.01
net=train(net,pn,tn);
%开始训练
t2=sim(net,pn);
%进行仿真
```

③ 绘制预测输出与实际输出对比图，如图 13-5 所示。
具体代码如下：

```
figure(2);
plot(pn,tn,'r',pn,t2,'b');
legend('期望输出','预测输出')
title('预测输出与实际输出对比','fontsize',12)
ylabel('函数输出','fontsize',12)
xlabel('样本','fontsize',12)
%绘制预测输出与实际输出对比图
```

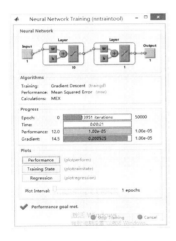

图 13-4　仿真界面

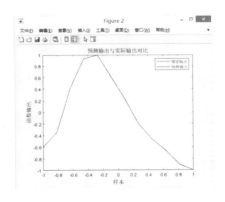

图 13-5　预测输出与实际输出对比图

④ 绘制 BP 网络预测输出图，如图 13-6 所示。
具体代码如下：

```
figure(3)
plot(pn,t2,':og');
hold on
plot(pn,tn,'-*');
legend('预测输出','期望输出')
title('BP 网络预测输出','fontsize',12)
ylabel('函数输出','fontsize',12)
```

```
xlabel('样本','fontsize',12)
%绘制 BP 网络预测输出图
```

⑤ 绘制 BP 网络预测误差图，如图 13-7 所示。
具体代码如下：

```
error=t2-tn;
figure(4)
plot(error,'-*')
title('BP 网络预测误差','fontsize',12)
ylabel('误差','fontsize',12)
xlabel('样本','fontsize',12)
%绘制 BP 网络预测误差图
```

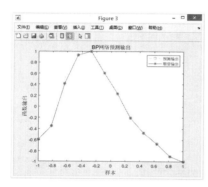

图 13-6 BP 网络预测输出图

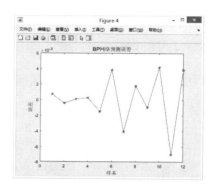

图 13-7 BP 网络预测误差图

⑥ 完整代码如下：

```
p=[1998 1999 2000 2001 2002 2003 2004 2005 2006 2007 2008 2009] ;
t=[346129 412860 616971 754919 773137 667507 567753 450254 378781 327209 265204 238351];
[pn,minp,maxp,tn,mint,maxt]=premnmx(p,t);
%数据归一化处理
figure(1);
plot(pn,tn,'-');
title('实际输入与实际输出图','fontsize',12)
ylabel('实际输出','fontsize',12)
xlabel('样本','fontsize',12)
%绘制实际输入与实际输出图

net=newff(minmax(pn),[10,1],{'tansig' 'purelin'},'traingd');
%构造 BP 网络
net.trainParam.epochs=50000;
%网络训练时间设置为 50000
net.trainParam.goal=0.00001;
%网络训练精度设置为 0.00001
net.trainParam.lr=0.01;
```

```
%网络训练速率为 0.01
net=train(net,pn,tn);
%开始训练
t2=sim(net,pn);
%进行仿真


figure(2);
plot(pn,tn,'r',pn,t2,'b');
legend('期望输出','预测输出')
title('预测输出与实际输出对比','fontsize',12)
ylabel('函数输出','fontsize',12)
xlabel('样本','fontsize',12)
%绘制预测输出与实际输出对比图


figure(3)
plot(pn,t2,':og');
hold on
plot(pn,tn,'-*');
legend('预测输出','期望输出')
title('BP 网络预测输出','fontsize',12)
ylabel('函数输出','fontsize',12)
xlabel('样本','fontsize',12)
%绘制 BP 网络预测输出图


error=t2-tn;
figure(4)
plot(error,'-*')
title('BP 网络预测误差','fontsize',12)
ylabel('误差','fontsize',12)
xlabel('样本','fontsize',12)
%绘制 BP 网络预测误差图
```

13.6　思考

　　通过这类实验，可以对神经网络的应用有一定的了解。不难发现，神经网络应用最大的特点在于其具有很强的非线性适应性信息处理能力，非常适合于求解那些难以找到好的求解规则的问题，并且具有很强的自学习能力。在经济学方面，神经网络最主要的应用应该是在"预测"方面。以股票为例，股票价格的变动有迹可循。投资人利用大量的股票历史数据，在计算机的辅助下，可以对未来股票的趋势做出一个很好的预测。

　　另外，神经网络应用作为一个新兴的领域，其理论和算法有待进一步完善，例如，任何问题的特征都被数字化，势必存在信息的丢失。如何减少模型输入信息的丢失并提高模型识别精度，是有待研究的。

第 *14* 章

信号处理方面的应用

14.1 典型问题

众所周知，语音在人类社会中起着非常重要的作用。在现代信息社会中，小至人们的日常生活，大到国家大事、世界新闻、社会舆论和各种重要会议，都离不开语言和文字。近年来，普通电话、移动电话和互联网已经普及到家庭。在这些先进的工具中，语音信号处理中的语音编码和语音合成技术做出了很大贡献。20 世纪 60 年代中期形成的一系列数字信号处理方法和算法，如数字滤波器、快速傅里叶变换（FFT）是语音数字信号处理的理论和技术基础；70 年代初期产生的线性预测编码（LPC）算法，为语音信号的数字处理提供了一个强有力的工具。语音信号处理在通信、语音识别与合成、自然语言理解、多媒体数据库及互联网等多个领域有广泛的应用，同时它对理解音频类等一般的声音媒体的特点也提供了很大的帮助。

14.2 主要思路

首先录制一段自己的语音信号，并对录制的信号进行采样，再画出采样后语音信号的时域波形和频谱图。通过给定滤波器的性能指标，设计数字滤波器，画出滤波器的频率响应，然后用自己设计的滤波器对采集的语音信号进行滤波，画出滤波后信号的时域波形和频谱图，并对滤波前后的信号进行对比，分析信号的变化，再回放语音信号。最后，用 MATLAB 设计信号处理系统界面。

14.3　信号处理预备知识

数字滤波器是一个离散时间系统，是按照预定的算法，将输入离散时间信号转换为所要求的输出离散时间信号的特定功能装置。应用数字滤波器处理模拟信号（对应模拟频率）时，首先需对输入模拟信号进行限带、抽样和模数转换。按照奈奎斯特抽样定理，要使抽样信号的频谱不产生重叠，数字滤波器输入信号的数字频率（$2\pi*f/f_s$，f 为模拟信号的频率，f_s 为采样频率，注意区别于模拟频率）应小于折叠频率（$\omega_s/2=\pi$），其频率响应具有以 2π 为间隔的周期重复特性，且关于 $\omega=\pi$ 点对称。为得到模拟信号，数字滤波器处理的输出数字信号需经数模转换、平滑。数字滤波器具有高精度、高可靠性、可程控改变特性或复用、便于集成等优点。数字滤波器在语音信号处理、图像信号处理、医学生物信号处理及其他应用领域都得到了广泛应用。

数字滤波器有低通、高通、带通、带阻和全通等类型。它可以是时不变的或时变的、因果的或非因果的、线性的或非线性的。应用最广的是线性、时不变数字滤波器，以及 FIR 滤波器。

IIR 数字滤波器在设计上可以借助成熟的模拟滤波器的成果，如巴特沃斯、切比雪夫和椭圆滤波器等，有现成的设计数据或图表可查，其设计工作量比较小，对计算工具的要求不高。在设计一个 IIR 数字滤波器时，我们根据指标先写出模拟滤波器的公式，然后通过一定的变换，将模拟滤波器的公式转换为数字滤波器的公式。IIR 数字滤波器的相位特性不好控制，对相位要求较高时，需加相位校准网络。

14.4　MATLAB 函数

MATLAB 提供了一系列的信号处理函数。

函数 wavread 对语音信号进行采样，格式是[y,fs,nbit]=wavread，返回采样值放在向量 y 中，f_s 表示采样频率（Hz），nbit 表示采样位数；

函数 Butterworth 用来设计巴特沃斯滤波器，估算巴特沃斯滤波器的阶数和截止频率；

函数 butter(N,Wc)用于计算传输函数的分子和分母多项式的系数；

函数 Cheby1 表示切比雪夫 I 型滤波器；

函数 Cheby2 表示切比雪夫 II 型滤波器；

函数 elli: pord 表示椭圆滤波器；

函数 filter(num,den,y)表示根据传输函数的分子和分母多项式的系数得到模拟滤波器，并将信号 y 通过该滤波器，得到信号 x；

函数 sound(x,fc,bits)表示将滤波后的信号 *x* 进行回放；

函数 X=fft(x)表示将 *x* 信号进行快速傅里叶变换。

14.5　MATLAB 的实现方式

14.5.1　设计过程

（1）控件设计：在控件布局设计区放置 5 个 Axes 控件、6 个 Push Button 控件、1 个 Button Group 控件、2 个 Radio Button 控件、5 个 Static Text 控件。

（2）修改控件属性：选中需要修改属性的控件，双击打开属性查看器，具体设置如下：

① 5 个 Axes 控件，如表 14-1 所示。

② 6 个 Push Button 控件，如表 14-2 所示。

表 14-1　Axes 控件

Tag	作　　用
axes1	提供坐标画出原始信号波形
axes2	提供坐标画出原始信号频谱
axes3	提供坐标画出滤波后的信号波形
axes4	提供坐标画出滤波后的信号频谱
axes5	提供坐标画出滤波器频率响应

表 14-2　Push Button 控件

String	Tag
低通	pushbutton1
高通	pushbutton2
带通	pushbutton3
带阻	pushbutton4
原始信号	pushbutton5
关闭窗口	pushbutton6

③ 1 个 Button Group 控件，如表 14-3 所示。

表 14-3　Button Group 控件

String	Style	Tag
请选择滤波器种类	Button Group	uipanel5

④ 2 个 Radio Button 控件，如表 14-4 所示。

表 14-4　Radio Button 控件

String	Style	Tag
巴特沃斯	Radio Button	radiobutton1
切比雪夫	Radio Button	radiobutton2

⑤ 5 个 Static Text 控件（对坐标轴中图形的说明），如表 14-5 所示。

表 14-5　Static Text 控件

Tag	String
text1	原始信号波形
text2	原始信号频谱
text3	滤波后的信号波形
text4	滤波后的信号频谱
text5	滤波器频率响应

（3）保存：设置好各个控件的属性，回到 GUI 主窗口保存，给文件命名为 hy，同时将 hy.m 文件打开。

（4）设置回调函数：在 hy.m 文件窗口中设置回调函数。这里，虽然 GUI 自动生成了回调函数，但是回调函数是空的，需要在 hy.m 文件中进行定义说明。该程序只需对 6 个 Push Button 控件的回调函数进行定义说明。

6 个 Push Button 控件的回调函数如下：

①"低通"按键的回调函数。

```
function pushbutton1_Callback(hObject, eventdata, handles)
[y,fs,bits]=audioread('e:\hy.wav');        %对语音信号进行采样
fp=1000;fs=2000;rp=0.5;rs=40;fc=40000;%设定通带截止频率（fp）、阻带截止频率（fs）、通
带波纹系数（rp）、阻带波纹系数（rs）、抽样频率（fc）
wp=2*fp/fc;ws=2*fs/fc;                      %将模拟域转化为数字域
if get(handles.radiobutton1,'value')       %如果选择 radiobutton1，则制作巴特沃斯滤波器
[N,Wc]=buttord(wp,ws,rp,rs);               %估算巴特沃斯滤波器的阶数 N 和 3dB 截止频率 Wc
[num,den]=butter(N,Wc);                    %求传输函数的分子和分母多项式的系数
else                                       %如果选择 radiobutton2，则制作切比雪夫 I 型滤波器
[N,Wc]=cheb1ord(wp,ws,rp,rs);              %估算切比雪夫 I 型滤波器的阶数 N 和截止频率 Wc
[num,den]=cheby1(N,rp,Wc);                 %求传输函数的分子和分母多项式的系数
end

x=filter(num,den,y);                       %根据传输函数的分子和分母多项式的系数得到模拟
滤波器，并将 y 通过该滤波器，得到 x
sound(x,fc);                               %将滤波后的信号 x 进行回放
X=fft(x);                                  %将 x 信号进行快速傅里叶变换
axes(handles.axes3);plot(x);               %在 axes3 坐标轴上画出 x 信号的波形图
axes(handles.axes4);plot(abs(X));          %在 axes4 坐标轴上画出 x 信号的频谱图
[h,f]=freqz(num,den,256,fc);               %求滤波器的频率响应
axes(handles.axes5);plot(f,abs(h),'k');    %在 axes5 坐标轴上以黑线画出滤波器的频率响应
```

②"高通"按键的回调函数。

```
function pushbutton2_Callback(hObject, eventdata, handles)
[y,fs]=auidoread('e:\hy.wav');
fp=2000;fs=1000;rp=0.5;rs=40;fc=40000;
```

```
wp=2*fp/fc;ws=2*fs/fc;
if get(handles.radiobutton1,'value')
[N,Wc]=buttord(wp,ws,rp,rs);
[num,den]=butter(N,Wc,'high');        %返回 N 阶高通滤波器
else
[N,Wc]=cheb1ord(wp,ws,rp,rs);
[num,den]=cheby1(N,rp,Wc,'high');
end
x=filter(num,den,y);
sound(x,fc,bits);
X=fft(x);
axes(handles.axes3);plot(x);
axes(handles.axes4);plot(abs(X));
[h,f]=freqz(num,den,256,fc);
axes(handles.axes5);plot(f,abs(h),'k');
```

③ "带通" 按键的回调函数。

```
function pushbutton3_Callback(hObject, eventdata, handles)
[y,fs]=audioread('e:\hy.wav');
fp=[3000,8000];fs=[1000,10000];rp=0.5;rs=40;fc=40000;
wp=2*fp/fc;ws=2*fs/fc;
if get(handles.radiobutton1,'value')
[N,Wc]=buttord(wp,ws,rp,rs);
[num,den]=butter(N,Wc);        %Wc 为双元素向量，返回 2N 阶带通滤波器
else
[N,Wc]=cheb1ord(wp,ws,rp,rs);
[num,den]=cheby1(N,rp,Wc);
end
x=filter(num,den,y);
sound(x,fc);
X=fft(x);
axes(handles.axes3);plot(x);
axes(handles.axes4);plot(abs(X));
[h,f]=freqz(num,den,256,fc);
axes(handles.axes5);plot(f,abs(h),'k');
```

④ "带阻" 按键的回调函数。

```
function pushbutton4_Callback(hObject, eventdata, handles)
[y,fs]=audioread('e:\hy.wav');
fp=[1000,10000];fs=[3000,8000];rp=0.5;rs=40;fc=40000;
```

```
wp=2*fp/fc;ws=2*fs/fc;
if get(handles.radiobutton1,'value')
[N,Wc]=buttord(wp,ws,rp,rs);
[num,den]=butter(N,Wc,'stop');          %返回 2N 阶带阻滤波器
else
[N,Wc]=cheb1ord(wp,ws,rp,rs);
[num,den]=cheby1(N,rp,Wc,'stop');
end
x=filter(num,den,y);
sound(x,fc);
X=fft(x);
axes(handles.axes3);plot(x);
axes(handles.axes4);plot(abs(X));
[h,f]=freqz(num,den,256,fc);
axes(handles.axes5);plot(f,abs(h),'k');
```

⑤ "原始信号"按键的回调函数。

```
function pushbutton5_Callback(hObject, eventdata, handles)
[y,fs,bits]=audioread('e:\hy.wav');
sound(y,fs);
Y=fft(y);
axes(handles.axes1);plot(y);
axes(handles.axes2);plot(abs(Y));
```

⑥ "关闭窗口"按键的回调函数。

```
function pushbutton6_Callback(hObject, eventdata, handles)
close
```

（5）保存修改后的 hy.m 文件，单击 GUI 主窗口工具栏中的"激活运行"按钮，在 GUI 界面中按下"原始信号"按键就可以看到原始信号的波形和频谱，并播放原始信号；选择滤波器种类（巴特沃斯或切比雪夫），然后按下"高通""低通""带通""带阻"其中一个按键，就可以看到原信号经过滤波器后信号的波形与频谱，并播放该信号。

14.5.2 调试分析

控件布局如图 14-1 所示，相关调试分析界面如图 14-2～图 14-10 所示。

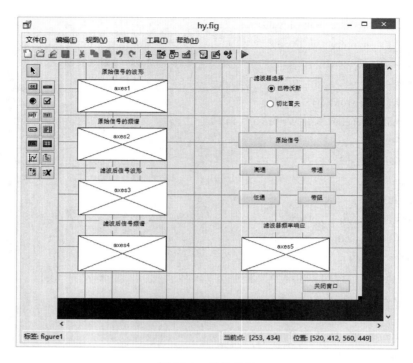

图 14-1　控件布局

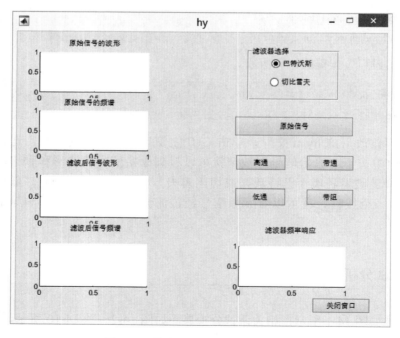

图 14-2　单击"激活运行"后的界面

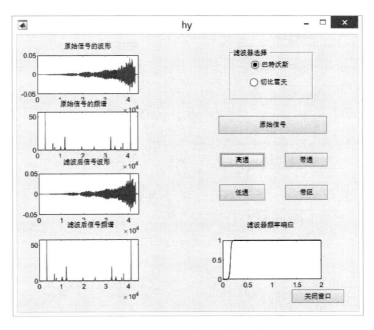

图 14-3 巴特沃斯高通滤波器

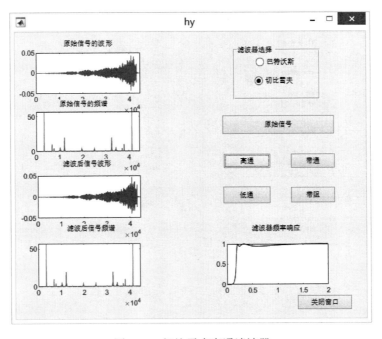

图 14-4 切比雪夫高通滤波器

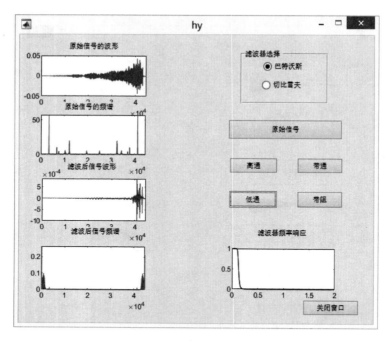

图 14-5　巴特沃斯低通滤波器

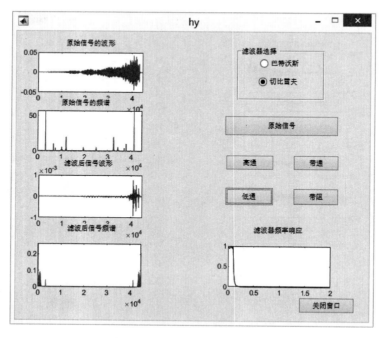

图 14-6　切比雪夫低通滤波器

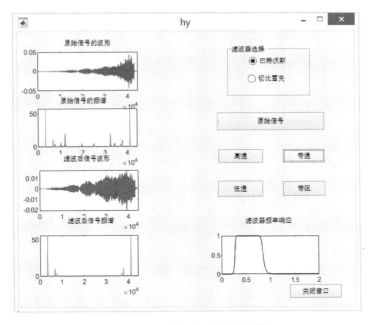

图 14-7　巴特沃斯带通滤波器

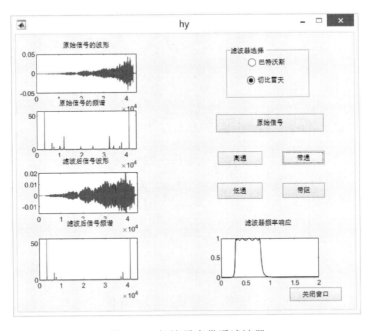

图 14-8　切比雪夫带通滤波器

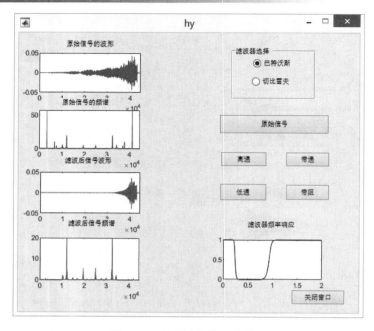

图 14-9　巴特沃斯带阻滤波器

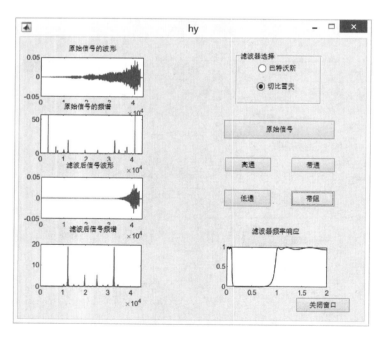

图 14-10　切比雪夫带阻滤波器

图 14-3～图 14-10 所示为巴特沃斯和切比雪夫 I 型滤波器在不同频率特性下产生的信号波形与频谱，同时与原信号做对比。可以看出，巴特沃斯滤波器的频率特性曲线无论在通带还是在阻带内，都是频率的单调函数；切比雪夫 I 型滤波器的幅频特性在通带内是等波纹的，在阻带内是单调的。因为在回调函数中，高通和低通、带通和带阻滤波

器的截止频率、波纹系数、抽样频率设定的值是相同的,所以从图中纵向对比可以看出,信号通过高通和低通滤波器之后频谱相对于原信号是互补的,如果对于高通滤波器在某一频率段上有幅值,那么对于低通滤波器该频率幅值为 0。带通和带阻滤波器同此。横向上对比可以看出,不同滤波器选频特性也不同,特别是从图 14-7~图 14-10 中选频边界处的频谱处理可以看出,切比雪夫滤波器比巴特沃斯滤波器的选频特性好。

14.6　思考

综合运用数字信号处理的理论知识进行频谱分析和滤波器设计,一方面通过理论推导得出相应结论,另一方面利用 MATLAB 作为编程工具进行计算机实现,从而加深对所学知识的理解。

第 *15* 章

大数据处理方面的应用

15.1　典型问题

　　信息技术的快速发展，特别是大型商业数据库的广泛普及，各行各业都积累了一定规模或者超大规模的数据信息。数据采集技术的成熟运用，扩展了数据来源，产生了更加真实有效的大数据。分布式存储、云存储和虚拟存储的发展，使大数据的存储成本降低。众多公司和个人都希望从这些海量数据中发现有价值的潜在信息，一些企业利用大数据挖掘和分析技术制定业务战略，但大数据的属性、数量、多样性等都呈现了大数据不断增长的复杂性。因此，大数据的处理方法在大数据领域中尤为重要。传统的数据处理技术和串行计算技术难以满足高精细地理大数据处理的需求，效率也大大降低。MapReduce 并行计算可增强复杂问题解决的能力，提高数据处理的效率，适用于大数据处理。

15.2　主要思路

　　学习 MapReduce 的基本理论，了解 MapReduce 基本设计思想、实现特点和 MATLAB 中重要函数的使用方法，包括 mapreduce 函数、map 函数、reduce 函数和 datastore 函数等。然后使用 MapReduce 对数据集进行处理，实现对于特定属性的读取，并利用 map 函数和 reduce 函数实现对特定属性数据的处理，包括最大值、最小值、平均值及某些数据出现频数的统计。

15.3　MapReduce 预备知识

MapReduce 是一种用于分析无法放入内存的数据集的编程方法。Hadoop 中 MapReduce 是一种用于 Hadoop 分布式文件系统 HDFS 的实现方法。MATLAB 使用 mapreduce 函数提供了一种略有不同的 MapReduce 实现方法。MapReduce 使用 datastore 函数对被放入内存中的较小数据块进行处理。每个数据块会经历 Map 阶段，此阶段对数据进行格式化处理。之后，中间数据块经历 Reduce 阶段，此阶段对于中间结果进行聚合，生成最终结果。到达最终输出之前，MapReduce 会移动输入存储中的各个数据块，使其经历各个阶段。图 15-1 概述 MapReduce 的算法阶段。

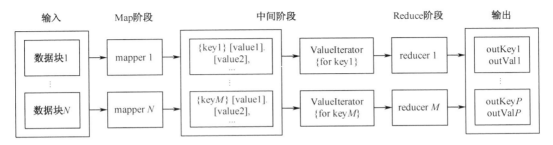

图 15-1　MapReduce 的算法阶段

该算法包含以下步骤：

（1）mapreduce 函数从输入数据读取数据块，调用 map 函数处理该数据块。

（2）map 函数接收数据块，对数据块进行计算，生成键值对数据并存储。mapreduce 对 map 函数的调用次数等于输入数据存储中的数据块数目。

（3）map 函数处理完数据存储中的所有数据块后，按照键对中间数据进行分组。

（4）mapreduce 针对 map 函数添加的每个键调用一次 reduce 函数。每个唯一键可以有多个关联的值，mapreduce 将这些值传递给 reduce 函数。

（5）reduce 函数逐一遍历每个键所对应的值，聚合 map 函数的所有中间结果后，将最终的键值对添加到输出。

Map 和 Reduce 阶段使用 map 和 reduce 函数进行编程，这些函数是 mapreduce 的主要输入。map 函数和 reduce 函数有无限多种用于处理数据的组合，该方法不仅灵活，而且非常强大，可用于处理大型数据处理任务。MapReduce 的功能在于它能对大型数据集执行计算。因此，MapReduce 不太适合对正常大小的数据集执行计算，这类数据集可直接加载到计算机内存并使用传统方法进行分析。

15.4　MATLAB 函数

MATLAB 为 MapReduce 实现提供了一系列的函数。

函数 datastore 为大型数据集创建数据存储，mapreduce 需要利用数据存储来处理数据块中的数据，格式是 ds= tabularTextDatastore('文件名')。

函数 map 对数据块进行处理，输出键值对添加到名为 KeyValueStore 的中间对象中。输入参数包括 data、info 和 intermKVStore，data 和 info 是对 datastore 调用 read 函数的结果，mapreduce 在每次调用 map 函数前都会自动执行该函数；intermKVStore 是 KeyValueStore 中间对象的名称，map 函数使用此名称添加键值对。

函数 add 用于 map 函数中向 KeyValueStore 中添加单个键值对。

函数 addmulti 用于 map 函数中向 KeyValueStore 中添加多个键值对。

函数 reduce 用于聚合中间数据，输入包括 intermKey、intermValIter 和 outKVStore，intermKey 用于 map 函数添加的活动键；intermValIter 是与活动键 intermKey 相关的 ValueIterator，ValueIterator 对象包含与活动键相关的所有值；outKVStore 是最终 KeyValueStore 的名称，reduce 函数需要向该对象添加键值对。

函数 hasnext 用于 reduce 函数中确定 ValueIterator 是否有一个或多个可用值。

函数 getnext 用于 reduce 函数中从 ValueIterator 获取下一个值。

函数 mapreduce 用于分析无法载入内存的大型数据集，格式为 outds=mapreduce(ds, @MapFun,@ReduceFun)。

函数 readall 从输出数据存储中读取键值对，格式为 readall(outds)。

函数 gemr 获取当前的 mapreduce 配置。

15.5　MATLAB 的实现方式

（1）实验数据

数据集为 2010—2014 年北京 PM2.5 统计信息，来源于 UCI 数据集，网址为 http://archive.ics.uci.edu/ml/datasets/Beijing+PM2.5+Data。

该数据集共有 43824 条数据，均为实值型数据，共 13 个属性值，某些属性存在空缺值，属性信息如表 15-1 所示。

表 15-1　PM2.5 数据集属性信息

No	year	month	day	hour	pm2.5	DEWP	TEMP	Pressure	cbwd	Iws	Is	Ir
序号	年份	月份	日期	时间	浓度	露点	温度	压强	风向	风速	雪天	雨天

（2）基于 M 文件的编程实现

① 使用 datastore 函数读取数据集，MapReduce 求出 PM2.5 的最大值。

具体代码如下：

```
%为文件创建数据存储
ds=tabularTextDatastore('C:\matlab2018b\PRSA_data_2010.1.1-2014.12.31.csv',
                    'TreatAsMissing', 'NA');
ds.SelectedVariableNames = {'pm2_5'};
preview(ds) %预览前 8 行
%求 2010—2014 年 PM2.5 的最大值
maxpm2_5 = mapreduce(ds, @maxpm2_5Mapper, @maxpm2_5Reducer);
readall(maxpm2_5)
%maxpm2_5Mapper 和 maxpm2_5Reducer 函数求 2010—2014 年 PM2.5 的最大值
function maxpm2_5Mapper (data, info, intermKVStore) %map 函数
        data=data(~isnan(data.pm2_5),:); %筛选空缺值
        partMax = max(data.pm2_5);
        add(intermKVStore, 'PartialMaxpm2_5',partMax); %添加键值对
end
function maxpm2_5Reducer(intermKey, intermValIter, outKVStore) %reduce 函数
        maxVal = -inf;
        while hasnext(intermValIter)
            maxVal = max(getnext(intermValIter), maxVal);
        end
        add(outKVStore,'Maxpm2_5',maxVal); %outKVStore 作为结果输出
end
```

M 文件运行结果为：

```
ans =              %预览结果
        8×1 table
        pm2_5
        _____

        NaN
        NaN
        NaN
        NaN
        NaN
        NaN
        NaN
        NaN
Parallel mapreduce execution on the parallel pool:
************************
*       MAPREDUCE 进度        *
************************
```

```
Map     0% Reduce     0%
Map    50% Reduce     0%
Map   100% Reduce     0%
Map    50% Reduce   100%
ans =
    1×2 table
    Key           Value
    _____     _____

    'Maxpm2_5'    [994]
```

② 使用 datastore 函数读取数据集，MapReduce 求出 PM2.5 的最小值。
具体代码如下：

```
%为文件创建数据存储
ds=tabularTextDatastore('C:\matlab2018b\PRSA_data_2010.1.1-2014.12.31.csv',
                'TreatAsMissing', 'NA');
ds.SelectedVariableNames = {'pm2_5'};
preview(ds) %预览前 8 行
%求 2010—2014 年 PM2.5 的最小值
minpm2_5 = mapreduce(ds, @minpm2_5Mapper, @minpm2_5Reducer);
readall(minpm2_5)
%minpm2_5Mapper 和 minpm2_5Reducer 函数求 2010—2014 年 PM2.5 的最小值
function minpm2_5Mapper (data, info, intermKVStore) %map 函数
        data=data(~isnan(data.pm2_5),:); %筛选空缺值
        partMin = min(data.pm2_5);
        add(intermKVStore, 'PartialMinpm2_5',partMin); %添加键值对
end
function minpm2_5Reducer(intermKey, intermValIter, outKVStore) %reduce 函数
        minVal = Inf;
        while hasnext(intermValIter)
                minVal = min (getnext(intermValIter), minVal);
        end
        add(outKVStore,'Minpm2_5',minVal); %outKVStore 作为结果输出
end
```

M 文件运行结果为：

```
ans =            %预览结果
    8×1 table
    pm2_5

    _____

    NaN
    NaN
    NaN
    NaN
```

```
            NaN
            NaN
            NaN
            NaN
Parallel mapreduce execution on the parallel pool:
*************************
*          MAPREDUCE 进度          *
*************************
Map     0% Reduce     0%
Map    50% Reduce     0%
Map   100% Reduce     0%
Map    50% Reduce   100%
ans =
    1×2 table
    Key          Value
    _____   _____
    'Minpm2_5'    [0]
```

③ 使用 datastore 函数读取数据集，MapReduce 求出 2010—2014 年总 PM2.5 浓度的平均值。

具体代码如下：

```
%为文件创建数据存储
ds=tabularTextDatastore('C:\matlab2018b\PRSA_data_2010.1.1-2014.12.31.csv',
                        'TreatAsMissing', 'NA');
ds.SelectedVariableNames = {'year','pm2_5'};
preview(ds) %预览前 8 行
%求 2010—2014 年 PM2.5 浓度的平均值
meanAllpm2_5 = mapreduce(ds, @meanAllpm2_5Mapper, @meanAllpm2_5Reducer);
readall(meanAllpm2_5)
% meanAllpm2_5Mapper 和 meanAllpm2_5Reducer 函数求 2010—2014 年 PM2.5 平均值
 function meanAllpm2_5Mapper (data, info, intermKVStore) %map 函数
        data=data(~isnan(data.pm2_5),:); %筛选空缺值
        partCountSum = [length(data.pm2_5), sum(data.pm2_5)];
        add(intermKVStore, 'PartialCountSumpm2_5',partCountSum); %添加键值对
end
function meanAllpm2_5Reducer(intermKey, intermValIter, outKVStore) %reduce 函数
        count = 0;
        sum = 0;
        while hasnext(intermValIter)
                countSum = getnext(intermValIter);
                count = count + countSum(1); %计数
                sum = sum + countSum(2); %求和
        end
```

```
meanAllpm2_5 = sum/count;
add(outKVStore,'MeanAllpm2_5',meanAllpm2_5); %outKVStore 作为结果输出
end
```

M 文件运行结果为：

```
ans =            %预览结果
    8×2 table
    year      pm2_5

    ————      ————
    2010      NaN
    2010      NaN
    2010      NaN
    2010      NaN
    2010      NaN
    2010      NaN
    2010      NaN
    2010      NaN
Parallel mapreduce execution on the parallel pool:
**************************
*         MAPREDUCE 进度         *
**************************
Map     0% Reduce      0%
Map    50% Reduce      0%
Map   100% Reduce      0%
Map    50% Reduce    100%
ans =
    1×2 table
    Key                Value

    ————               ————
    ' MeanAllpm2_5'    [98.6132]
```

④ 使用 datastore 函数读取数据集，MapReduce 求出 2010—2014 各年 PM2.5 浓度的平均值。

具体代码如下：

```
%为文件创建数据存储
ds=tabularTextDatastore('C:\matlab2018b\PRSA_data_2010.1.1-2014.12.31.csv',
                'TreatAsMissing', 'NA');
ds.SelectedVariableNames = {'year','pm2_5'};
preview(ds) %预览前 8 行
%求 2010—2014 年 PM2.5 浓度的平均值
meanpm2_5 = mapreduce(ds, @meanpm2_5Mapper, @meanpm2_5Reducer);
readall(meanpm2_5)
% meanpm2_5Mapper 和 meanpm2_5Reducer 函数求 2010—2014 年 PM2.5 平均值
```

```
function meanpm2_5Mapper (data, info, intermKVStore) %map 函数
    data=data(~isnan(data.pm2_5),:); %筛选空缺值
    for i=1:length(data.year)
        if(data.year(i)==2010)
            part2010 = [1, data.pm2_5(i)]; %存储 2010 年对应的 pm2.5 浓度
            add(intermKVStore,'2010',part2010);%添加键为 2010 年的键值对
        elseif (data.year(i)==2011)
            part2011 = [1, data.pm2_5(i)]; %存储 2011 年
            add(intermKVStore, '2011',part2011);
        elseif (data.year(i)==2012)
            part2012 = [1, data.pm2_5(i)]; %存储 2012 年
            add(intermKVStore, '2012',part2012);
        elseif (data.year(i)==2013)
            part2013 = [1, data.pm2_5(i)]; %存储 2013 年
            add(intermKVStore, '2013',part2013);
        elseif (data.year(i)==2014)
            part2014 = [1, data.pm2_5(i)]; %存储 2014 年
            add(intermKVStore, '2014',part2014);
        end
    end
end
function meanpm2_5Reducer(intermKey, intermValIter, outKVStore) %reduce 函数
    count = 0;
    sum = 0;
    while hasnext(intermValIter)
        countSum = getnext(intermValIter);
        count = count + countSum(1);%计数
        sum = sum + countSum(2); %求和
    end
    meanpm2_5 = sum/count;
    add(outKVStore,'MeanAllpm2_5',meanpm2_5); %outKVStore 作为结果输出
end
```

M 文件运行结果为：

```
ans =            %预览结果
    8×2 table
    year      pm2_5
    ____      _____
    2010      NaN
    2010      NaN
    2010      NaN
    2010      NaN
    2010      NaN
```

```
2010        NaN
2010        NaN
2010        NaN
```

Parallel mapreduce execution on the parallel pool:
```
************************
*        MAPREDUCE 进度        *
************************
Map    0% Reduce    0%
Map    50% Reduce    0%
Map    100% Reduce    0%
Map    50% Reduce    100%
ans =
```
```
    5×2 table
        Key              Value
    _____        _____

        '2012'          [ 90.54559]
        '2014'          [ 97.7346]
        '2010'          [104.0457]
        '2011'          [ 99.0713]
        '2013'          [101.7124]
```

⑤ 使用 datastore 函数读取数据集，MapReduce 画出 PM2.5 浓度的频数分布直方图，并可选取 0～200μg/m³ 浓度范围的数据重新绘图，用移动平均滤波器平滑计数。

具体代码如下：

```
%为文件创建数据存储
ds=tabularTextDatastore('C:\matlab2018b\PRSA_data_2010.1.1-2014.12.31.csv',
                        'TreatAsMissing', 'NA');
ds.SelectedVariableNames = {'year','pm2_5'};
%画出 PM2.5 浓度的频数分布直方图
edges=0:950;
ourVisualizationMapper =…
        @(data, info, intermKVstore) visualizationMapper(data, info, intermKVstore, edges);
result = mapreduce(ds, ourVisualizationMapper, @visualizationReducer);
r = readall(result);
counts = r.Value{1};
bar(edges, counts, 'hist');
title('Distribution of PM2.5')
xlabel('Concentration ({\mu}g/m^{3})')
ylabel('Concentration Counts')
%选取 0～200μg/m³ 浓度范围的数据重新绘图，用移动平均滤波器平滑计数
smoothCounts = filter( (1/5)*ones(1,5), 1, counts);
figure
bar(edges, smoothCounts, 'hist')
xlim([0,200]);
```

```
title('Distribution of PM2.5')
xlabel('Concentration ({\mu}g/m^{3})')
ylabel('Concentration Counts')
grid on
grid minor


%visualizationMapper 和 visualizationReducer 用于统计不同区间内 PM2.5 浓度的频数分布
  function visualizationMapper(data, ~, intermKVStore, edges) %map 函数
        data=data(~isnan(data.pm2_5),:); %筛选空缺值
        counts = histc( data.pm2_5, edges );
        add( intermKVStore, 'Null', counts );
  end
function visualizationReducer(~, intermValList, outKVStore) %reduce 函数
        if hasnext(intermValList)
           outVal = getnext(intermValList);
        else
           outVal = [];
        end
        while hasnext(intermValList)
              outVal = outVal + getnext(intermValList);
        end
        add(outKVStore, 'Null', outVal);
end
```

M 文件运行结果为：绘制得到直方图，如图 15-2、图 15-3 所示。

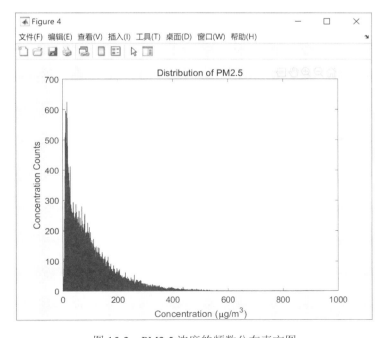

图 15-2　PM2.5 浓度的频数分布直方图

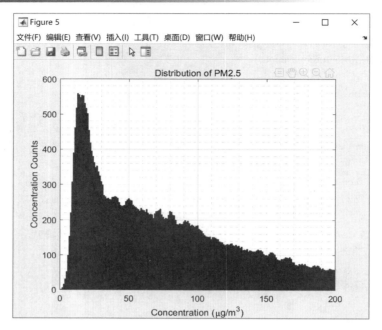

图 15-3　0～200μg/m³ 浓度的频数分布直方图

15.6　思考

　　综合运用 MATLAB 为 MapReduce 提供的各类函数，可以对大型数据集进行各种分析处理。通过这类实验，加深对 MapReduce 函数的理解，而且涉及大数据处理的初步知识。以 MATLAB 提供的函数为基础，实现 MapReduce 计算框架，进而对于更为复杂的数据进行挖掘分析，可以综合运用 MATLAB 的多种计算方法。

参考文献

[1] 张学敏．MATLAB 基础及应用．北京：中国电力出版社，2009．

[2] 马莉．MATLAB 数学实验与建模．北京：清华大学出版社，2010．

[3] 贺超英．MATLAB 应用与实验教程．北京：电子工业出版社，2012．

[4] 别志松，别红霞．信息与通信系统仿真．北京：北京邮电大学出版社，2010．

[5] 苏金明，王永利．MATLAB 图形图像．北京：电子工业出版社，2004．

[6] 张圣勤．MATLAB 7.0 实用教程．北京：机械工业出版社，2006．

[7] 胡良剑，孙晓君．MATLAB 数学实验．北京：高等教育出版社，2006．

[8] 同济大学数学系．工程数学线性代数．北京：高等教育出版社，2008．

[9] 刘同娟，郭键，刘军．MATLAB 建模、仿真及应用．北京：中国电力出版社，2009．

[10] 陈怀琛，吴大正，高西全．MATLAB 及在电子信息课程中的应用（第 3 版）．北京：电子工业出版社，2006．

[11] Matlab 增大内存方法外传及性能测试报告．http://blog.163.com/6_mao/blog/static/632713152011819112623585/，2011．

[12] 浅析 MATLAB 程序设计语言的效率．http://blog.sina.com.cn/s/blog_4c7c2dad0100091o.html，2007．

[13] 用 matlab 调用 yahoo 数据库中的股票数据．http://blog.sina.com.cn/s/ blog_6c640c7901017361.html，2013．

[14] matlab 扫雷．http://www.ilovematlab.cn/thread-206975-1-1.html，2012．

[15] 基于 MATLAB 的语音信号分析与处理的课程设计实验报告．http://www.docin. com/p-564025116.html，2012．

[16] MapReduce——示例．https://ww2.mathworks.cn/help/matlab/examples.html? category=mapreduce，2018．

反侵权盗版声明

电子工业出版社依法对本作品享有专有出版权。任何未经权利人书面许可，复制、销售或通过信息网络传播本作品的行为，歪曲、篡改、剽窃本作品的行为，均违反《中华人民共和国著作权法》，其行为人应承担相应的民事责任和行政责任，构成犯罪的，将被依法追究刑事责任。

为了维护市场秩序，保护权利人的合法权益，我社将依法查处和打击侵权盗版的单位和个人。欢迎社会各界人士积极举报侵权盗版行为，本社将奖励举报有功人员，并保证举报人的信息不被泄露。

举报电话：（010）88254396；（010）88258888

传　　真：（010）88254397

E-mail：　dbqq@phei.com.cn

通信地址：北京市海淀区万寿路 173 信箱

　　　　　电子工业出版社总编办公室

邮　　编：100036